JOURNAL
DES OBSERVATIONS
PHYSIQUES,
MATHEMATIQUES
ET BOTANIQUES,

Faites par l'ordre du Roy fur les Côtes Orientales de l'Amerique Meridionale, & dans les Indes Occidentales, depuis l'année 1707. jufques en 1712.

Par le R. P. LOUIS FEUILLÉE, *Religieux Minime, Mathematicien, Botanifte de* SA MAJESTÉ, *& Correfpondant de l'Académie Royale des Sciences.*

TOME SECOND.

A PARIS, RUE S. JACQUES,

Chez PIERRE GIFFART, Libraire, Graveur du Roy, & de l'Académie Royale de Peinture & de Sculpture, à l'Image Sainte Therefe.

M. DCC. XIV.

AVEC APPROBATIONS ET PRIVILEGE DU ROY.

TABLE

DES MATIERES

Contenuës dans ce second Volume.

DEscription d'un animal appellé Echinus ovatus nigerrimus.   page 504

Observations Physiques & Mathematiques faites à la Conception.   516

Description d'une Sang-suë de mer.   520

Observation de la Declinaison de l'Aiman.   523

Observations de Sirius & de Canopus.   524

Remarques sur quelques Taches noires qu'on voit vers le Pole Austral.   525

Observations Physiques du Barometre.   527

Recherche de la Dilatation de l'air, calculé par les Expériences precedentes.   528

Remarque sur la figure de la Croix, représentée naturellement sur une pierre.   531

Observation du premier Satellite de Jupiter.   532

Observations pour déterminer la Declinaison de deux Etoiles du Centaure.   533

Remarques sur l'Inclinaison de l'Aiguille aimantée.   535

Observation du premier Satellite de Jupiter.   539

Observation sur le Barometre.   541

Recherche de la Dilatation de l'Air.   541

Observation de l'Eclypse d'Antarès par la Lune.   542

Description de la Conception.   545

TABLE

Plan de la Baye de la Conception. 548

Observations Physiques & Mathématiques faites à Coquimbo. 553

Observation du second Satellite de Jupiter. 554

Observation du premier Satellite de Jupiter. 558

Observation de la Declinaison de l'Aiman. 561

Observation de la Conjonction du quatriéme Satellite de Jupiter avec une Etoile fixe qui est dans le front du Scorpion. 564

Observation de la Conjonction du second Satellite de Jupiter avec la même Etoile. 566

Plan du Port S. Joseph. 568

Plan de la Baye de Coquimbo. 570

Description de la Ville de la Serena, aujourd'huy Coquimbo. 572

Remarques sur les Coupes des Rochers qui sont sur les bords de la Mer. 576

Remarques sur le Flux & Reflux de la Mer. 578

Détermination de la latitude de la Baye de Coquimbo. 579

Observation d'une Eclipse d'Antarez par la Lune. 584

Description de la Rade de Cobixa. 586

Description des Canots des Indiens, appellez Balzas. 590

Plan de la Rade de Cobixa. 592

Observations Astronomiques & Physiques faites à Arica. 595

*Détermination de la hauteur du Pole de la Ville d'*Arica. 597

Observation sur le Flux & Reflux de la Mer. 597

*Description de la Rade & de la Ville d'*Arica. 598

*Veüe de la Ville d'*Arica. 606

Observations Astronomiques & Physiques faites à Ylo. 609

Nivellement qui servit pour trouver l'Élevation de mon Observatoire au dessus de la surface de la Mer. 610

Remarques sur l'Inclinaison de l'Aiguille aimantée. 620

*Description d'une Chauve-Souris de la Vallée d'*Ylo. 623

Description d'une Ecrevisse. 633

Remarques sur les Marées. 636

Observation sur la Variation de l'Aiman faites à Ylo. 638

Description d'un Oiseau de Proye nommé Condor. 640

DES MATIERES.

Observation du premier Satellite de Jupiter. 650

Observation d'une Eclipse de Lune. 653

Lettre de Monsieur Alexandre Durand à l'Auteur. 655

Observations du premier Satellite de Jupiter, *faites à* Lima. 657

Reflexions sur les Observations des Baffeffes de l'horifon de la Mer. 661

Fin de la Table des Matieres du fecond Volume.

TABLE DES CHAPITRES

des Mouvemens du Soleil.

*I*Ntroduction aux Tables du Mouvement du Soleil. 665

CHAP. I. *De la Reduction des Tables d'un Meridien à l'autre.* 666

CHAP. II. *De l'Equation des jours.* 667

CHAP. III. *Des Epoques des moyens mouvemens du Soleil.* 668

CHAP. IV. *Des moyens mouvemens du Soleil.* 669

CHAP. V. *Trouver le lieu moyen du Soleil pour les années après Jefus-Chrift.* 670

CHAP. VI. *Trouver le lieu moyen du Soleil pour les années qui précedent la Naiffance de Jefus-Chrift.* 673

CHAP. VII. *Trouver le vray lieu du Soleil.* 674

Tables des mouvemens du Soleil. 679

TABLE

***

TABLE

DE LA DESCRIPTION DES PLANTES

Rapportées à la fin de ce second Volume.

PLANCHE I. GRamen Bromoides catharticum, vulgo *Guilno*. page 705

PLANCHE II. *Tithymalus perennis, Portulacæ folio, vulgò Pichua*. 707

PLANCHE III. *Tithymalus foliis trinerviis & cordatis*. 709

PLANHE IV. *Hemerocallis floribus purpurascentibus, striatis*, vulgò *Ligtu*. 710

PLANCHE V. *Hemerocallis floribus purpurascentibus, maculatis*, vulgò *Pelegrina*. 711

PLANCHE VI. *Hemerocallis scandens, floribus purpureis*, vulgò *Salsilla*. 713

PLANCHE VII. *Salsa foliis radiatis, floribus subluteis*. 714

PLANCHE VIII. *Bermudiana Cærulea, Phalangii ramosi facie*, vulgò *Illcu*. 715

PLANCHE IX. *Onagra Laurifolia, flore amplo, pentapetalo*. 716

PLANCHE X. *Nicotiana minor, folio Cordiformi, tubo floris prælongo*. 717

PLANCAE XI. *Granadilla folio tricuspidi, obtuso & oculato*. 718

PLANCHE XII *Granadilla pomifera, Tiliæ folio*. 720

PLANCHE XIII. *Polygala cærulea, angustis & densioribus foliis*, vulgò *Clin-Clin*. 721

PLANCHE XIV. *Solanum Chenopodioides, acinis albescentibus*. 721

PLANCHE XV. *Solanum foliis Quernis*. 722

DES PLANTES.

Planche XVI. *Alkekengi amplo flore , violaceo.* 724

Planche XVII. *Epipactis floribus uno versu dispo-*
sitis , vulgò *Nnil.* 726

Planche XVIII. *Epipactis flore albo,* vulgò *Ga-*
vilu. 727

Planche XIX. *Epipactis flore virescente & varie-*
gato, vulgò *Piquichen.* 727

Planche XX. *Epipactis amplo flore luteo,* vulgò
Gavilu. 729

Planche XXI. *Rapuntii facie, foliis sinuatis , flore*
amplissimo , sanguineo & striato. 729

Planche XXII. *Bignonia flore luteo, foliis radiatis*
& elegantissimè dissectis. 731

Planche XXIII. *Oxys roseo flore , erectior ,* vulgò
Cullé. 733

Planche XXIV. *Oxys amplissimo flore luteo.* 733

Planche XXV. *Oxys luteo flore , radice crassissima.* 734

Planche XXVI. *Melongena Laurifolia , fructu tur-*
binato , variegato. 735

Planche XXVII. *Caryophillata foliis alatis , flore*
amplo coccineo , vulgò *Quellgon.* 736

Planche XXVIII. *Viola arborescens , Origani acuto*
folio. 738

Planche XXIX. *Rapuntium spicatum , foliis acutis ,*
vulgò *Tupa.* 739

Planche XXX. *Panke Anapodophylli folio.* 741

Planche XXXI. *Llaupanke amplissimo Sonchi folio.* 742

Planche XXXII. *Bidens Mercurialis folio , flore*
radiato. 744

Planche XXXIII. *Bidens Artemisiæ folio , flore*
albo , radiato. 545

Planche XXXIV. *Gratiola foliis subrotundis , ner-*
vosis , floribus luteis. 745

Planche XXXV. *Centaurium minus , purpureum ,*
patulum , vulgò *Cachen.* 747

Planche XXXVI. *Conyza folio subrotundo , utrin-*
que acuto , vulgò *Manga-Paki.* 749

Planche XXXVII. *Conyza frutescens , foliis an-*
gustioribus , nervosis. Conyza Africana humilis foliis

TABLE DES PLANTES.

*anguſtioribus nervoſis, floribus umbellatis. Inſt. R.
Herb.* 455. *vulgò* Chilca.   750

PLANCHE XXXVIII. *Malva lutea, calyce ſimplici,
obtuſo Carpini folio, pediculis florum prælongis* vulgò
Ancoacha.   750

PLANCHE XXXIX. *Poinciana ſpinoſa,* vulgò Tara.   752

PLANCHE XL. *Polypodium radice ſquamoſa,* vulgò
Pillabilcum.   753

PLANCHE XLI. *Momordica fructu ſtriato lævi,*
vulgò Caigua.   754

PLANCHE XLII. *Cardamindum quinque fido folio,*
vulgò Malla.   756

PLANCHE XLIII. *Ortiga Chilienſis urens, Achanti
folio.*   757

PLANCHE XLIV. *Jacobæa Leucanthemi vulgaris
folio,* vulgò Nillgué.   759

PLANCHE XLV. *Periclimenum foliis acutis floribus,
profundè diſſectis,* vulgò Ytiu.   760

PLANCHE XLVI. *Stramonioides arboreum oblongo integro folio, fructu lævi,* vulgò Floripondio.   761

PLANCHE XLVII. *Pentaphylloides folio Alceæ minori,
flore purpureo.*   763

PLANCHE XLVIII. *Capraria Peruviana Agerati,
foliis abſque pediculis.*   764

PLANCHE XLIX. *Cynogloſſum foliis nervoſis acutiſ-
ſimis.*   765

PLANCHE L. *Bidens folio trinervi Lanceato flore
ſingulari radiato.*   766

Fin de la Table des Plantes.

JOURNAL

DES OBSERVATIONS

PHYSIQUES,

MATHEMATIQUES ET BOTANIQUES,

Faites en 1708. 1709. 1710. 1711.

xv. *Janvier.*

LES deux jours précedents les vents nous furent entierement opposez, & nous obligerent de rester sur nos ancres. Je passai ce temps-là à bord, & m'en servis fort utilement pour dessiner la vûë de la Ville de *Callao.* Les mêmes vents continuoient encore le 14. au matin, & ne changerent que sur les cinq heures du soir, qu'ils se tirerent au Sud ¼ Sud-Est. Nous appareillâmes à la même heure; & aussi-tôt que nous fûmes à la pointe du Nord de l'Isle S. Laurent, nous sismes route au Sud Ouest, ayant trouvé à cet endroit les vents au Sud-Sud-Est. Le matin voyant par la route que les vents avoient prise les jours précedens, l'impossibilité de

S S f

mettre à la voile, je defcendis à terre, & allai me pro-
mener , efperant y trouver quelque curiofité. J'y rencontrai heureufement la Coque d'un Heriffon de mer.
Sa conftruction tout-à-fait finguliere m'engagea de la
décrire dans mon Journal.

DESCRIPTION

D'un *Animal* appellé *Echinus ovatus nigerrimus.*

LA coque de ce Heriffon n'étoit pas plus groffe que
la moitié du poing ; elle étoit ovale dans fon contour,
cambrée à fa partie inferieure , convexe fur la fuperieure,
& dépoüillée de tous fes piquants , qui font ordinairement heriffez fur toute fa fuperficie. Cette coque me
parut plus épaiffe & plus folide que celle de ceux que
nous avons dans la mer Mediterranée. Comme elle avoit
refté long-temps fur le fable, la chaleur du Soleil avoit
changé fa couleur naturellement noire en blanc de lait,
& les lames de la mer l'ayant roulée fur le fable & fur
les cailloux , en avoient entiérement détaché toutes les
pointes. Je la trouvai dans cet état , compofée de cinq
pieces égales & jointes les unes aux autres par une future
dentelée , qui s'étendoit depuis fa bouche jufques aux
côtés d'un Pentagone fitué directement fur le dos de la Coque : chacune de ces pieces étoit relevée par quatre rangées
de petits mammelons inégaux , qui grandiffoient à mefure
qu'ils s'approchoient du centre. Les deux rangs fituez le
long des futures étoient entourez en dedans de deux lignes ondées & percées par des trous extrémement petits.

Le Pentagone où fe terminoient les lignes & les futures , enfermoit dans fon contenu un cercle entouré de
cinq petits trous fituez chacun vis-à-vis de chaque angle , & la cambrure ou partie inferieure de la Coque
étoit ouverte au milieu par un autre Pentagone couronné
en dedans par cinq groffes dents émouffées.

Cette efpece de Heriffon s'attache ordinairement dans
les fentes & les trous des rochers , d'où on ne les arrache
qu'avec peine. Le 15. des broüillards nous cacherent le
Soleil, & le vent continua le même que le jour précedent.

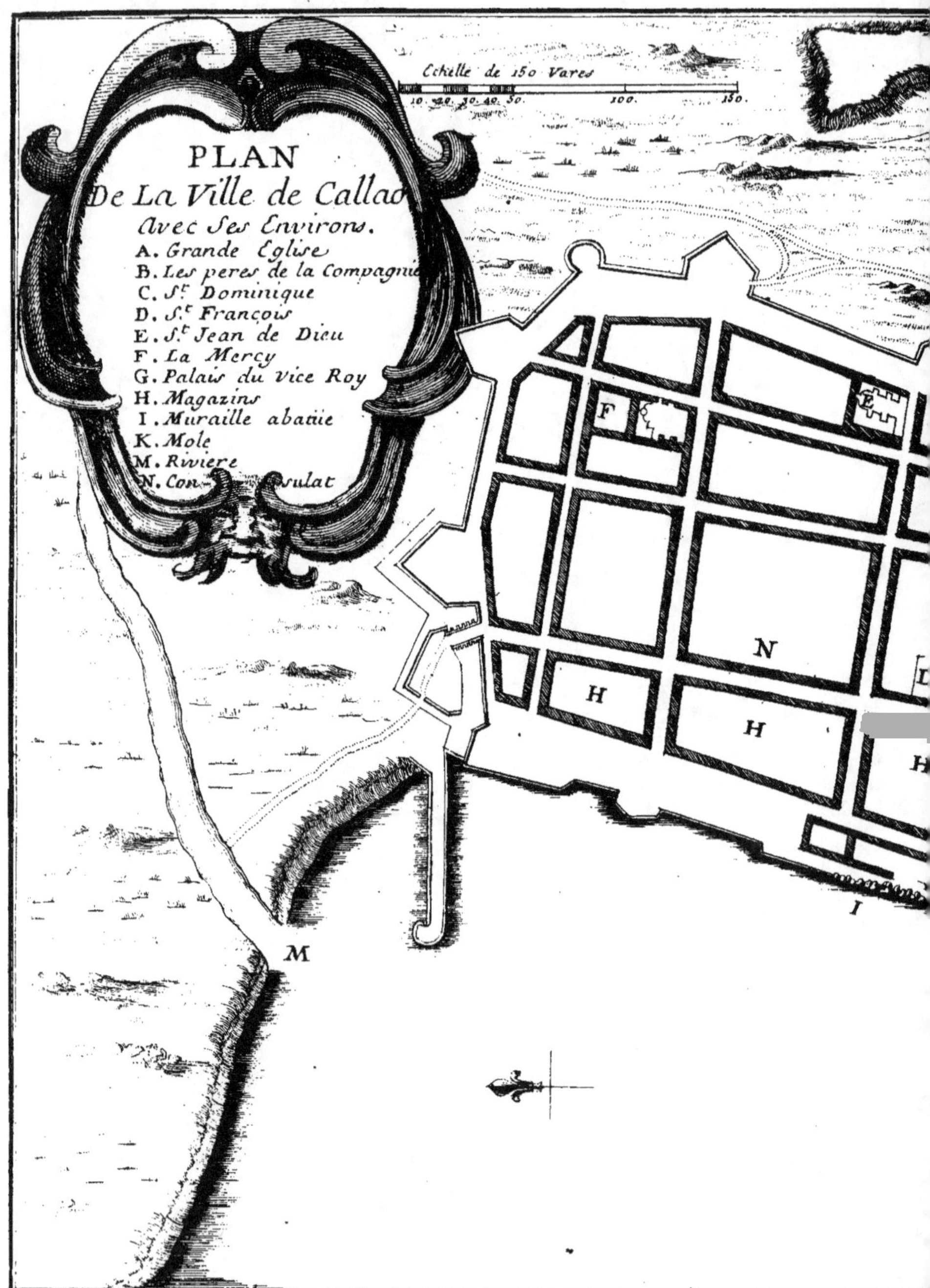

Echelle de 150 Vares
10. 20. 30. 40. 50.   100.   150.
PLAN
De La Ville de Callao
Avec Ses Environs.
A. Grande Eglise
B. Les peres de la Compagnie
C. St Dominique
D. St François
E. St Jean de Dieu
F. La Mercy
G. Palais du Vice Roy
H. Magazins
I. Muraille abatie
K. Mole
M. Riviere
N. Con...sulat
F
E
N
H
H
H
I
I
M
P. L. Feuillée Botan. Reg. delin.

CALD
P.L. Feuillée Mathe. et Botan. Reg. delin.

O.
Page 504
P. Giffart Sculp.

XVI. *Janvier*.

La nuit précedente nous eûmes un grand calme, le Soleil parut à son Orient, nous le vîmes lever sur l'horison de la mer, qui étoit une preuve que nous étions déja affez éloignez des côtes, puifque les hautes montagnes du *Perou* que nous avions à l'Eft, fe trouvoient au deffous de nôtre horifon. Nous obfervâmes à midy la hauteur du Soleil, elle nous donna la hauteur
du Pole de 12^d 38' 0".

Depuis nôtre départ de *Callao*, les routes corrigées avoient valu le Sud-Oueft $\frac{1}{4}$ Oueft; elles nous donnerent la difference de longitude entre *Callao* & le lieu, où nous étions alors, vers l'Oueft, de 0^d 53' 0".

Je fuppofai en partant de *Callao*, que le premier Meridien paffoit par le milieu de cette Ville; ayant deffein de fçavoir de combien la Ville de la *Conception* où nous allions étoit plus orientale que *Lima*, efperant auffi que dans la plus belle faifon de l'année, dans laquelle nous allions entrer, le Medecin feroit quelques obfervations des Immerfions du premier Satellite de Jupiter, qu'il promit me les envoyer à la *Conception* de *Chily* par les premiers navires qui partiroient de *Callao*; ce qu'il executa.

Depuis le midy du 15. les vents varierent du Sud-Sud-Eft au Sud-Eft.

J'obfervai à midy avec mon Inftrument l'inclinaifon de l'Aiguille aimantée de 19^d 30' 0".

Cette Inclinaifon fut obfervée vers le Sud jufques à la mer du Nord, comme on verra dans la fuite de mon Journal.

J'obfervai encore à la même heure l'équilibre du poids des eaux de la mer de 2. onces 3. dragm. 50. grains.

Sur les fept heures du foir nous eûmes un petit grain, qui nous donna de la pluye. Depuis le mois de Mars de l'année précedente nous n'en avions point eu, parce qu'il ne pleut jamais fur les côtes du *Perou* où nous nous trouvâmes dans ces temps-là.

XVII. *Janvier.*

Les vents varierent depuis le midy du jour précedent
du Sud au Sud-Eft, nous ne vîmes pas le Soleil à midy,
nous eftimâmes, felon les routes que nous
avions faites, la hauteur du Pole auftral de 13^d 42' 0"
Et la longitude depuis *Callao*, de   2. 27. 0.
Le Soleil parut à fon Occident, j'obfervai
  fon amplitude de   29. 30. 0.
Je trouvai par le calcul, qu'au lieu où nous
  étions alors, l'amplitude du vray lieu du
  Soleil devoit être de   22. 16. 0.
Donc la declinaifon de l'Aiman, qui étoit la
  difference entre l'amplitude obfervée & l'am-
  plitude calculée, fut trouvée vers le Nord-
  Eft de   7. 14. 0.

REMARQUE.

La navigation du Nord au Sud dans ces mers étoit
autrefois fi peu connuë des *Peruviens*, qu'il leur falloit
ordinairement fix mois pour faire la route qu'on fait aujourd'huy en trente jours. Ils n'ofoient perdre la terre
de vuë; & comme dans ces climats les vents près des
terres font prefque toûjours du côté du Sud, à peine
avançoient-ils deux lieües en 24. heures, fouvent même
ils perdoient en une nuit par les courans contraires tout
ce qu'ils avoient gagné dans une journée. Le premier
qui trouva le fecret d'abreger les voyages que les vaiffeaux de *Callao* font toutes les années dans le Royaume
de *Chily*, fut un Capitaine de *Lima*. Trois mois après
fon départ de *Callao*, étant de retour de la Ville de *la
Conception*, où il alla pour charger du bled, les habitans
de la Ville de *Lima* en furent tous furpris; comme ils
étoient peu experimentez dans l'art de naviger, ils crûrent qu'un fi prompt retour étoit impoffible; & foup-
çonnant ce Capitaine de Magie, ils le citerent à l'Inquifition. Son innocence, ou plûtôt fon habileté, ne pou-

vant être reconnuë que par un autre voyage, il demanda pour fa juftification qu'on luy permît de retourner à *Chily*, & qu'on mît dans fon Navire des gens non fufpeɛts, qui examineroient fa conduite ; ce qu'on luy accorda. Pour mieux s'en affurer, on le fit fuivre par un autre Navire, qui faifant la même manœuvre, fut de retour à *Callao* en moins de trois mois. A l'arrivée de ces deux Navires l'Inquifition appella les deux Capitaines & les perfonnes dignes de foy qui avoient fait le même voyage, pour les interroger fur un fi prompt retour. Elle apprit des deux Capitaines, qu'il n'y avoit dans ce voyage rien d'extraordinaire, & que tout autre Vaiffeau pourroit faire la même chofe; ce qui fut confirmé par les compagnons de leur voyage, qui declarerent tous, qu'il n'y avoit que la feule ignorance qui leur eût caché jufques alors un fecret fi commun.

Lors qu'on part de quelque port du *Perou*, pour aller vers le Sud, il faut faire neceffairement route vers l'Oueft, portant toûjours le cap au plus près du vent, jufques à ce qu'on rencontre des vents qui vous relevent ; & fe trouvant par la hauteur où l'on va, il ne faut pas d'abord faire route pour ce lieu-là; car les vents prefque toûjours au Sud, feroient dériver le Vaiffeau; & le Navire fe trouvant fous le vent, on feroit dans de nouvelles peines, & il faudroit une feconde fois faire route au large pour regagner la hauteur. Il eft neceffaire dans ces voyages d'élever un, & même deux degrez de plus vers le Sud, qu'on gagne bien-tôt par les vents qu'on trouve.

Les Navires qui vont du *Perou* au Royaume de *Chily*, partent toûjours au mois d'Oɛtobre, pour arriver à *Callao* au mois de Mars, & pour éviter les tempêtes qui regnent en Hyver dans les mers de *Chily*, où les coups de vents font à craindre.

xix. *Janvier*.

Nous trouvions tous les jours les mers plus belles, mais les vents étoient toûjours les mêmes; la route nous valut l'Oueft ¼ Sud-Oueft, d'où l'on conclut (le che-

min du Navire étant connu) la hauteur du
Pole de   14ᵈ 53' 0"
& la longitude de   5. 52. 0.
L'équilibre des eaux de la mer fut obfervé de
    2. onces 3. dragmes 51. grains.
& l'inclinaifon de l'Aiman de   22. 40. 0.
    Nous ne nous apperçumes d'aucun changement dans
les chaleurs, elles continuoient de même; ainfi ce n'é-
toit pas elles qui caufoient l'agmentation du poids de
l'Areometre; mais cette augmentation avoit quelque autre principe que je ne connoiffois pas encore bien, quoique j'euffe crû alors que les fels & le bitume en fuffent
la caufe principale. Le lendemain 20. le Soleil ayant
paru à midy, nous donna lieu de corriger la route, qu'on
avoit eftimée le jour précedent par la hauteur
du Pole que nous obfervâmes, de   15ᵈ 11' 0"
Et nous eftimâmes la longitude de   7. 31. 0.
    Suppofant toûjours pour premier Meridien celuy de
nôtre départ, & la route vers l'Oueft.
    Les vents ne varierent que du Sud au Sud-Eft.
    J'obfervai l'inclinaifon de l'Aiguille aimantée, après
avoir pris la hauteur meridienne du Soleil
de   24ᵈ 0' 0"
Et je trouvai par l'amplitude occidentale du
    Soleil la declinaifon de l'Aiman de   8. 0. 0.

XXI. Janvier.

    Les vents fe rangerent un peu davantage vers l'Eft,
la route valut prefque le Sud-Oueft, & tous foibles qu'ils
étoient, nous ne laiffâmes pas de faire 32. lieües. Le Soleil nous fut caché à midy; n'ayant pû obferver fa hauteur, nous eftimâmes celle du Pole, felon le
chemin que nous avions fait, de   16ᵈ 16' 0"
& la longitude de   7. 4. 0.
J'obfervai à midy l'inclinaifon de l'Aiman de   26. 30. 0.

XXII. *Janvier.*

Les vents ayant fraîchi le matin, nous amenerent un petit grain qui ne dura pas long-temps. Les nuages s'étant d'flipez vers le midy, nous vîmes le Soleil, nous obfervâmes fa hauteur meridienne, d'où nous

conclûmes la hauteur du Pole de   17^d 10' 0"
& la longitude de   7. 31. 0.
L'inclinaifon de l'Aiman fut obfervée de   28. 0. 0.

XXIII. *Janvier.*

Nous commençâmes à trouver des mers moins pacifiques que celles que nous avions déja parcouruës depuis nôtre départ de *Callao*, les vents devenoient auſſi tous les jours plus variables. Ces changemens nous faifoient efperer de voir changer nôtre deftinée, & que peut-être nous pourrions rencontrer des vents qui nous feroient mettre le cap au Sud, & voir bien-tôt les terres de *Chily*. Le Soleil ayant été caché à midy, nous n'eûmes la hauteur du Pole que par l'eftime qui fut de   18^d 10' 0"
& la longitude de même, de   7. 52. 0.
L'inclinaifon de l'Aiguille aimantée, obfervée à midy, fut de   30. 45. 0.

XXIV. *Janvier.*

Les vents fraîchirent confiderablement, variant du Sud-Eft à l'Eft ¼ Sud-Eft, & la groffe mer que nous avions trouvée le jour précedent, duroit encore. J'obfervai fur les dix heures du matin l'inclinaifon de l'Aiman de   32^d 30' 0"

J'obfervai encore l'équilibre de l'eau de la mer de 2. onces 3. dragmes 51. grains.

Ces obfervations ne dépendoient pas du temps, & on pouvoit les faire à toutes les heures du jour; s'il en eût été de même des obfervations de la hauteur du Pole, nous aurions eu plus de feureté de fa dé.ermination.

qui fut à midy de   19ᵈ 11′ 0″
& celle de la longitude de   8. 48. 0.

XXV. *Janvier.*

Depuis le midy du 24. les routes reduites nous donnerent le Sud ¼ Sud-Ouest ; la mer & les vents qui varierent du Sud-Est ¼ Est à l'Est ¼ Sud-Est, nous obligerent à
prendre des Ris dans nos huniers ; nous n'eûmes point
de Soleil, la latitude ne fut concluë que
par l'estime, qui la donna de   20ᵈ 50′ 0″
& la longitude de   9. 34. 0.
J'observai à midy l'inclinaison de l'Aiman de 36.   0. 0.

XXVI. *Janvier.*

Le temps fut le même que le jour precedent, & nôtre
route fut toûjours au plus près du vent ; elle nous valut
pendant les 24. heures le Sud ¼ Sud-Ouest, nous trouvâmes à midy par l'estime la latitude de   22ᵈ 30′ 0″
& la longitude de   10. 1. 0.
A 10. heures du matin j'observai l'inclinaison
   de l'Aiman de   38. 15. 0.
& sur les cinq heures du soir, de   39. 0. 0.

XXVII. *Janvier.*

La latitude fut estimée à midy de   24ᵈ 0′ 0″
& la longitude de   10. 28. 0.
Sur les cinq heures du soir j'observai l'inclinaison de l'Aiman de   41. 30. 0.
Nous passâmes ce jour-là le Tropique du Capricorne,
& nous entrâmes dans la Zone temperée.

XXVIII. *Janvier.*

Les vents n'étoient plus si violents, les chaleurs de
l'Esté du climat où nous étions entrez le jour precedent,
abattoient leur force ; nous trouvâmes une mer qui ve-
                                                       noit

noit du Sud-Ouest , elle nous faifoit efperer que nous pourrions y rencontrer les vents du même côté, & que le paffage du Tropique nous feroit favorable.

1710.
Janvier.

Nous obfervâmes à midy le Complement de la hauteur du Soleil, il donna la hauteur du Pole de   26ᵈ 25' 0"

Je me fervis de cette hauteur & de celle que j'avois obfervée le 22. pour examiner fi les reductions des routes faites tous les jours à midy ne s'éloignoient pas du point que nous conclùmes à midy par la hauteur du Pole obfervée. Je trouvai , le calcul fini , pour la difference de longitude vers l'Oueft, depuis le 22. 4ᵈ 55', cette difference couvenoit à deux minutes près avec la fomme des longitudes , eftimées chaque jour à midy depuis le 22. jufques au 28. L'erreur fur la latitude fut de 7. minutes ; car celle qui fut eftimée le 28. ne fut que de 26ᵈ 18', & l'obfervée fut de 26ᵈ 25'.

Les reductions faites donnerent la longitude de   12ᵈ 26ᵃ 0"

XXIX. *Janvier.*

Le Soleil parut beau à fon lever, j'obfervai fon amplitude orientale, elle donna la declinaifon de l'Aiman de   8ᵈ 40' 0"

Nous fûmes pris du calme dès le matin. Les *Requins* qui ne paroiffent que dans ce temps-là , ne tarderent pas de fe faire voir. Un de nos matelots en harpona un , le harpon caffa malheureufement , le *Requin* bleffé coula à fond , & laiffa les eaux teintes de fon fang.

Nous obfervâmes à midy la hauteur du Pole de   27ᵈ 35' 0"
& nous eftimâmes la longitude de   13. 2. 0.
J'obfervai à la même heure l'inclinaifon de l'Aiman de   44. 0. 0.

XXX. *Janvier*

Nous eûmes du calme prefque toute la journée , & le Ciel fut clair & ferain. Sur le foir le vent fe tira au Nord,

TTt

& fe rangea enfuite à l'Oueft. La mer qui venoit de l'a-
vant caufoit un roüillis, qui donnoit de l'exercice à nos
paffagers Efpagnols. Le 31. les vents varierent du Nord
à l'Oueft-Sud-Oueft, nous portâmes le cap au Sud-Eft,
& nous commençâmes à décompter les degrez de longitude, que j'avois compté vers l'Oueft depuis nôtre départ de *Callao*.

Nous eftimâmes la latitude à midy de   29^d 2' o''
& la longitude de   11. 43. o.
J'obfervai à midy l'inçlinaifon de l'Aiman
  de   46. 45. o.
Et l'équilibre des eaux de la mer de 2. onces 3. dragmes
  51. grains. $\frac{1}{2}$.

1. *Février*.

Les vents varierent depuis le midy du jour précedent
de l'Oueft-Nord-Oueft à l'Oueft, par la route que nous
faifions alors, nous avions vent arriere; chacun s'en ré-
joüiffoit, efperant arriver bien-tôt à la *Conception*, s'il eût
continué.

Nous obfervâmes à midy la latitude de   30^d 30. o''
& nous eftimâmes la longitude de   10. 13. o.

Nous fifmes le fecond jour du mois la même route
que le premier ; les vents avoient varié depuis le midy
du premier de l'Oueft au Nord-Oueft. Les jours deve-
nant toûjours plus beaux, à mefure que nous nous éloi-
gnions de la Ligne, nous donnoient les moyens d'obferver la hauteur meridienne du Soleil, elle nous donna
ce jour-là la hauteur du Pole de   32^d 20' o''
& nous eftimâmes la longitude de   8. 19. o.
J'obfervai l'inclinaifon de l'Aiman de   49. 30. o.

111. *Février*.

Les vents calmerent le matin, & nous laifferent une
groffe mer, qui caufa un roüillis à nous faire appréhender de perdre quelqu'un de nos mâts. Dans ces ren-
contres il n'y a que les cuifiniers qui goûtent le repos,

ils ne sçauroient alors faire de feu dans leur cuisine; en
effet le roüillis renverseroit la chaudiere, & ce sont-là
des jours de jeûne qu'il faut observer necessairement,
quoy qu'ils ne soient pas commandez par l'Eglise. Nous
observâmes à midy la hautéur du Pole de   33ᵈ 48′ 0″
d'où (le chemin du Navire étant connu) nous
  conclûmes la longitude de   7. 12. 0.
Après midy les vents revinrent au même endroit où ils
  étoient les jours précedents.
J'observai le 5. la latitude de   35. 43. 0.
  & nous estimâmes la longitude de   6. 2. 0.
Sur les 4. heures du soir l'inclinaison de l'Aiman fut observée de   53. 30. 0.
Le lendemain 6. nous eûmes un même temps,
  la latitude à midy fut de   35. 48. 0.
& la longitude de   4. 27. 0.
J'observai l'équilibre des eaux de la mer de
  2. onces 3. dragm. 51. grains.
& l'inclinaison de l'Aiman de   54. 15. 0.

VII. Février.

  Croyant être par le travers de la Conception nous commençâmes à mettre le cap à l'Est. Nos Pilotes se fla-
toient de voir la terre le lendemain; mais elle étoit encore
bien éloignée.

  Les mers que nous avions parcouruës depuis nôtre
départ du port de Callao me parurent fort steriles. Dans
toute cette navigation nous ne vîmes d'autres poissons
que deux Requins dans un jour de calme. On pourroit
attribuer cette sterilité à la profondeur de la mer. On
voit rarement dans les grandes mers nager les poissons
sur les eaux: comme ils se nourrissent au fond de l'eau,
ils y font aussi leur demeure, & ils y goûtent paisible-
ment le repos, tandis que la superficie des eaux est agitée par de furieuses tempêtes. Le 8. nous observâmes la
hauteur du Pole de   36ᵈ 33′ 0″

  Je comptois à midy du 8. que la Conception étoit encore quatre degrez plus vers l'Est, que le lieu où nous

nous trouvions, ainsi il étoit impossible de pouvoir découvrir les terres. Nos Pilotes navigeoient dessus depuis le matin, leur point sur leurs Cartes les trompa; & ignorant que *la Conception* fût plus vers l'Est qu'elle n'y étoit marquée, ils attribuerent leurs erreurs aux courans, croyant qu'ils portoient vers l'Ouest, & qu'ils les avoient éloignez de la côte.

Nous arrivâmes à midy sous le Meridien de *Callao*. *La Conception*, selon mes observations, est plus orientale que cette Ville de quatre degrez, qui nous restoient encore à courir avant que de pouvoir découvrir les terres de *Chily*.

J'observai à midy du 8. l'inclinaison de
l'Aiman de   55ᵈ 30' 0"

IX. *Février.*

Nous vîmes sortir le Soleil des eaux, marque infaillible que les terres étoient encore bien éloignées, puisque la superficie des eaux étoit plus élevée que les hautes montagnes de *Chily*. J'observai son amplitude orientale, elle donna la declinaison de l'Aiman de   10ᵈ 5' 0"

Les vents se rangerent au Sud, nôtre route étoit vers l'Est, & par consequent les vents qui prenoient par le large le fort de nôtre Navire, nous étoient tres-favorables, la latitude fut observée à midy de   36ᵈ 50' 0"

A la même heure, selon la route que nous avions courüe depuis le jour précedent, nous étions encore à deux degrez à l'Ouest de *la Conception*.

J'observai l'inclinaison de l'Aiman de   55ᵈ 45. 0"

X. *Février.*

Le calme nous avoit pris sur les six heures du soir du 9. & dura jusques à trois heures du matin du lendemain 10. qu'un petit vent de Sud-Sud-Est, qui avoit à peine la force de remuer nos voiles, commença de

nous mettre en mouvement. Nous vîmes lever le Soleil
sur les eaux ; j'obfervai fon amplitude , elle
donna la declinaifon de l'Aiman de   10^d 30′ 0″

La hauteur meridienne obfervée du Soleil
donna la latitude de   37. 0. 0.

Par l'eftime nous ne devions être qu'à un degré vers l'Oueft du Meridien de *la Conception*.

L'inclinaifon de l'Aiman fut trouvée par l'obfervation de   55. 0. 0.

Après midy le vent du Sud fraîchit , & nous fit faire bon chemin.

XI. *Février.*

Nous découvrîmes le matin vers l'Eft l'Ifle de *Sainte Marie* ; la côte du Nord de cette Ifle nous parut prefque unie , enfuite elle baiffoit , & ne fe relevoit que pour former vers le Sud une petite montagne , qui s'alloit perdre dans la mer. Elle a à l'Oueft vers fon milieu , & à la diftance d'une lieüe , deux rochers pointus qui s'élevent fur les eaux , dont il faut bien fe donner de garde d'en approcher de trop près.

J'obfervai à midy l'inclinaifon de l'Aiman de   55. 30. 0.

Et l'équilibre des eaux de la mer de 2. onc. 3. drag. 51. grains.

A quatre heures du foir nous avions à l'Eft les deux petites montagnes qui fervent de reconnoiffance aux Pilotes , lors qu'ils viennent du large chercher *la Conception* qui eft à l'Eft de ces deux montagnes , appellées par les Efpagnols *las Tetas de Pinco.*

XII. *Février.*

Le vent fe tira au Nord , il nous amena des broüillards fi épais , qu'on ne fe voyoit pas d'une extrémité du Navire à l'autre ; ce qui nous obligea de tenir le large , quoique nous fuffions près de l'entrée de la Baye de *la Conception* , appréhendant de tomber fur les rochers , & de faire naufrage au port. A midy les broüillards fe diffiperent , nous mîmes le cap vers l'entrée , & nous moüillâmes devant la Ville fur les quatre heures du foir.

OBSERVATIONS

PHYSIQUES ET MATHEMATIQUES,

*Faites à la Conception, Ville dans le Royaume de Chily,
en l'année 1710.*

XIV. *Février.*

JE me dédommageai à la *Conception* des pertes du temps que j'avois faites à *Lima*. Ces deux climats font entierement differens. A *Lima* on y voit rarement le Soleil ; & à la *Conception* on a tout l'Efté le Ciel clair & ferain, & un AftronomeEuropéan trouve dequoi s'y contenter en confiderant ce grand nombre d'Etoiles qui ne paroiffent pas en fon païs. Je mis mon horloge le même jour en mouvement, dans la même-chambre où j'avois logé l'année précedente. La premiere obfervation que je fis, fut celle de la fituation du petit poids du Pendule, qui fert à accelerer ou retarder le mouvement de l'horloge, pour examiner fi la difference des deux pofitions de ce poids, que j'avois déja remarquée être entre *Lima* & *la Conception*, feroit encore la même.

XV. *Février.*

Je fufpendis dans ma chambre l'inftrument qui me fervoit pour obferver l'inclinaifon de l'Aiman, & je le laiffai en expérience durant tout le temps que nous demeurâmes à *la Conception*, pour examiner fi le changement de temps cauferoit quelque difference à l'inclinaifon de l'aiguille aimantée, en baiffant ou en hauffant plus dans un temps que dans un autre une de fes pointes. Je trouvai dans la fuite fi peu de changement, qu'il n'étoit prefque pas fenfible, & que j'aurois même pû compter pour rien, comme l'on verra dans la suite de ces obfervations; je trouvai l'inclinaifon ce jour-là de   55ᵈ 45′ 0″

J'obfervai fur les dix heures du matin la hauteur du Barometre de   27ᵖ 10ˡ ½.

Le vent étoit au Nord pendant que je faifois ces ob-fervations. Ces vents font ceux qui amenent les nua-ges dans ces climats. Ils foufflent rarement en Efté ; mais l'Hyver, au rapport des habitans, ils y font fi frequens & fi violens , que les pluyes qu'ils amenent obligent quelquefois les habitans de demeurer dans leurs maifons huit jours fans pouvoir en fortir.

Je continuai le deffein des animaux & des plantes que j'avois commencé dans mon premier voyage. La faifon de l'Efté où nous étions alors, me fourniffoit les moyens de rendre mon ouvrage plus accompli. Les plantes étoient en fleurs & en graines ; c'eft par elles qu'on établit les differens genres de plantes , qui rendent la Botanique fi univerfelle.

Je verifiai après midy mon quart de cercle, je le trou-vai dans le même état où il étoit lorfque je partis de *la Conception* pour *Valparaifo*.

XVI. *Février*.

Les vents de Nord qui fouffloient le 15. avoient cal-mé ; ceux du Sud qui viennent regulierement tous les matins entre huit & neuf heures pour rafraîchir l'air , chafferent bien-tôt les nuages que les vents de Nord nous avoient amenez le jour précedent , & nous ayant découvert le Soleil , nous reffentîmes les chaleurs de l'Efté, qui font grandes dans cette Ville ; je commençai de verifier mon horloge par quelques hauteurs, pour le mettre en état de me fervir , au cas qu'il fe préfentât quelque obfervation à faire.

*Hauteurs correspondantes du bord superieur du Soleil
pour verifier l'Horloge.*

heures du matin.	hauteurs,	heures du soir.
9ʰ 4' 58"	49ᵈ 5' 0"	2ʰ 2' 6"
12. 40.	50. 26. 10.	1. 54. 25.
19. 40.	51. 40. 0.	1. 47. 30.

Par ces correspondances l'horloge marquoit
à midy   1ʰ 33' 33"
Je trouvai par le calcul le lieu du Soleil au   27ᵈ 42' 50"
de ♒.
Et sa declinaison meridionale de   12. 17. 22.
J'observai à midy la hauteur apparente de son
bord superieur de   65. 53. 30.
Le quart de cercle par la verification que j'a-
vois faite, donnoit encore les hauteurs trop
grandes de   2. 0.
Premiere Correction,   65. 51. 30.
Refraction moins la Parallaxe,   22.
Hauteur corrigée,   65. 51. 8.
Demi-Diametre du Soleil,   16. 16.
Hauteur du Centre,   65. 34. 52.
Declinaison Auftrale,   12. 17. 22.
Hauteur de l'Equateur,   53. 17. 30.

Donc latitude & hauteur du Pole de la *Conception.*   36. 42. 30.

Ce même jour sur les dix heures du matin, je fis l'experience de la hauteur du Mercure, je la trouvai de 27.
pouces 10. lignes 0.

XVII. *Février.*

A dix heures du matin avec les vents de Sud, je trouvai la hauteur du Mercure de 27. pouces 11. lignes ½.

L'instrument qui étoit en experience pour observer l'inclinaison de l'aiguille aimantée, donna à midy l'inclinaison de   55ᵈ 45' 0"
J'observai

J'obfervai à midy la hauteur apparente du
bord fuperieur du Soleil de   65^d 32' 30''

Je trouvai par les élemens ordinaires la
hauteur de l'Équateur de   53. 17. 28.

& la hauteur du Pole de   36. 42. 32.

1710.
Février.

XVIII. *Février.*

Le Barometre fut obfervé à l'heure ordinaire, qui étoit
dix heures du matin, à la hauteur de 27. poûces 11. lignes $\frac{1}{2}$.

Par les hauteurs correfpondantes du Soleil que je pris
le même jour, je trouvai que l'horloge tardoit en deux
jours de deux minutes; ce qui m'obligea d'élever le petit
poids, qui étoit le long du Pendule.

XIX. *Février.*

Les vents fe tirerent à l'Oueft. Le Barometre fut obfervé à la hauteur de   28. poûces 1. ligne 0''

Le lieu du Soleil fut trouvé par le calcul
à midy au   0^d 43' 55''
de ♓.

& fa declinaifon de   11. 14. 2.

J'obfervai la hauteur meridienne apparente
de fon bord fuperieur de   64^d 49' 30''
d'où je conclus la hauteur de l'Equateur de   53. 16. 51.

& la hauteur du Pole de   36. 43. 9.

DESCRIPTION

d'une Sang-suë de mer, ou Hirudo marina spinosa.

CEtte espece de *Sang-suë* est longue environ de huit poûces, & épaisse d'un demy; elle a le dos un peu voûté, & le ventre est tout-à-fait plat. Ses côtez sont à angles droits, & forment avec le ventre des triangles-rectangles, qui ont pour leur baze ou hypoteneuse le plan du ventre, & les deux côtez, qui forment l'angle droit, égaux.

Elle est articulée en toute sa longueur de soixante-deux bandes annulaires qui entourent entierement le dos, les côtez & le ventre. Chaque bande est relevée à chaque extrémité des flancs de deux petits mammelons, qui leur servent d'autant de jambes pour ramper, de la même maniere que rampent nos chenilles. A l'extrémité de chaque mammelon on voit une espece de nageoire composée d'une infinité de petites épines tres-blanches, qui sont si subtiles & si aiguës, que pour peu qu'on touche cet animal, elles entrent dans les doigts, & penetrent avec autant de facilité que font les piquans imperceptibles des *Opontia*. Les nageoires des mammelons superieurs ou du dos, sont toutes accompagnées en dedans du dos d'un Pennache d'un verd gris; & elles sont composées de quantité de tres-petites fibres branchuës, que l'on n'apperçoit que dans le temps que l'animal nage, ou marche au fond de l'eau; car d'abord qu'il sort de l'eau, ces pennaches s'abattent sur son dos, & ne paroissent que comme un tas de petits vermisseaux entrelassez les uns dans les autres, semblable à la mousse des rochers, lors qu'elle ne surnage pas au dessus de l'eau.

J'ai vû de ces especes de *Sang-suës* de plusieurs couleurs, ce qui m'a laissé indéterminé; les unes sont entierement rouges, de couleur de feu, d'autres d'un verd mêlé de bleu, & d'autres sont d'un verd grisâtre.

Leur tête est extrémement petite, elle est ornée d'un

1710.
Février.

pennache fort agréable, un peu plus grand que celuy des mammelons, mais de la même composition & de la même consistance. Leur gueule est située un peu au dessous du ventre, & est semblable à un petit bourelet, qui sert comme de *Sphincter* au ventricule situé immediatement au dessous de la gorge, & plissé au dedans par quantité de petites rides circulaires.

Je trouvai de ces *Sang-suës* dans les mers du Royaume de *Chily*, & en ai dessiné dans mon Histoire des animaux.

xx. *Février.*

Nous ressentîmes dès le matin les chaleurs de l'Esté du Royaume de *Chily*, nous eûmes les vents au Sud-Sud-Ouest, & la hauteur du Barometre fut observée de 28. poûces 1. lignes ¼.

Hauteurs correspondantes du bord superieur du Soleil pour l'Horloge.

heures du matin.	hauteurs.	heures du soir.
9ʰ 31' 29"	49ᵈ 19' 0"	2ʰ 14' 59"
37. 46.	50. 22. 0.	8. 53.
9. 44. 32.	51. 30. 40.	2. 2. 3.

Par ces correspondances l'horloge marquoit
à midy,   11ʰ 53' 16"
Equation à ajoûter,   8.

Donc l'horloge marquoit au vray midy,   11. 53. 24.
J'observai à midy l'inclinaison de l'Aiman de 55ᵈ 35' 0"

Ce changement qui étoit de dix minutes moins que je ne l'avois observée, meritoit attention, & donnoit lieu d'examiner, si la constitution de l'air ou du temps n'y contribuoit pas.

xxi. *Février.*

Sur les trois heures du matin nous eûmes un coup de vent de Sud tres-violent qui dura jusques à six heures.

Tous les Vaisseaux moüillez dans la Baye chasserent ;
& s'il eût duré plus long-temps , les Navires auroient
été obligez de mettre à la voile pour éviter le naufrage.

*Hauteurs correspondantes du bord superieur du Soleil
pour verifier l'Horloge.*

heures du matin.	hauteurs.	heures du soir.
9^h 46' 32"	51^d 41' 50"	1^h 58' 50"
53. 37.	52. 51. 0.	51. 46.
59. 43.	53. 48. 0.	45. 42.

Par ces correspondances l'horloge marquoit
  à midy ,   11^h 52' 42"
Equation à ajoûter ,   8.

Donc l'horloge marquoit au vray midy ,   11. 52. 50.
Le 20. on eut le vray midy à   11. 53. 24.
Donc l'horloge retardoit en 24. heures de   0. 0. 34.
Pour être au temps moyen elle devoit retarder
  de   7.
Donc elle retardoit sur le temps moyen de   27.

xxii. *Février.*

Le vent commença de souffler sur les huit heures du
matin , & vint rafraîchir l'air que les chaleurs rendoient
insupportables.

J'observai avec les vents de Sud la hauteur du Barometre de   28. poûc. 0. lig. ½.

Hauteurs correspondantes du bord superieur du Soleil.
pour verifier l'Horloge.

heures du matin.	hauteurs.	heures du soir.
9^h 18' 52"	46^d 47' 0"	2^h 25' 23"
28. 0.	48. 23. 40.	16. 10.
33. 53.	49. 24. 0.	10. 17.

Par la premiere correspondance l'horloge
  marquoit à midy, 11^h 52' 7"
Par la seconde à   11. 52. 5.
& par la troisiéme à   11. 52. 5. $\frac{1}{2}$
prenant un milieu on eut midy à   11. 52. 6.
  Equation à ajoûter,   8.

Donc l'horloge marquoit le vray midy à   11. 52. 14.
Le 21. on eut le vray midy à   11. 52. 50.

Donc l'horloge retardoit sur le temps vray
  en 24. heures de   0. 36.
Pour être au temps moyen elle devoit retarder
  de   8.
Donc elle retardoit sur le temps moyen en
  24. heures de   28.

OBSERVATION

sur la Declinaison de l'Aiguille aimantée.

CEs Observations ne doivent pas être negligées, quoy
qu'on ait quelque certitude des changemens de la
variation des Aiguilles aimantées, & que ce changement
déterminé par ces illustres Sçavans de l'Académie Royale
des Sciences, soit par an à Paris environ de 11. minutes,
il peut se rencontrer dans des pays éloignez des causes
qui peuvent faire varier differemment ces Aiguilles ; ainsi
il seroit necessaire, pour en avoir une notion generale,
qu'il y eût sur toutes les parties du Globe terrestre des

1 7 1 0.
Février.

Obſervateurs pour s'aſſurer de ces variations. J'avois obſervé l'année précedente à la *Conception* la declinaiſon de l'Aiguille aimantée au Nord-Eſt de   10^d 20′ *ou* 25′.
& je ne l'obſervai cette année-cy que de . 10. 10. *ou* 15.

Ainſi, ſuivant ces obſervations, la declinaiſon a diminué dans l'eſpace d'une année environ de   0^d 10′   0″

Difference qui s'accorde aſſez avec celle qui fut obſervée à l'Obſervatoire Royal de Paris.

OBSERVATIONS

de deux Etoiles fixes, Sirius *&* Canopus.

J'Obſervai le ſoir du 22. la hauteur meridienne apparente de *Sirius*, que je trouvai de   69^d 40′ 30″
Quart de Cercle,   2.
Premiere Correction,   69. 38. 30.
Refraction à ôter,   22.
Hauteur corrigée,   69. 38. 8.
Declinaiſon auſtrale,   16. 21. 10.
Hauteur de l'Equateur,   53. 16. 58.

Donc la hauteur du Pole de la *Conception* eſt de   36. 43. 2.

Canopus eſt une Etoile de la premiere grandeur, au gouvernail du Navire d'*Argus*, qu'on commit à la garde de la Princeſſe *Io*.

Virg. Eneid. —————————————*& cuſtos virginis Argus.*
lib. 7.

Ce Navire ne fut placé dans le Ciel qu'au retour de *Jaſon*, que *Pelias* Roy de *Theſſalie* avoit envoyé à la conquête de la Toiſon d'or, dans le deſſein de faire perir cet illuſtre neveu, puis qu'il avoit ordonné à *Argus*, à qui il donna le ſoin de ſa conſtruction, de ne ſe ſervir que de petits clous, afin qu'il ne pût pas reſiſter aux tempêtes; mais *Argus* deſirant de faire le voyage avec *Jaſon*, ſe ſervit ſecretement de meilleurs clous qu'il trouva, enforte que le Navire les ramena triomphants de la *Colchide*, après qu'ils eurent conquis la Toifon d'or. En reconnoiffance de ce bienfait ils le dédiérent, à leur retour, à la Déeffe *Pallas*, & fut enfuite placé dans le Ciel, comme j'ai déja dit, où il fait la conftellation que nous appellons *Argo-Navis*, dans la partie auftrale du Ciel, compofée de 66. Etoiles, quatre defquelles font de la fixiéme grandeur, 22. de la cinquiéme, 25. de la quatriéme, 7. de la troifiéme, & *Canopus* de la premiere. J'obfervai fa hauteur meridienne pour chercher fa declinaifon, & la comparer enfuite avec celle que j'avois déja obfervée. La hauteur meridienne apparente de cette Etoile dans la partie fuperieur du Cercle, qu'il décrit autour du Pole Auftrale, fut de

Hauteur apparente	74^d	14′	0″
Quart de Cercle,		2.	0.
Premiere Correction,	74.	12.	0.
Refraction à ôter,			17.
Hauteur corrigée,	74.	11.	43.
Hauteur du Pole,	36.	43.	2.
Diftance de *Canopus* au Pole Auftral,	37.	28.	41.

Le Complement de cette diftance eft la de-clinaifon de cette Etoile, qui étoit par confequent de   52. 31. 19.

REMARQUES

Sur quelques Taches noires qu'on voit vers le Pole
Auftral.

OUtre le grand & le petit nuage, taches blanches prefque femblables à la voye Lactée qu'on voit dans la partie meridionale du Ciel, on y voit encore quelques taches noires étenduës les unes fur les autres fur les branches du Chefne de Charles, qui fe confondent avec la voye Lactée, dont l'obfcurité s'évanoüit fi-tôt que la Lune éclaire.

On voit encore au pied & à la partie orientale du *Cru-*

zero une autre tache noire triangulaire, formée par trois lignes courbes irregulieres, l'angle obtus de ce triangle est précisément au deſſus de l'Etoile qui eſt au pied du *Cruzero*, & un des côtez qui forme cet angle, ſe plie vers la partie orientale de la même Etoile, & deſcend enſuite vers le Pole Antartique, où il fait un angle fort aigu avec le grand côté ou hypotheneuſe du triangle. Ce grand côté monte obliquement, & comme en ſerpentant, & va former avec le troiſiéme côté un autre angle encore aigu, au-delà de l'Etoile qui forme le bras oriental du *Cruzero*. Ce troiſiéme côté eſt en arc, & la figure ſuivante repréſente parfaitement la tache, & la diſpoſition des quatre principales Etoiles qui forment la Conſtellation du *Cruzero*.

xxiiı. *Février.*

Les vents qui ceſſoient le ſoir, ne revenoient que ſur les huit à neuf heures du matin. Je fis ſur les dix heures l'expérience du Barometre, je trouvai le Mercure ſuſpendu à la hauteur de 28. poûces 1. ligne o″.

OBSER-

OBSERVATIONS PHYSIQUES

du Barometre.

ON ne feroit jamais arrivé à la connoiffance de la caufe d'une infinité de Phenomenes que nous découvrons tous les jours par les expériences du Barometre, fi des hommes zelez pour la perfection des Sciences & des Arts, ne fe fuffent pas expofez à de longs & penibles voyages, & fuffent demeurez enfevelis dans leurs cabinets. Les differences qui refultent de ces expériences faites en des lieux éloignez les uns des autres, peuvent devenir la mefure univerfelle du poids , & de l'action de cette grande enveloppe d'air répanduë autour du Globe terreftre, qu'on ne découvrira que lors qu'on aura des expériences & des obfervations faites fur toutes les parties de ce Globe. La Phyfique aura alors de grandes obligations à ceux qui fe feront chargez de ce foin , & qui n'auront eu d'autre vûë que celle de travailler à la perfectionner.

Les expériences que je fis ce jour-là, n'eurent pas d'autres vûës, & ne furent que pour éprouver la force elaftique de l'air.

Avant que de faire ces expériences , je nettoyai foigneufement le tube duquel je me fervis, & je paffai plufieurs fois le Mercure dans un linge bien net , jufques à ce que je ne remarquai plus en luy aucune faleté : ce tube étoit de 32. poûces 11. lignes de longueur. Ayant donc pris toutes les précautions neceffaires pour la feureté des obfervations que j'allois faire, je remplis le tube de Mercure , prenant bien garde qu'il n'y reftât aucune ampoulle d'air; après avoir bouché avec le doigt le bout ouvert , je le plongeai dans le Mercure, qui étoit dans un vafe à la hauteur de huit lignes ; ayant ôté le doigt, le Mercure refta fufpendu dans le tube à la même hauteur que je venois de le trouver dans une expérience qui préceda celle-cy, qui étoit de 28. poûces 1. ligne o"

X X x

1°. Cette expérience étant faite, je laissai en haut du tube 2. poûces 3. lignes d'air. Ayant enfoncé le tube dans le Mercure du vafe, le Mercure du Tube resta suspendu sur celuy du vafe à la hauteur de 24. poûces 4. lignes, & l'air dilaté occupa 10. poûces 7. lignes$\frac{1}{2}$.

2°. Je laissai 4. poûces 4. lignes d'air dans le tube, le Mercure après le renversement du tube resta à la hauteur de 18. poûces 2. lignes, & l'air dilaté occupa 13. poûces 7. lignes $\frac{1}{2}$.

3°. Je laissai 6. poûces 11. lignes d'air dans le tube, le Mercure resta suspendu à la hauteur de 15. poûces, & l'air dilaté occupa 16. poûces 7. lignes.

4°. Ayant laissé 11. poûces 1. ligne, le Mercure demeura suspendu à la hauteur de 11. poûces 4. lignes, & l'air dilaté fut observé de 20. poûces 2. lignes $\frac{1}{2}$.

5°. Je laissai dans la derniere expérience 17. poûces 3. lignes, le Mercure suspendu dans le tube n'occupa que 6. poûces 8. lignes, & l'air dilaté occupoit 24. poûces 7. lignes.

RECHERCHE

de la Dilatation de l'Air calculée par les Expériences précedentes.

CEs calculs suppofent trois chofes connuës; la premiere eft la longueur du Tube dont on s'eft fervi dans les expériences; la feconde, la hauteur de l'Atmofphere; & la troifiéme, l'air qu'on a laiffé en haut du Tube. Ces trois chofes étant connuës, on retranche de la longueur du Tube la hauteur de l'Atmofphere, pour avoir une difference dont le quarré de la moitié de cette même difference doit être ajoûté au rectangle fait par la multiplication de la hauteur de l'Atmofphere, par l'air qu'on a laiffé en haut du Tube. On tire de cette addition la racine quarrée, à laquelle racine on ajoûte la moitié de la difference déja trouvée, & la fomme de

ces deux nombres eſt la dilatation de l'air qu'on cherche : un Exemple ſuffira pour le comprendre.

EXEMPLE.

Longueur du Tube,   32. poûc. 11. lig.
Hauteur de l'Atmoſphere, 28. poûc. 1. lig.

Difference,   4. poûc. 10. lig.
Moitié,   2. poûc. 5. quar. 841. CC.
Hauteur de l'Atmoſphere reduite
  en lignes,   337. l. que j'appelle A.
Air introduit dans le Tube reduit
  en lignes,   27 l. que j'appelle B.

           2359.
            674.

          9099. rectang. e AB.
          841. quarré CC.

          9940. AB + CC.
            99. racine de AB+CC.
Si on ajoûte à cette racine la moitié
  de la difference,   29.

    La ſomme ſera de   128. lignes.
laquelle reduite en pouces & lignes, donnera la dilatation de l'Air, qui répond à 2. pouces 3. lignes qu'on
avoit laiſſé en haut du Tube.
    Cette dilatation fut donc trouvée
par le calcul de   10. pouc. 8. lig.
Elle avoit été trouvée par l'experience
de   10. pouc. 7. lig. $\frac{1}{2}$.
    Dans la ſeconde expérience, la
dilatation de l'Air fut de   13. pouc. 7. lig. $\frac{1}{2}$.
Cette même dilatation fut par le cal-
cul de   13. pouc. 8. lig.
    Dans la troiſiéme, la dilatation
trouvée par le calcul, fut de   16. pouc. 6. lig. $\frac{1}{2}$.
& par l'expérience,   16. pouc. 6. lig.
                       XXx ij

Dans la quatriéme , la dilatation
trouvée par le calcul, fut de   20. pouc. 2. lig. $\frac{3}{4}$.
& par l'expérience,   20. pouc. 2. lig. $\frac{1}{2}$.

    Dans la derniere, la dilatation trou-
vée par le calcul, fut de   24. pouc. 7. lig.
& par l'experience,   24. pouc. 7. lig.

    Ce même jour 23. je trouvai le lieu
du Soleil à midy au 4^d 45' 13" de $\mathcal{H}$.
& sa declinaison à la même heure dans
le même point de 9^d 47' 7"

    J'observai à midy la hauteur appa-
rente du bord superieur du Soleil de 63. 22. 50.
d'où je conclus par la même méthode
dont je m'étois déja servi , la hauteur
de l'Equateur de   53. 17. 3.

& la hauteur du Pole de la *Conception*
de   36. 42. 57.

XXIV. Février.

J'observai le matin à l'heure ordinaire, avec les vents
de Sud-Sud-Ouest & des chaleurs fort
grandes, la hauteur du Barometre de 27. pouc. 11. lig. $\frac{1}{4}$.

Hauteurs correspondantes du bord superieur du Soleil
pour verifier l'Horloge.

heures du matin.	hauteurs.	heures du soir.
9^h 40' 58"	50^d 15' 10"	2^h 0' 41"
47. 10.	51. 16. 0.	1. 54. 30.
52. 19.	52 5. 0.	1. 49. 22.

Par ces trois correspondances l'horloge marquoit à midy, 11^h 50' 50"
Equation à ajoûter,   9.

Donc l'horloge marquoit le vray midy à   11. 50. 59.
Le 22. on eut midy à   11. 52. 14.

Donc l'horloge retardoit en deux jours de   1. 15.

Pour être au temps moyen, elle devoit retarder de 19.
Donc elle retardoit en deux jours sur le temps
  moyen de   56.
& en 24. heures de   28.

1710.
Février.

REMARQUES

Sur la figure de la Croix que l'on voit représentée sur les pierres qui se trouvent dans une riviere du Royaume de Chily.

DEs faits si extraordinaires ne doivent pas être obmis. Au bourg de *Peteguelen*, dans le Royaume de Chily, il y a une petite riviere que les naturels du pays appellent *Flaraguete*, où l'on voit sur les pierres qui s'y trouvent la figure de la Croix parfaitement bien représentée. On a même remarqué que cassant une grosse pierre, sur laquelle on ne voit d'abord qu'une seule Croix, on la retrouve sur chacune de ses parties. Cette merveille est une preuve que Jesus-Christ devoit être adoré par toute la terre, & que tous les peuples recevroient un jour l'Evangile, & trouveroient par leur conversion un Dieu toûjours prêt à les recevoir ; *Conversio nostra semper inveniet Deum paratum.* Toutes ces pierres sont d'un blanc sale, leur figure est irreguliere, & le côté sur lequel la Croix est représentée, est ordinairement ovale. Elle est formée par la rencontre du grand & du petit diametre de l'ovale, qui se coupent à angles droits au centre de cet ovale. La couleur de ces deux diametres est d'un rouge de sang sur un champ d'un blanc sale, qui releve la figure de la Croix. Les Espagnols & les naturels du pays portent par devotion de ces petites pierres à leurs chapelets. L'on m'en fit present de deux que j'ay conservées par rareté.

S. Aug. *in Psal.* 16.

xxv. *Février.*

Nous eûmes encore les vents au Sud-Sud-Ouest, & les chaleurs augmentoient tous les jours

Le Barometre fut trouvé à 10. heures du matin à la hauteur de   28. pouc. 0. lig. 0.

*Hauteurs correspondantes du bord superieur du Soleil
pour verifier l'Horloge.*

heures du matin.	hauteurs.	heures du soir,
9ʰ 36′ 32″	49ᵈ 21′ 30″	2ʰ 3′ 56″
42. 30.	50. 20. 20.	1. 57. 52.
49. 13.	51. 24. 30.	1. 51. 15.

Par la premiere correspondance l'horloge marquoit à midy,	11ʰ 50′ 14.
Par la seconde,	11. 50. 12.½
& par la troisiéme,	11. 50. 14.
prenant un milieu on eut midy à	11. 50. 13.
Equation à ajoûter,	9.
Donc l'horloge marquoit le vray midy à	11. 50. 22.
Le 24. on eut le vray midy à	11. 50. 59.
Donc l'horloge retardoit en un jour de	37.
Pour être au temps moyen, elle devoit retarder de	10.
Donc l'horloge retardoit sur le temps moyen de	27.
Par les observations précedentes elle retardoit trop de	28.
prenant un milieu , on établit son retardement journalier de	27.½

OBSERVATION

du premier Satellite de Jupiter.

XXVI. Février.

J'Observai le matin avec une lunette de 15. pieds une
Immersion du premier Satellite, dans l'ombre de *Jupiter*, le Ciel étant pour lors clair & serain,

l'horloge non corrigée, à	2ʰ 58′ 29″
L'horloge retardoit au moment de l'observation de	10. 12.

Donc le temps vray de cette Immersion
   fut à   3. 8. 41.
La même Immersion dût arriver à Paris par
   le calcul corrigé à   8. 9. 52.

Donc la difference en temps entre Paris &
   la *Conception* est de   5. 1. 11.

1710.
Février.

OBSERVATIONS

Pour déterminer la Declinaison des deux principales Etoiles
de la Constellation du Centaure.

APrès avoir observé l'Immersion du premier Satellite de *Jupiter*, je m'apperçus que la Constellation du *Centaure*, composée de plusieurs Etoiles, passoit par le Meridien. J'observai la hauteur meridienne de deux principales Etoiles de cette Constellation, dont l'une de la seconde grandeur est au pied austral du devant du *Centaure*, & l'autre est une Etoile double de la premiere grandeur au pied droit du devant.

Hauteur meridienne apparente de la premiere Etoile dans la partie superieur du Cercle, qu'elle

décrit autour du Pole austral,   67^{d} 50' 20"
Quart de Cercle,   2. 0.
Premiere Correction,   67. 48. 20.
Refraction à ôter,   24.
Hauteur corrigée,   67. 47. 56.
Hauteur du Pole,   36. 43. 2.
Distance de cette Etoile au Pole austral,   31. 4. 54.

Donc la declinaison australe de cette Etoile
   étoit de   58. 55. 6.
Hauteur meridienne apparente de l'Etoile suivante, qui est l'Etoile double dans la partie
   superieure du Cercle, qu'elle décrit autour
   du Pole austral,   67. 11. 30.
Quart de Cercle,   2.
Premiere Correction,   67. 9. 30.

Refraction à ôter,   25.
Hauteur corrigée,   67. 9. 5.
Hauteur du Pole,   36. 43. 2.
Distance de cette Etoile, au Pole auftral,   30. 26. 3.

Donc la declinaifon auftrale de l'Etoile dou-
ble fut de   59. 33. 57.

*Hauteurs correfpondantes du bord fuperieur du Soleil
pour verifier l'Horloge.*

heures du matin.	hauteurs.	heures du foir.
9ʰ 48′ 42″	51ᵈ 9′ 0″	1ʰ 50′ 23″
9. 53. 50.	51. 57. 0.	1. 45. 17.

Par ces deux correfpondances l'horloge mar-
quoit à midy,   11ʰ 49′ 33″
       Equation à ajoûter,   9.

Donc l'horloge marquoit le vray midy à   11. 49. 42.
Le 25. on eut midy à   11. 50. 22.
Donc l'horloge retardoit en un jour de   0. 40.
Pour être au temps moyen, elle devoit retarder
    de   10.
Donc l'horloge avoit retardé en 24. heures de   30.
    C'eft fur la retardation de 40″ que je corrigeai l'Im-
merfion du premier Satellite, obfervée le matin.

XXVII. Février.

Nous eûmes des broüillards épais, qui ne fe diffiperent
qu'après huit heures du matin, que le vent de Sud-Oueft
commença de fouffler, le Barometre fut obfervé à l'heure
ordinaire, à la hauteur de   28. pouc. 1. lig. 0.
    Le vent de Sud-Oueft ayant ceffé fur les cinq heures
du foir, les broüillards revinrent & durerent toute la nuit,
& le lendemain 28. il fe leva le matin un vent de Nord
qui les chaffa. Par l'experience que je fis du Barometre,
je trouvai fa hauteur de   28. pouc. 0. lig. ½.

1. Mars.

1. *Mars.*

Les broüillards revinrent à la même heure des jours précedens, mais le vent s'étant rangé au Sud, les chaſſa bien-tôt, & diminua les chaleurs que les vents du Nord nous avoient cauſées. Comme cette partie du monde eſt oppoſée à celle que nous habitons, auſſi les qualitez des vents ſont contraires. Ceux qui ſont chauds chez nous, comme les vents de Midy, ſont froids dans cette partie du monde, & les vents de Nord que nous craignons en Hyver, à cauſe des froids qu'ils nous amenent, ne ſe font appréhender dans la même ſaiſon au Royaume de Chily que par les grandes pluyes : l'horloge fut touchée & remiſe en mouvement.

J'obſervai le matin la hauteur du Barometre de   27. pouc. 11. lig. ¼.

Le 3. les vents furent à l'Oueſt ¼ Nord-Oueſt, & le Barometre à   28. pouc. 0. lig. ¼.

REMARQUES

Sur l'Inclinaiſon de l'Aiguille aimantée.

J'Obſervai l'Inclinaiſon de l'Aiguille aiman-tée de 55^d $25'$ $0''$

Je l'avois obſervée de   55. 45. 0.

Ce changement de 20. minutes de variation à l'Aiguille aimantée commença de me faire croire que les vents pouvoient en être la cauſe, n'en trouvant pas d'autre à qui je puſſe l'attribuer. J'avois déja fait les mêmes Remarques à *Lima*, où j'avois laiſſé en expérience environ deux mois le même inſtrument dont je me ſervois alors. Je trouvai dans toutes ces experiences que les plus grandes Inclinaiſons de l'Aiguille aimantée arrivoient, lorſque l'inſtrument étant parfaitement parallele au Meridien Magnetique, les vents ſouffloient directement au Sud ¼ Sud-Oueſt ou au Nord ¼ Nord-Eſt, & les moindres Inclinâifons, lorfque les vents étoient à l'Oueft ¼ Nord-Oueft & à l'Eft ¼ Sud-Eft. J'étois prefque convaincu par ces circonftances, que je pouvois attribuer aux vents les changemens de l'Inclinaifon de l'Aiguille aimantée, puis qu'elle fe rencontroit toûjours égale & dans les mêmes points au retour des vents qui fouffloient directement fous le Meridien Magnetique, & que les plus grandes digreffions ou les moindres Inclinaifons n'arrivoient que lorfque les vents étoient à l'Oueft ¼ Nord-Oueft ou à l'Eft ¼ Sud-Eft; parce que ces vents prenoient alors l'Aiguille par fon travers. Pour me bien affurer dans ces obfervations, j'eus foin de verifier dans les moindres Inclinaifons de l'Aiguille, fi l'inftrument étoit toûjours dans le plan du Meridien Magnetique, où l'ayant trouvé, je conclus qu'il étoit tres difficile de démêler dans la nature tout ce qui agit fur l'aiman, & de quelle maniere fe fait cette action. On eft convaincu que les mines d'aiman, de fer, d'acier, & d'autres matieres femblables, répanduës dans toute la terre, attirent l'Aiguille aimantée, lorfque ces matieres font à fon égard dans une certaine difpofition, & qu'elles la repouffent lors qu'elles font dans une autre. Mais de fçavoir comment cela fe fait, c'eft ce qui nous eft encore inconnu; cependant il fembleroit par les obfervations que j'avois déja faites, que les vents pourroient faire quelque impreffion fur la matiere Magnetique, puifque prenant l'Aiguille par le travers, ils diminuoient le reffort ou la force de cette matiere, en détournant quelques parties qui le compofent de fa direction naturelle, & qu'ils affoibliffoient par ce moyen fa force.

Par les obfervations faites avec la Bouffole, je trouvai l'Inclinaifon de   6ᵈ 20′ 0″

Je l'avois obfervée l'année précedente de   6. 30. 0.

La difference de 10. minutes marquoit dans l'aiman un changement en fon inclinaifon qui fuivoit de près le changement que l'on a trouvé dans fa declinaifon. Les obfervations d'une année & la petiteffe des inftrumens, qui peuvent tromper l'Obfervateur dans la détermination de l'Inclinaifon, ne fçauroient donner une preuve convaincante de ces variations ; cependant comme elles serviroient de fondement à celles qu'on pourroit faire dans la suite, j'ay cru que je ne devois pas les passer sous silence dans mon Journal ; car s'il est vray que ces deux differences d'inclinaison & de declinaison ayent entre elles quelque rapport, cette découverte ne seroit pas tout-à-fait inutile à la navigation.

La difference qu'on trouve à l'inclinaison de l'aiguille aimantée, qui répond d'un degré à l'autre du Meridien Magnetique, est assez considerable pour montrer aux navigateurs les differences de latitude ; de sorte que si on découvroit une fois combien cette inclinaison change toutes les années, on pourroit reduire les inclinaisons en tables, & donner à chaque degré de latitude l'inclinaison qui luy conviendroit, ayant égard à ce changement qu'on pourroit mettre à côté des mêmes tables. Cette 'écouverte seroit d'un grand secours à ceux qui navigent, qui sont quelquefois cinq ou six jours, & même davantage sans voir le Soleil, qui seul peut bien leur déterminer la latitude, quoique quelques Pilotes croyent que les Etoiles peuvent leur servir pour cet usage ; mais ils se trompent, n'étant pas possible de découvrir dans la nuit l'horison au dessus duquel on ne voit pas même les Etoiles de la premiere grandeur, si elles ne sont élevées de quelques degrez au dessus de l'horison.

iv. *Mars.*

Nous eûmes jusques à midy un grand calme, le vent de Sud qui ne se leva qu'alors vint diminuer les grandes chaleurs que nous ressentions. Le Ciel étoit clair, & le Barometre fut observé à la hauteur de   28$^\mathrm{p}$ 0$^\mathrm{l}$ $\frac{1}{2}$.

L'inclinaison de l'aiguille aimantée de l'instrument revint à   55$^\mathrm{d}$ 45$'$ 0$''$

Le lendemain 5. le vent continua au Sud, le Ciel fut dans la même disposition que le jour précedent, j'observai l'inclinaison de   55. 45. 0.
& la hauteur du Barometre de   28. 0. 0.

Y Y y ij

vi. *Mars.*

Les vents se rangerent au Nord-Nord-Ouest, ils nous amenerent des brouïllards épais semblables à ceux que nous avions eus les jours passez ; le Barometre fut à 27. pouces 9. lignes ½. Cet abbaissement marquoit le changement de temps que nous eûmes. Le 7. les vents se tirerent entierement au Nord-Est ; nous avions eu la nuit précedente des éclairs, des tonnerres & de grandes pluyes qui ne cesserent que sur les dix heures du matin ; le Barometre fut à la même hauteur que le 6.   27ᴾ 9ˡ 0″

Je remarquai en observant à midy l'inclinaison de l'aiman, que le changement de temps n'en avoit point causé à cette inclinaison ; ce qui prouvoit que le vent de Nord ¼ Nord-Est fait à l'égard de l'aiguille aimantée le même effet que le vent de Sud, puis qu'elle fut à midy de   55. 45. 0.

viii. *Mars.*

En voulant observer le matin la hauteur du mercure, j'apperçus que le Tube, qui servoit dans mes experiences, & que j'avois trouvé fêlé le 6. deux doigts au dessous du bout ouvert, l'étoit entierement ; je l'amarrai fortement avec une petite corde, & m'en servis pour faire l'expérience suivante, dans laquelle je trouvai la hauteur du Barometre de   28ᴾ 0ˡ ½.

Cette expérience étant faite, je pris un autre Tube dont je ne m'étois pas encore servi ; & après l'avoir nettoyé, & ensuite rempli de mercure, je trouvai sa hauteur de 28. pouces 0. ligne & demie égale à celle que je venois d'observer ; preuve évidente que l'air n'entroit pas dans le premier tuyau par cette fêlure. Pendant que je faisois ces observations, les vents étoient revenus au Sud. Le 9. & le 10. les vents furent au même endroit, le Barometre à la même hauteur, & le lendemain 11. les vents mollirent : j'observai l'inclinaison de l'Aiman de   55ᵈ 45′ 0″.

Le 11. nous eûmes le même vent, l'inclinaison fut la même, & la hauteur du Barometre fut de   28p 0l $\frac{1}{2}$. 1710.
Mars.

XIII. Mars.

Les chaleurs étoient toûjours fort grandes, il n'y eut aucun changement ni à la hauteur du Barometre, ni à l'inclinaison de l'Aiman. Les vents soufflant toûjours au Sud, rendoient l'air clair & serain, je pris ce jour-là quelques correspondances pour connoître l'état de mon horloge, esperant observer la nuit suivante l'Immersion du premier Satellite de *Jupiter*.

Hauteurs correspondantes du bord superieur du Soleil pour verifier l'Horloge.

Heures du matin.	hauteurs.	heures du soir.
9ʰ 15′ 42″	43ᵈ 4′ 0″	2ʰ 3′ 12″
21. 38.	44. 0. 30.	1. 57. 16.
27. 51.	44. 58. 0.	1. 51. 4.

Par ces trois correspondances l'horloge marquoit à midy,   11ʰ 39′ 27″ $\frac{1}{2}$.
  Equation à ajoûter,   10.

Donc l'horloge marquoit au vray midy,   11. 39. 37. $\frac{1}{2}$.

OBSERVATION

du premier Satellite de Jupiter.

LE matin, le Ciel étant clair & serain, j'observai une Immersion du premier Satellite de *Jupiter*, à l'horloge non corrigée, à   1ʰ 5′ 33″
L'horloge retardoit au temps de cette observation de   0. 20. 44.

Donc le vray temps de cette Immersion fut à   1. 26. 17.

La même Immerſion dût arriver à Paris par le
calcul corrigé à   6. 27. 20.

Donc la difference en temps entre Paris & la
Conception eſt de   5. 1. 3.

Après que j'eus obſervé l'Immerſion du premier Satellite de *Jupiter*, j'obſervai la hauteur meridienne des deux
Etoiles du *Centaure*. La hauteur meridienne de la premiere ne fut pas differente de celle que j'avois déja trouvée le 26. Février, qui fut de   67. 50. 20.
& la hauteur meridienne de la ſuivante, qui
eſt l'Etoile double & de la premiere gran-
deur, fut de   67. 11. 20.

Dix ſecondes moins que je ne l'avois obſervée, difference de peu de conſequence, qui pouvoit provenir de
la détermination de ſa hauteur ſur le quart de cercle.

*Hauteurs correſpondantes du bord ſuperieur du Soleil
pour verifier l'Horloge.*

heures du matin.	hauteurs.	heures du ſoir.
9^h 26' 19"	44^d 31' 0"	1^d 51' 15"
32. 40.	45. 28. 0.	44. 58.
39. 21.	46. 27. 20.	1. 38. 17.

Par la premiere correſpondance l'horloge marquoit à midy,   11^h 38' 47"
Par la ſeconde,   11. 38. 49.
Et par la troiſiéme, milieu entre les deux
premieres,   11. 38. 48.
    Equation à ajoûter,   10.

Donc l'horloge marquoit au vray midy,   11. 38. 58.
Le 13. on eut midy à   11. 39. 37½.
Donc l'horloge retardoit en un jour de   39.

Je me ſervis de ce retardement pour déterminer le
temps de l'Immerſion du premier Satellite de *Jupiter*,
arrivée la nuit précedente.
La hauteur du Barometre fut à   28^p 01½.

OBSERVATIONS

Sur le Barometre.

LEs vents s'étoient tirez au Nord la nuit précedente, ils nous amenerent de gros nuages, qui nous donnerent de la pluye le matin. J'obfervai pendant ce temps-là la force elaftique de l'air, après avoir bien nettoyé un Tube de 33. pouces de longueur, & purifié le mercure. Ayant rempli le Tube à l'ordinaire, & plongé dans le vafe, je trouvai le mercure fufpendu
à la hauteur de   27. pouc. 10. l. 0″

Baffeffe qui marquoit le temps que nous eûmes ; je trouvai donc par cette obfervation que les 27. pouces 10. lignes faifoient équilibre à une colomne d'air égale à celle du mercure, qui s'étendoit depuis la furface du mercure du vafe jufques à l'Ether, où va fe terminer l'Atmofphere : cette obfervation fervit de fondement à celles qui fuivent.

RECHERCHE

De la Dilatation de l'Air par les Experiences & par le Calcul.

1°. Je laiffai dans le Tube 4. pouces 4. lignes d'air ; l'ayant enfuite renverfé dans le vafe, comme j'ai dit cy-deffus, le mercure du Tube refta fufpendu fur la furface de celuy du vafe à la hauteur de   18. pouc. 2. l.
& l'air dilaté occupa   13. pouc. 10. l.

Je trouvai par le calcul que l'air dilaté devoit occuper   13. pouc. 11. l.

2°. Je laiffai dans le Tube 5. pouces 2. lignes d'air, & le Tube renverfé dans

le vase , le mercure resta suspendu à la
hauteur de   17. pouc. 1. l.
& l'air dilaté occupa   14. pouc. 9. l.¼.
   Par le calcul l'air dilaté devoit occuper 14. pouc. 10. l.
   3°. Je laissai 7. pouces 8. lignes d'air
dans le Tube , le mercure resta suspendu
à la hauteur de   14. pouc. 5. l.
& l'air dilaté occupa   17. pouc. 5. l.
   Par le calcul l'air dilaté fut aussi trouvé
de   17. pouc. 5. l.
   4°. Ayant laissé 11. pouces 4. lignes
d'air , le mercure occupa dans le Tube   11. pouc. 3. l.
& l'air dilaté occupa   20. pouc. 6. l.
   Je trouvai par le calcul l'air dilaté de 20. pouc. 6. l.
   5°. Ayant laissé 16. pouc. 7. lignes ,
le mercure resta dans le Tube à la hau-
teur de   7. pouc. 6. l.
& l'air dilaté occupa   24. pouc. 2. l.
   Par le calcul l'air dilaté fut encore
trouvé de   24. pouc. 2. l.
   6°. Enfin ayant laissé dans le Tube
21. pouces 7. lignes d'air , le mercure
resta suspendu dans le Tube à   4. pouc. 5. l.
& l'air dilaté occupa   27. pouc. 2. l.
   Il fut trouvé par le calcul occuper
encore   27. pouc. 2. l.
   Toutes ces expériences furent faites avec toute l'exactitude dont je suis capable. Je n'ai point rapporté icy de
calcul, celuy que j'ai donné dans les expériences du 23.
Février de cette année, suffira pour ceux qui auront la
curiosité de voir si les expériences conviennent avec le
calcul. Le lendemain 18. le vent se tira vers le Sud , &
nous ramena le beau temps.

XIX. *Mars.*

   Les vents de Sud ayant entiérement chassé les nuages ,
je pris le matin quelques hauteurs du Soleil ; mais les
nuages étant revenus le soir , je ne pûs prendre aucune
                                        correspondance.

correspondance. Heureusement j'étois assuré par les observations précedentes de la regularité de mon horloge qui m'étoit absolument necessaire pour l'observation que j'esperois faire la nuit suivante.

OBSERVATION

De l'Eclipse de l'Etoile Antarès, ou Cœur du Scorpion par la Lune.

LEs Observations des Eclipses des Etoiles fixes par la Lune, sont assez de consequence pour ne pas les negliger lors qu'elles arrivent. L'Astronomie en tire de grandes utilitez, puis qu'elles luy servent à rectifier les mouvemens de cette Planette, elles ne sont pas moins avantageuses à la Geographie; car on peut conclure de ces observations faites en des lieux éloignez les uns des autres, la distance qui se trouve entre eux, en comparant ensemble les observations, &c.

Je me servis dans celle-cy d'une lunette de 18. pieds, pour déterminer plus sûrement l'occultation d'*Antarès*, & de la lunette du quart de cercle pour observer la hauteur apparente du bord inferieur de la Lune, au moment de l'occultation, laquelle je trouvai de $\qquad$ $18^d\ 21'\ 0''$

Antarès s'éclipsa vis-à-vis de *Kepler*, à l'horloge non corrigée le soir, à $\qquad$ $10^h\ 8'\ 29''$

L'horloge retardoit au moment de l'occultation de $\qquad$ 0. 24. 46.

Donc le vray temps de cette Eclipse fut à 10. 33. 15.

Cette Etoile parut toute entiere sur le Disque éclairé de la Lune avant son occultation, & elle ne disparut qu'au moment que le bord oriental de la Lune toucha le bord oriental d'*Antarès*.

Emersion d'*Antarès* sur le bord obscur de la Lune, à l'horloge non corrigée, $\qquad$ $11^h\ 0'\ 23''$

L'horloge retardoit au temps de l'Emersion de 0. 24. 48.

Donc le vray temps de cette Emerſion fut à 11. 25. 11.
De ſorte que l'Etoile demeura cachée durant 0. 51. 56.

xx. *Mars.*

Le Ciel fut beau, je pris des hauteurs correſpondantes du Soleil, qui me ſervirent pour corriger l'obſervation de l'Eclipſe d'*Antarès*.

*Hauteurs correſpondantes du bord ſuperieur du Soleil
pour verifier l'horloge.*

heures du matin.	hauteurs.	heures du ſoir.
10^h 5′ 47″	48^d 22′ 0″	1^h 3′ 41″
12. 10.	49. 3. 0.	0. 57. 23.

Par la premiere correſpondance l'horloge mar- 　quoit midy à	11^d 34′ 44″
Par la ſeconde à	11. 34. 46.
Prenant un milieu on eut midy à	11. 34. 45.
Equation à ajoûter,	7.
Donc l'horloge marquoit au vray midy,	11. 34. 52.
Le 14. on eut le vray midy à	11. 38. 58.
Donc l'horloge retardoit en 6. jours de	4. 6.
& en un jour de	41.

xxi. *Mars.*

Le Capitaine vint m'avertir le ſoir de me diſpoſer pour
aller à bord le lendemain, étant dans le deſſein de faire
voile, ſi le temps le luy permettoit. Le 22. les vents s'é-
tant tirez au Nord, venant directement de l'entrée de
la Baye, & nous ayant donné de la pluye, m'arrêterent
encore tout ce jour-là à la Ville, enſorte que je m'embarquai ſeulement le 23. au matin.

XXIII. *Mars.*

Les vents s'étant tirez le matin à l'Ouest-Sud-Ouest, on disposa tout ce qui étoit necessaire pour partir. Nous appareillâmes à midy, & sur les cinq heures du soir nous nous trouvâmes à trois lieües au Nord-Ouest de l'Isle de la *Quiriquina*, qui est à l'entrée de la Baye de la *Conception* : je parlerai de cette Isle dans la Description suivante.

DESCRIPTION

de la Conception.

CEtte Ville est située sur le bord de la mer dans une petite vallée, appellée *Pinco* ; elle a des montagnes à l'Orient, d'où descendent deux petites rivieres qui traversent la Ville ; au Nord elle a l'entrée de la Baye ; à l'Ouest la Baye ; & au Sud le fleuve *Biobio*.

Les ruës semblables à toutes celles des autres Villes du nouveau Monde, sont tirées au cordeau, les maisons, ainsi que je l'ai remarqué ailleurs, sont presque toutes bâties en quarrez longs de terre, appellez *Tapias* par les gens du pays. Elles n'ont qu'un seul étage, sont couvertes de thuilles à la maniere des maisons de Provence, & sont vastes ; mais la plûpart mal meublées, ces peuples se ressentant encore des mauvais traitemens qu'ils ont reçûs des Indiens, ennemis mortels des Espagnols, qui ont pillé & brûlé trois ou quatre fois cette Ville.

Chaque maison a un jardin, dans lequel on voit toutes sortes d'arbres fruitiers, chargez toutes les années d'une si grande quantité de fruits, que si on n'avoit pas le soin d'en retrancher une partie dans leur naissance, leur pesanteur casseroit les branches, & de plus ils ne pourroient pas tous meurir : c'est ce que j'ai vû pendant les trois années que j'ai demeuré dans ce Royaume. Les fruits qu'on a dans tout le Royaume de Chily, sont de même espece que ceux que nous avons en Europe, il n'y a que des charaignes que je n'ai point vûës; il y a aussi plusieurs sortes de fruits que nous ne connoissons point dans nos climats.

Il y a dans la Ville six Monasteres fort celebres, celuy de *S. François*, celuy de *S. Dominique*, ceux de *la Mercy*, des *Augustins*, des *Jesuites* : ceux-cy ont soin, comme dans toutes les autres Villes des Indes, d'élever la jeunesse à la connoissance du Seigneur; & il sort toutes les années de cette Maison un bon nombre de Religieux, qui vont chez les Indiens leur porter l'Evangile, quoi qu'ils soient dans tout ce Royaume les plus cruels & les plus grands ennemis des Espagnols; & des Religieux de *Saint Jean de Dieu*, dont l'Ordre est fort étendu dans ce nouveau Monde.

Vers le milieu de la Ville il y a une grande Place quarrée, qui a la Paroisse du côté du Sud, qui est une Eglise vaste, mais fort pauvre; du côté de l'Est étoit la maison de l'Evêque, & des deux autres côtez sont des boutiques de Marchands, où les femmes vont la nuit acheter les choses necessaires dans leur famille, étant contre les coûtumes ordinaires de ces pays, que les femmes tant soit peu regulieres, sortent de leurs maisons pendant le jour: abus assez considerable.

Il y a sur le bord de la mer un Cavalier bâti de pierre, élevé sur le terrain environ de deux toises & demy, lequel fait face à la Baye, & qui est garni de bons canons de fonte. On voit encore une Eglise toute jolie, bâtie sur une colline à l'extrémité de la Ville du côté de l'Est. Ce petit Temple est dédié à la Sainte Vierge, comme je l'ai déja remarqué.

Les habitans de la Ville de la *Conception* sont naturellement bons; leur plus grand plaisir est d'exercer l'hospitalité, chaque maison est une Auberge; les étrangers y sont toûjours les mieux reçus, dûssent-ils rester toute leur vie avec eux; & lors qu'ils en sortent, ceux-là les chargent de presens.

Les Conceptionistes sont robustes, bien faits, aiment beaucoup nôtre nation; ils ne sont pas riches, quoy qu'ils

ayent dans leurs montagnes quantité de mines d'or ;
mais ils se contentent de vivre au jour le jour. J'estime
cependant que la cause principale pourquoy ils n'amas-
sent pas de richesses, est, qu'ils se voyent à tout moment
exposez non seulement à perdre leurs biens, mais encore
leurs propres vies, ayant pour voisins de puissans ennemis, toûjours prêts à leur declarer la guerre ; ainsi qu'ils
en étoient menacez lorsque je me trouvai à la *Conception*, comme les Conceptionistes l'apprirent par leurs
espions ; mais heureusement pour ceux cy il y avoit dans
la Baye des Navires François qui déconcerterent les desseins des Indiens.

Les campagnes sont remplies de montagnes, au haut
desquelles on voit de belles vignes qui donnent quantité
de raisins dont on fait d'excellent vin. La vendange se
fait ordinairement en ce pays-là au mois d'Avril, qui
répond à nôtre mois d'Octobre ; on voit par-là que cette
partie du monde est entiérement opposée à la nôtre,
puisque nôtre Printemps est leur Automne, & que nôtre
Hyver est leur Esté. Les saisons y sont assez bien reglées,
l'Hyver est la plus incommode de toutes ; car outre que
les pluyes sont alors presque continuelles, les vents du
Nord qui les amenent, sont si violens dans ces climats,
qu'il semble qu'ils vont enlever les maisons.

L'Isle de la *Quiriquina*, qui est à l'entrée de la Baye,
forme deux passages ; celuy qui est du côté du Sud est
rempli de brisans, qui ne laissent entre eux que le passage d'un seul Navire ; cependant personne jusques icy
n'a encore osé entreprendre d'y passer. Il n'y a eu qu'un
seul Vaisseau, qui s'étant trouvé dans un temps brumeux
devant l'entrée, croyant être bien éloigné des terres,
comme il étoit chargé d'un grand vent de Nord qui le
menaçoit d'un naufrage évident, donna dedans, prenant
cette fausse entrée pour la bonne, heureusement la Pro-
vidence le conduisit vers l'endroit où est le passage qui
luy étoit entierement inconnu, & se trouva ainsi dans le
port. L'autre passage qui est au Nord de celuy-cy, est fort
grand ; je trouvai sa largeur par le calcul des triangles,
en levant le plan de la Baye, de 3255. toises, comme on

1710.
Mars.

peut voir dans le deſſein qui la repréſente icy. Son tra-
verſier eſt le vent de Nord, & elle eſt à couvert de tous
les autres.

L'air de la *Conception* eſt merveilleux; *Pedro de Baldivia* choiſit cette Ville pour y faire ſa demeure après la
conquête de *Chily*; il y auroit vécu tranquillement, s'il
ſe fût un peu plus défié des 50000. mille Indiens qu'il avoit
ſoûmis dans ces contrées ſous ſon obéïſſance, & qui luy
donnoient par les conventions qu'il avoit faites avec eux,
ſix livres d'or tous les jours; mais comme ces peuples ne
ſont pas accoûtumez à un travail auſſi rude, qu'eſt celuy
de tirer l'or des mines, & que d'ailleurs ils ſont fort jaloux
de leur liberté, ils reſolurent bien-tôt de ſecoüer enfin
le joug des Eſpagnols. Pour y parvenir tous les *Caciques*
s'aſſemblerent à *Arauco* avec une armée de quatre-vingt
mille hommes. On reſolut dans cette aſſemblée de declarer la guerre aux Eſpagnols, afin de ſe délivrer de
leur ſervitude. Cette déliberation faite, il ne leur reſtoit
plus qu'à choiſir un d'entre eux pour commander l'armée. Pour cela, chaque *Cacique* ayant opiné à ſon tour,
il fut conclu que celuy qui porteroit plus long-temps
ſur ſon dos une groſſe & lourde barre de bois, auroit le
commandement de l'armée. Le premier *Cacique* qui ſe
préſenta, porta pendant ſix heures cette barre, en dan-
ſant & en cabriolant; chacun la prit à ſon tour, les uns
la porterent un demy jour, d'autres un jour entier; enfin
le dernier *Cacique*, appellé *Caupolican*, l'ayant chargée
ſur ſes épaules, ne la quitta qu'au bout de deux jours,
paroiſſant auſſi frais que s'il n'avoit rien porté; en ſorte
que le commandement de l'armée luy fut dévolu d'un
commun conſentement; enſuite ils reſolurent de faire le
ſiege de *Toucapel*, Fort que *Baldivia* avoit fait bâtir, &
où il entretenoit une garniſon Eſpagnole. D'abord que
les Eſpagnols virent paroître cette nombreuſe armée, ils
envoyerent un courrier à *Baldivia*, qui étoit fort tran-
quille à la *Conception*, pour luy donner avis de ce qui ſe
paſſoit; mais ne pouvant s'imaginer que les nouvelles
du courrier fuſſent veritables, il le renvoya bruſque-
ment. Cependant les aſſiegez firent peu de reſiſtance; &

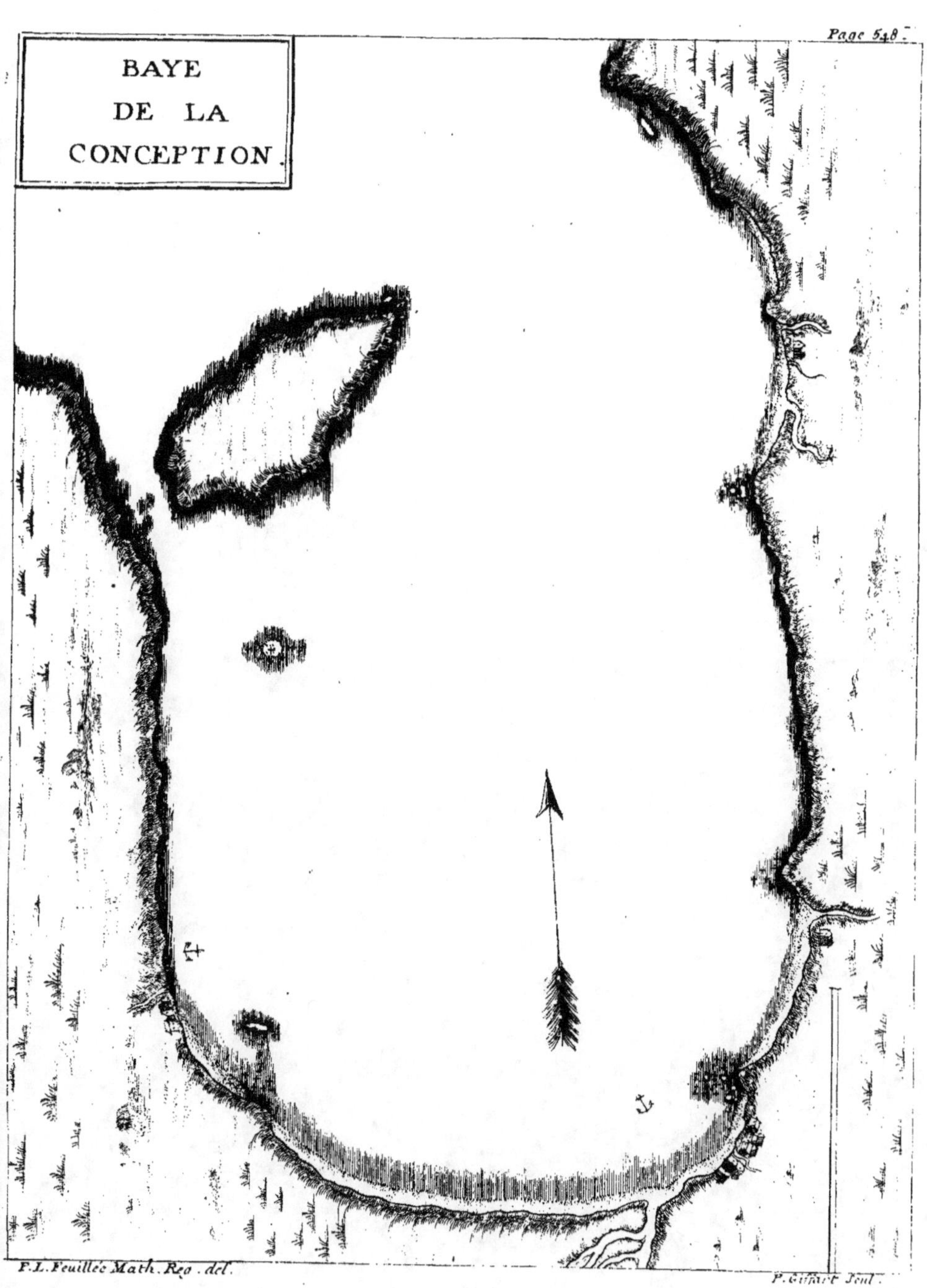

Page 548
BAYE
DE LA
CONCEPTION
F.L. Feuillée Math. Reg. del.
P. Giffart Sculp.

se voyant extrémement preſſez par les Indiens, abandonnerent le Fort pendant la nuit. *Baldivia* voyant qu'on
ne luy envoyoit plus perſonne, commença à douter de
de la fidelité de ſes nouveaux ſujets, il dépêcha pluſieurs couriers; mais comme aucun ne retournoit, il reſolut d'aller luy-même en perſonne à *Toucapel*; il leve promp-
tement une petite armée de deux cens hommes, & va
droit, à leur tête, au ſecours des ſiens. Approchant du
Fort, il vòit les têtes de tous ſes couriers cloüées à des
arbres, & trouve vingt mille Indiens en poſſeſſion de
Toucapel. D'abord que ceux-cy apperçûrent *Baldivia*, ils
l'inveſtirent & toute ſa petite armée. Mais ce brave Capitaine s'étant fait paſſage à coups de ſabres, il mit cette
grande armée en déroute; & l'auroit entierement taillée
en pieces, ſi un traître Indien, ſon domeſtique, ne
l'eût abandonné pour avertir ceux-cy, que les Eſpagnols
étoient aux abois, que leurs chevaux ne pouvoient plus
ſe ſoûtenir ſur leurs jambes; & qu'ainſi ils ſe ralliaſſent,
& qu'indubitablement ils demeureroient maîtres du champ
de bataille.

Les Indiens profitent de cet avis, ils reprennent cœur,
raſſemblent leurs troupes, fondent de nouveau ſur *Baldivia*, tuënt tout ſon monde, le font luy-même priſonnier de guerre, & ſon Aumônier, percent celuy-cy, &
obligent *Baldivia* de demander la vie. *Caupolican* la luy
accorde genereuſement, à condition néanmoins que luy
& tous ſes gens ſortiroient du Royaume, & qu'ils les laiſ-
ſeroiènt paiſibles dans leur pays; mais pendant que les
deux Commandans traitoient ainſi enſemble, un vieillard qui étoit parent de *Caupolican*, ſe trouva ſi offenſé
de la grandeur d'ame, & de la generoſité du Vainqueur
envers *Baldivia*, qu'il déchargea avec roideur un grand
coup de bâton à celuy-cy ſur la tête, qui le fit expirer
ſur la place. Telle fut la funeſte deſtinée de ce grand
Capitaine.

xxv. *Mars.*

Nous découvrîmes le matin un Navire faiſant route
vers *Valparaiſo*; d'abord qu'il nous vit, il rangea la terre,

arbora pavillon Hollandois , & tira un coup de canon fous le vent pour affurer fon pavillon. Nous ne l'eûmes pas plutôt découvert que nous mîmes le cap fur luy, efperant de le joindre avant que d'entrer dans la Baye de *Valparaifo* , & le regaler de quelques bordées de canon , fi ce fût un Vaiffeau veritablement Hollandois ; mais il fut affez heureux pour arriver près du moüillage avant que nous puffions être à la portée du canon de luy , ce Navire ayant doublé la pointe du Sud de l'entrée , on commença à le découvrir du Fort ; ce qui furprit tout le monde , voyant un Navire entrer fi hardiment dans cette rade avec pavillon Hollandois , pendant que nous avions la guerre avec cette nation. On prépara d'abord le canon , les Navires qui étoient moüillez firent la même chofe ; mais un moment après , ceux-cy nous ayant vûs fur la pointe avec pavillon blanc , ils crûrent que le Navire qui nous devançoit , étoit quelque prife Hollandoife que nous avions faite dans nôtre route. Les canons du Fort & des Navires étoient déja parez , lorfque nous parûmes ; & fi nous n'avions pas fuivi de fi près ce Vaiffeau , il auroit été affurément fort mal traité. On attendit donc que nous fuffions moüillez pour apprendre de nous ce que c'étoit que ce Vaiffeau ; on fçut bien-tôt qu'il étoit Efpagnol , & qu'il venoit de *Lima*. Le Gouverneur de la Ville outré de la conduite du Capitaine de ce Navire , l'envoya prendre pour le mettre en prifon ; mais le Capitaine s'excufa fur ce que n'ayant pas d'autre pavillon dans fon bord que celuy-là , il ne croyoit pas être coupable de l'avoir arboré , puis qu'il falloit , felon ce qu'il avoit appris , arborer pavillon à l'entrée d'un port & à la vûë de quelque Navire. Son ignorance & fa naïveté luy obtinrent fa grace ; mais il n'en auroit pas été quitte à fi bon marché , fi nous avions pû joindre fon Vaiffeau avant qu'il entrât dans le port.

Durant le fejour que nous fifmes à *Valparaifo* , je reduifis à une route toutes celles que nous avions faites depuis nôtre départ de la *Conception*. Elles valurent le Nord ¼ Nord-Eft moins 2. degrez 36. minutes , & en chemin 73. lieuës deux tiers.

Nous

Nous trouvâmes dans le Port de *Valparaiso* quatre Navires François, dont l'un étoit arrivé de l'*Europe* depuis peu de jours, & les trois autres étoient de l'Escadre de Monsieur *Benac*, que nous avions rencontrée aux Canaries, & que nous laissâmes à nôtre départ de la riviere de *la Plata*, moüillée dans le Port de *Maldonado*, où ces Navires avoient demeuré tres-long-temps pour y remettre leurs équipages attaquez du scorbut. Nous apprîmes que leur Commandant, moüillant dans la riviere de *la Plata*, s'étoit laissé tomber la nuit dans cette riviere, & que l'on ne trouva son corps que quelque temps après sur ses bords. Nous demeurâmes peu de jours dans ce Port ; nôtre dessein étoit d'y faire seulement quelques provisions, sçachant que l'endroit où nous devions aller passer l'Hyver, & attendre la belle saison pour retourner en Europe, étoit desert, & dépourvû des choses necessaires à la vie. Je ne descendis à terre que pour aller saluer nos anciens hôtes, & chercher quelques plantes ou quelques autres curiositez à dessiner, lesquelles je rapporterai dans la suite de mon Journal.

VII. *Avril.*

Nous appareillâmes à deux heures après midy par un bon vent de Sud. D'abord que nous eumes doublé la pointe ou cap du Sud de la Baye de *Valparaiso*, nous fîmes route au Nord. Il ne se passa rien de particulier dans ce petit voyage. Le 10. nous moüillâmes dans la Baye de *la Serena* ou *Coquimbo*, à la portée du pistolet de la terre ; nous trouvâmes dans cette Baye deux Navires Espagnols qui chargeoient du bled & du suif pour porter à *Lima*, & un petit Navire François, dont nous vîmes en entrant les vergues en pantaine, tirant de temps en temps du canon. Cette disposition nous fit conclure que le Capitaine étoit mort ; ce que nous apprîmes par les Officiers auffi-tôt que nous eumes moüillé.

XI. *Avril.*

On commença dès le matin à construire des tentes à terre pour y décharger les agrés du Navire, toutes nos

AAaa

proviſions, & les marchandiſes qui nous reſtoient, pour mettre le Navire en carene. Ce Port eſt le plus commode de toute la côte pour carener ; auſſi l'avions-nous choiſi pour cela. Pendant que tout nôtre monde étoit occupé au travail du Vaiſſeau, je penſois à ce qui me regardoit ; & n'ayant rien de commun avec les affaires des Marchands, je cherchai quelque endroit propre à me loger, & à mettre mes inſtrumens, afin de commencer à faire quelques obſervations, & à deſſiner les plantes les plus curieuſes, & les animaux que je trouverois dans ces campagnes, pour continuer mon Hiſtoire naturelle.

Je rencontrai heureuſement au pied de la montagne un rocher détaché, au milieu de petits arbriſſeaux, au pied duquel il y avoit vers l'Eſt une petite eſpace plate convenable à mon deſſein. Deux matelots que me donna le Capitaine m'aiderent à couper ces arbriſſeaux, & à nettoyer cette place. D'abord que cela fut fait, nous travaillâmes à la conſtruction d'une tente, compoſée de deux boute-dehors du Navire, d'une vergue de Perroquet, & d'une voile, dans laquelle je mis tous mes inſtrumens ; je dreſſai contre le rocher, au fond de la tente, une planche arrêtée par des cordages & des pieux de chaque côté, pour la rendre bien ferme, ſur laquelle je mis mon horloge, où elle fut en mouvement juſques à nôtre départ.

OBSERVATIONS

PHYSIQUES ET MATHEMATIQUES,

Faites dans la Baye de la Ville de Coquimbo,
en l'année 1710.

XVI. *Avril.*

L'Horloge étoit en mouvement, je ne pûs ce jour-là prendre de hauteurs correspondantes du Soleil, un vent de Nord qui s'étoit levé le matin, nous ayant amené des nuages qui nous le cacherent. J'avois remarqué avant que de mettre l'horloge en mouvement, le point de la verge ou pendule, sur lequel je mis le petit poids, pour le comparer ensuite avec les points sur lesquels je l'avois mis à *Lima*, & aux autres endroits, pour tirer de ces comparaisons quelque connoissance de la longueur des pendules à differentes distances de la Ligne ; ce qu'on ne découvrira que par des observations, & non pas par des calculs imaginaires faits dans un cabinet.

Je commençai mes observations par la verification du quart du Cercle, d'où dépend leur justesse, puisque c'est par luy qu'on regle l'horloge qui en détermine les momens. Je le trouvai dans le même état où il étoit à *Lima* & à *la Conception*, donnant toûjours deux minutes de trop, lesquelles il falloit ôter de toutes les observations. La verification de mon quart de Cercle étant faite, je calculai le lieu des Satellites de *Jupiter* à une heure donnée, pour sçavoir durant le reste du mois dans quels jours les immersions des Satellites dans l'ombre de cette planette arriveroient ; je trouvai par ce calcul que la nuit suivante le second Satellite devoit entrer dans l'ombre de *Jupiter*, je préparai de bonne heure une lunette de 18. pieds, avec laquelle je fis l'observation.

A A a a ij

Tous les inſtrumens qui devoient me ſervir pour l'Aſtronomie étant préparez, je diſpoſai ceux qui devoient
me ſervir dans les Experiences Phyſiques. Je purifiai en
premier lieu le Mercure, & nettoyai parfaitement un
Tube de verre de 32. pouces 11. lignes, qui m'avoit ſervi
à la *Conception* dans quelques experiences que je fis de
la dilatation de l'air : ces préparations faites, j'obſervai
la hauteur du Barometre de　　　　27. pouc. 11. lig. 0″

Ma tente, lieu où toutes les obſervations & les experiences ſuivantes ſe firent, étoit éloignée de la mer de 40.
pas, & élevée ſur ſa ſurface de trois toiſes.

OBSERVATION

du ſecond Satellite de Jupiter.

L E Ciel qui avoit été caché tout le jour, ſe découvrit
ſur les ſept heures du ſoir. D'abord que *Jupiter* parut
bien à clair, j'obſervai ſi les lieux de ſes Satellites étoient
conformes à ceux que j'avois tracez le matin ſur le papier,
ce que je trouvai.

J'obſervai donc le ſoir l'Immerſion du ſecond Satellite
dans l'ombre de *Jupiter* à l'horloge non corrigée,　　　　　　　　　　　　　　11ʰ 56′ 33″

L'horloge retardoit au moment de l'Immerſion de　　　　　　　　　　　　　　0.　0. 57.

Donc le vray temps de cette Immerſion
fut à　　　　　　　　　　　　　　11. 57. 30.

Cette même Immerſion fut heureuſement
obſervée par Meſſieurs *Caſſini* & *Maraldy* à
l'Obſervatoire Royal de *Paris*, le 17. au matin
à　　　　　　　　　　　　　　　　4. 51. 32.

Donc différence en temps entre l'Obſervatoire de Paris & *Coquimbo*.　　　　　4ʰ 54′ 4″

xvii. *Avril.*

Nous eûmes du calme toute la matinée, le vent de Nord revint ensuite, & nous amena de foibles nuages; de sorte qu'à peine pouvois-je distinguer avec la lunette du quart de Cercle les bords du Soleil, en prenant les hauteurs correspondantes qui suivent pour verifier l'horloge : hauteur du Barometre,   27. pouc. 11. lig. ⅓.

Hauteurs correspondantes du bord superieur du Soleil. pour verifier l'Horloge.

heures du matin.	hauteurs.	heures du soir.
11^h 13' 24"	48^d 30' 0"	0^h 43' 38"
17. 57.	48. 45. 30.	39. 18.
24. 6.	49. 5. 20.	33. 0.

Par la premiere correspondance l'horloge
marquoit à midy, 11^h 58' 31"
Par la seconde à   11. 58. 37.
& par la troisiéme à   11. 58. 33.
prenant un milieu on eut midy à   11. 58. 34.
   Equation à ajoûter,   4.
____
Donc l'horloge marquoit le vray midy à 11. 58. 38.
Je trouvai à midy le lieu du Soleil par le
calcul des tables au 27^d 13' 28. ♈.
& sa declinaison dans le même endroit de 10. 30. 12.
J'observai la hauteur meridienne apparente
de son bord superieur de 49^d 53. 50"
   Quart de Cercle,   2.
Premiere Correction,   49. 51. 50.
Refraction moins la Parallaxe,   45.
Hauteur corrigée,   49. 51. 5.
Demi-Diametre du Soleil,   16.
Hauteur du Centre,   49. 35. 4.
Declinaison septentrionale,   10. 30. 12.
Hauteur de l'Équateur,   60. 5. 16.
____
Donc hauteur du Pole de *Coquimbo*.   29. 54. 44.

XVIII. *Avril.*

Sur les dix heures du matin, avec un temps calme &
le Ciel couvert, j'observai la hauteur
du Barometre de   27. pouc. 11. lig. ¾

L'horloge fut touchée & remise en mouvement au même instant.

J'observai à midy la hauteur apparente du
bord supérieur du Soleil de   49ᵈ 33′ 0″

Et le temps que son diametre demeura
dans son passage par le Meridien de   0ʰ 2′ 10″½

D'où je tirai par le calcul le diametre du
Soleil reduit dans un grand cercle de la
Sphere de   0ᵈ 32′ 2″
& son demi-diametre de   0. 16. 1.
Hauteur apparente du Centre du Soleil,   49. 16. 59.
Quart de Cercle,   2.
Premiere Correction,   49. 14. 59.
Refraction moins la Parallaxe,   45.
Hauteur corrigée,   49. 14. 14.
Declinaison septentrionale,   10. 51. 14.
Hauteur de l'Équateur,   60. 5. 28.

Donc hauteur du Pole de *Coquimbo*.   29. 54. 32.

XIX. *Avril.*

Les broüillards se dissiperent de meilleure heure que
les jours précedens, les vents furent au
Sud-Ouest, & le Barometre à   27. pouc. 11. lig. ½

Hauteurs correspondantes du bord superieur du Soleil
pour verifier l'Horloge.

heures du matin.	hauteurs.	heures du soir.
9^h 51' 34"	39^d 24' 0"	2^h 1' 32"
57. 29.	40. 13. 30.	1. 55. 38.
10. 2. 54.	40. 58. 0.	0. 50. 9.

Par les deux premieres correspondances
  l'horloge marquoit à midy , 11^h 56' 33"
& par la derniere à   11. 56. 31.
Prenant un milieu on eut midy à   11. 56. 32.
    Equation à ajoûter ,   10.
                                             ____
Donc le vray midy fut à   11. 56. 42.
Lieu du Soleil à midy , 29^d 10' 24" ♈.
Sa declinaison à la même heure ,   11. 12. 1.
Hauteur meridienne apparente observée de
  son bord superieur ,   49. 11. 50.
Je conclus de ces elemens la hauteur de
  l'Equinoxial de   60. 5. 16.
                                             ____
& la hauteur du Pole de   29. 54. 44.
Le soir les vents se tirerent à l'Ouest-Sud-Ouest.

XX. *Avril.*

Dimanche de la Resurrection de Nôtre-Seigneur, nous
eûmes toute la journée le Ciel couvert , le vent souffla du
Nord , & le Barometre fut observé à la
hauteur de   27. pouc. 11. l. ¾.
    J'observai le même jour l'Inclinaison de l'Aiman avec
le même instrument dont je m'étois servi à *la Conception*,
lequel je mis en experience d'abord que la tente fut dres-
sée. Je trouvai l'Inclinaison de l'Aiman de 47^d 20' 0"
    L'Aiguille aimantée baissoit toûjours du côté du Pole
Austral. Le 21. le vent se rangea au Sud-
Ouest , & le Barometre fut à   27. pouc. 11. l. ¾.

OBSERVATION

du premier Satellite de Jupiter.

J'Observai le matin à l'horloge non corrigée une Immersion du premier Satellite dans l'ombre de *Jupiter* à 0^h $0'$ $34''$

L'horloge retardoit au moment de cette obser-vation de $\qquad$ 0. 5. 49.

Donc le vray temps de cette Immersion fut le matin à $\qquad$ 0. 6. 23.

La même Immersion arriva à *Paris* selon le calcul corrigé à $\qquad$ 5. 1. 8.

Donc la difference entre *Paris* & *Coquimbo* est de $\qquad$ 4. 54. 45.

La difference trouvée entre les mêmes Villes par l'Immersion du second Satellite, observée le 16. au soir, fut de $\qquad$ 4^h $54'$ $2''$

Difference entre ces deux observations, $\qquad$ 0. 43.

Moitié de cette difference, $\qquad$ 21.

Laquelle moitié étant ajoûtée à la difference trouvée par l'observation du second Satellite, on a un milieu qui donne la veritable difference entre l'Observatoire Royal de *Paris* & *Coquimbo* de $\qquad$ 4^h $54'$ $23''$

Cette difference en temps convertie en degrez, minutes & secondes de l'Equateur par la table qui est après les tables des mouvemens du Soleil, de la maniere suivante, donnera en degrez, minutes & secondes la difference de l'Observatoire Royal de *Paris* à *Coquimbo*.

Pour 4. heures de temps on trouve dans la table, $\qquad$ 6^d $0'$ $0''$

Pour 0. 54' $\qquad$ 13. 30. 0.

Pour 0. 0. 23'' $\qquad$ 0. 5. 45.

4^h $54'$ $43''$ Donc la difference est de 73. 35. 45.

La

La nuit avoit été tres-belle ; le Soleil se leva le matin fort clair ; & étant demeuré de même toute la journée, j'eus tous les moyens necessaires pour regler ma pendule, & sçavoir précisément l'heure de mon observation.

1710.
Avril.

Hauteurs correspondantes du bord superieur du Soleil pour verifier l'Horloge.

heures du matin.	hauteurs.	heures du soir.
9^h 24' 47"	35^d 3' 0"	2^h 22' 18"
31. 56.	36. 9. 0.	15. 6.
37. 36.	37. 1. 30.	9. 24.

Par la premiere correspondance l'horloge marquoit à midy,	11^h 53' 32"$\frac{1}{2}$.
Par la seconde à	11. 53. 31.
& par la troisiéme à	11. 53. 30.
Prenant un milieu on eut midy à	11. 53. 31.
Equation à ajouter,	10.
Donc l'horloge marquoit le vray midy à	11. 53. 41.
Le 19. on eut midy à	11. 56. 42.
Donc l'horloge retardoit en 3. jours de	0^h 3' 1"
Pour être au temps moyen, elle devoit retarder en trois jours de	0. 0. 39.
Donc elle retardoit trop sur le temps moyen de	2. 22.

Je me servis de son retardement journalier d'une minute, pour déterminer exactement le temps de l'observation précedente du premier Satellite de Jupiter.

J'observai à midy la hauteur apparente du bord superieur du Soleil de	48^d 10' 50"
Je conclus de cette observation la hauteur de l'Equinoxial de	60. 5. 35.
& la hauteur du Pole de	29. 54. 25.

BBbb

XXIII. Avril.

Les vents de Nord commencerent à souffler au Soleil levant, & dürerent jusques à dix heures, qu'ils se rangerent au Sud-Ouest. Le Barometre fut
observé à l'heure ordinaire de 27^p 1^l $\frac{1}{2}$.
& l'Inclinaison de l'Aiguille aimantée de 47^d $20'$ $0''$

Hauteurs correspondantes du bord superieur du Soleil pour verifier l'Horloge.

heures du matin.	hauteurs.	heures du soir.
9^h 18' 56''	34^d 2' 30''	2^h 26' 7''
25. 6.	35. 0. 30.	19. 55.

Par la premiere correspondance l'horloge
marquoit midy à 11^h 52' 31''.
& par la seconde à   11. 32. 30.
Prenant un milieu on eut midy à   11. 52. 31.
     Equation à ajoûter,   10.

Donc l'horloge marquoit le vray midy à   11. 52. 41.
Le 22. elle marquoit le vray midy à   11. 53. 41.
Donc elle retardoit en un jour de   1. 0.
Pour être au temps moyen elle devoit retar-
der de   13.

Donc l'horloge retardoit sur le temps moyen
en un jour de   47.
     Retardement égal à celuy que j'avois trouvé les jours précedents, & lequel m'assuroit que l'horloge étoit parfaitement bien reglée.

OBSERVATION

De la Declinaison de l'Aiguille aimantée.

JE ne repete pas icy de quelle maniere je traçai une ligne meridienne; je me servois toûjours dans ces observations d'un fil de Pite, beaucoup plus propre que n'est la soye; car le plomb attaché à l'extrémité du fil le tenant fixe, on ne voit aucun mouvement à l'ombre marquée sur le plan qu'on a mis de niveau; ainsi l'on peut marquer fort exactement une ligne meridienne, ce qu'on ne peut pas faire en se servant de soye, laquelle tourne continuellement: ce qui fait qu'on a quelquefois de la peine, à cause de ce mouvement perpetuel, à s'asfurer des deux points que l'on marque sur l'ombre. J'observai ce jour-là la declinaison vers le Nord-Est, de 8^d 32' 0"

La hauteur meridienne apparente du bord
   superieur du Soleil fut observée de   47. 51. 0.

D'où je conclus la hauteur de l'Equateur
de   60. 5. 48.

& la hauteur du Pole de   29. 54. 12.

XXIV. Avril.

Un grand vent de Nord-Ouest nous amena beaucoup de nuages; & ayant élevé la mer, incommoda nos gens occupez à carener le Navire.

L'Inclinaison de l'Aiguille aimantée fut observée par l'instrument de 47^d 30'
& par la Boussole destinée pour les mêmes
   observations, je trouvai l'Inclinaison de   5. 25. 0.

A dix heures du matin, les vents s'étant tirez tout-à-fait au Nord, j'observai la hauteur du Barometre de 27. pouces 11. lignes & demie.

BBbb ij

DESCRIPTION

d'une espece de Cheveche, Lapin, ou Ulula Cunicularia.

JE trouvai dans ces campagnes desertes un oiseau assez singulier. L'ayant pris d'abord pour une chöuette, je n'en fis pas de cas ; mais apprenant par les naturels du pays, qui se rendoient de temps en temps au möuillage, que ces oiseaux étoient d'une autre espece, je tâchai d'en surprendre quelqu'un pour le dessiner dans mon Histoire des animaux. J'allai ce jour-là dans un endroit où les jours précedents j'avois vû un de ces oiseaux à l'entrée d'un trou que j'avois pris jusques alors pour le terrier de quelque lapin. Je trouvai fort à propos ce que je cherchois ; je vis l'oiseau dans ce même lieu, je le tuai d'un coup de fusil, & emportai ma proye à ma tente ; j'examinai auparavant le terrier où j'avois rencontré cette espece de Cheveche, je le trouvai si profond, qu'il me fut impossible d'atteindre jusques au bout en föuissant avec les instrumens que j'avois apportez exprès pour voir de quelle maniere ces animaux composent leur giste. On n'auroit jamais pû me persuader que des oiseaux creusassent des terriers si profonds, si je ne l'avois vû de mes propres yeux, & c'est ce qui m'a fait nommer cet oiseau, *Ulula Cunicu-laria*, à cause de la ressemblance de son terrier avec ceux de nos lapins.

Ces oiseaux sont de la grosseur de nos chöuettes, leur bec est fait comme celuy de nos épreviers, il est dur, court, crochu en son extrémité, & d'un gris pâle ; sa partie superieure est rehaussée de deux narines fort élevées. La tête, le parement & tout le manteau de l'*Ulula Cunicularia* est d'un gris fauve, surmonté de taches blanches qui font un mêlange fort agréable ; le dessous du ventre est d'un blanc sale, & sa queüe qui est de la même couleur ne passe pas les aîles. Ses cuisses sont couvertes de plumes tres-fines, & ses jambes ont de petits poils plantez sur de petits tubercules ; leurs serres garnies à leurs extrémitez d'un ongle noir & crochu, font entierement femblables à celle de nos choüettes ; & fa chair, au rapport du matelot qui mangea cet oifeau, eft d'un goût merveilleux.

XXV. *Avril.*

Il tomba fur les quatre heures du matin une petite pluye qui nous fit craindre pour nos vivres, qui n'étoient couverts qu'avec les voiles du Navire; mais heureufement il ne dura pas long-temps, & il n'y eut que les voiles qui furent moüillées, lefquelles la chaleur du Soleil, qui fe fit fentir vivement fur les dix heures du matin, fecha en un moment.

J'obfervai avec les vents au Nord la hauteur du Barometre de   27^{p} 11^{l} 0$''$

XXVI. *Avril.*

Les vents de Nord duroient encore, le Soleil parut beau à fon lever ; mais un moment après des nuages n us le cacherent, & nous ne le vîmes plus qu'à midy ; j'obfervai à la même heure la hauteur apparente de fon bord fuperieur de   46^{d} 51. 0$''$

Je conclus de cette obfervation la hauteur de l'Equateur de   60. 4. 52.

& la hauteur du Pole de   29. 55. 8.

OBSERVATION

De la Conjonction du quatriéme Satellite de Jupiter,
avec l'Etoile qui est dans le Front du Scorpion.

LE passage des Planetes par les Etoiles fixes étoit
d'un grand usage parmy les anciens Astronomes; ils
s'en servoient ordinairement pour déterminer la situation des Planetes par rapport à l'Ecliptique; & si les
Etoiles dans ces observations ne se fussent pas confonduës
dans les rayons des Planetes, lors qu'elles s'en approchoient, il est seur que quoique les anciens Astronomes
n'ayent point eu les mêmes commoditez & les mêmes
avantages que nous pour les observer, ils auroient déterminé avec toute la justesse possible la conjonction des
Planetes avec les Etoiles fixes, & nous auroient laissé
des termes de leurs situations parfaitement bien connus,
qui auroient servi pour trouver plus parfaitement les regles de leur mouvement.

Les lunettes dont nous tirons les avantages que nous
avons sur les anciens, nous servent à observer sans aucun
empêchement ces veritables conjonctions, lesquelles sont
autant de termes qui peuvent servir à rectifier les regles
des mouvemens des Planetes, & à déterminer leur situation à l'égard de l'Ecliptique.

C'est à la faveur d'une lunette de 16. pieds dont je me
servois pour observer les Immersions & les Emersions
des *Satellites* de *Jupiter*, que je découvris le soir du 26.
que l'Etoile qui est au front du *Scorpion*, qui à la vûë
paroît simple, est composée de deux Etoiles de differente grandeur, éloignées l'une de l'autre de deux diametres de celle qui paroît la plus grande.

La conjonction de cette Etoile avec le quatriéme *Sa-*
tellite de Jupiter arriva le soir à   8ʰ 10' 28"

Dans le temps de cette conjonction l'Etoile paroissoit
éloignée du quatriéme *Satellite* du côté du midy d'un
diametre de *Jupiter*; comme la lunette renversoit les

objets étant à deux verres convexes , dans son veritable sens elle se trouvoit plus septentrionale que le quatriéme *Satellite* de *Jupiter* de la quantité de tout le diametre de cette Planete.

XXVIII. *Avril.*

Le matin le vent se rangea au Sud , nous eûmes une belle journée, & le Barometre fut à   27. pouc. 11. l. ⅞.
J'observai la hauteur meridienne apparente
du bord superieur du Soleil de   46ᵈ 33′ 0″
Je conclus de cette hauteur celle de l'Equateur de   60. 5. 40.

& la hauteur du Pole de   29. 54. 20.

Le soir je continuai d'observer la situation de l'Etoile du front du *Scorpion* à l'égard des *Satellites* de *Jupiter*, laquelle j'avois déja observée la nuit précedente.

A 8ʰ 24′ 0″ je trouvai par mon observation que l'E-toile étoit plus proche du bord de *Jupiter* d'un diame-tre & une moitié de cette Planette , que n'étoit le troi-siéme *Satellite*, & qu'elle étoit plus septentrionale que le *Satellite* d'un peu plus que du diametre de *Jupiter*.

XXVIII. *Avril.*

Les vents se tirerent à l'Ouest , le Mercure fut à 27. pouces 10. lignes trois quarts , la Pendule fut touchée le matin ; ce qui m'obligea de prendre les correspondan-ces suivantes.

*Hauteurs correspondantes du bord superieur du Soleil
pour verifier l'Horloge.*

heures du matin.	hauteurs.	heures du soir.
9ʰ 3′ 31″	31ᵈ 13′ 25″	2ʰ 30′ 43″
9. 46.	32. 13. 0.	24. 26.
15. 24.	33. 5. 25.	18. 51.
23. 1.	34. 14. 40.	2. 11. 11.

Par les trois premieres hauteurs l'horloge
   marquoit à midy,   11ʰ 47′ 7″
& par la quatriéme à   11. 47. 6.
J'observai la hauteur meridienne apparente
   du bord superieur du Soleil de   46ᵈ 14′ 0″
D'où je conclus la hauteur de l'Equateur de 60. 5. 42.

Et la hauteur du Pole de   29. 54. 18.

OBSERVATION

De la Conjonction du second Satellite de Jupiter avec l'Etoile du Front du Scorpion.

LE Ciel ayant paru beau le soir, j'observai avec ma lunette de seize pieds la conjonction de l'Etoile du front du *Scorpion* avec le second *Satellite* de *Jupiter*. Dans le temps de cette observation l'Etoile étoit plus septentrionale que le *Satellite* environ d'un diametre & un quart de *Jupiter*. Cette conjonction arriva à 7ʰ 14′ 0″

En comparant ensemble les trois observations précedentes, je trouvai que la conjonction de l'Etoile du front du *Scorpion* avec *Jupiter* arriva le 28. entre 6. & 7. heures du matin, la latitude du centre de *Jupiter* étant alors plus septentrionale que l'Etoile environ d'une minute & 20. secondes.

Je ne pûs déterminer en temps ni la difference en ascension droite, ni la difference en declinaison, qui se
trouverent

trouverent pendant les obſervations entre *Jupiter* & l'E-
toile , ma tente étant trop étroite pour contenir la lunette de ſeize pieds dont je me ſervois ; ainſi je fus obligé
d'obſerver dehors ma cabane , où un petit vent ébranlant
ma lunette, m'empêcha toûjours de faire ſuivre exactement ſur le fil parallele à l'Equateur ni l'Etoile ni *Jupiter*, & de déterminer en temps la difference en longitude & en declinaiſon par leur paſſage ſur les fils qui ſe
croiſent aux foyers des verres à angles de 45. degrez.

Pour trouver donc ces differences , je comparai dans
les obſervations le lieu de l'Etoile avec celuy des *Satellites* de *Jupiter*, & je tirai de ces comparaiſons qui me
parurent aſſez exactes , le temps de la conjonction de
cette Etoile avec *Jupiter*, & la difference en latitude.

Or le lieu de l'Etoile étant connu , qui fut cette an-
née-là , ſelon les obſervations de Meſſieurs Caſſini &
Maraldy , au 29ᵈ 10′ 20″ du *Scorpion* , on a celuy de
Jupiter ; je trouvai donc ce que je m'étois propoſé.

On ſçait aſſez de quelle importance il eſt d'avoir dans
le Ciel les lieux fixes des Planetes , & particulierement
de *Jupiter* ; ces lieux ſont autant de termes phyſiques
qui ſervent à rectifier les regles du mouvement de cette
Planette. De ces regles dépendent encore les mouvemens de ſes *Satellites* , ſi neceſſaires par l'uſage qu'on en
fait dans la Geographie & dans la Navigation , découverte que nous devons à Monſieur Caſſini , l'un des plus
grands hommes du ſiecle paſſé.

XXIX. *Avril.*

Le carenage de nôtre Navire étant fini , il y eut ordre
du Capitaine d'abattre toutes les tentes , & de ſe retirer
à bord. A midy la mienne fut abattuë , & toutes mes
hardes & mes inſtrumens furent tranſportez au Navire.
Je terminai donc ce jour-là mes obſervations , & ne pûs
continuer celles des jours paſſez. Après le dîné j'allai
lever avec mon quart de Cercle le plan d'un petit port
à trois quarts de lieuë au Sud de la grande Baye de *Coquimbo* , où nous moüillions alors.

CCcc

ANGLES DE POSITION

qui servirent à lever le Plan du Port icy représenté,
appellé le Port de S. Joseph.

ETant arrivé sur le lieu, je mesurai sur le rivage au Sud-Est de l'entrée du Port une baze de deux cens toises, & pris de chaque extrémité de cette baze les angles de positions suivants.

PREMIERE STATION.

Rocher,	19ᵈ 2' 0"
Pointe du Nord de l'entrée du Port,	54. 6. 0.
Pointe du Sud de l'entrée du même Port,	69. 35. 0.
Petite Riviere,	117. 54. 0.
Milieu de la petite Isle,	126. 8.

SECONDE STATION.

Rocher,	31ᵈ 4. 0"
Pointe de l'entrée du Nord du Port,	66. 16. 0.
Pointe de l'entrée du Sud,	77. 41. 0.
Petite riviere,	126. 38. 0.
Milieu de la petite Isle,	134. 22.

On voit par le dessein suivant que ce Port est à couvert de tous les vents, excepté de celuy de Nord-Ouest, qui est son traversier. Tres-peu de Navires y moüillent, à cause de l'éloignement de la Ville de *Coquimbo*. La grande Baye en est beaucoup plus proche, où l'on trouve toutes les commoditez dont on a besoin, & où l'on est à l'abri de tout vent.

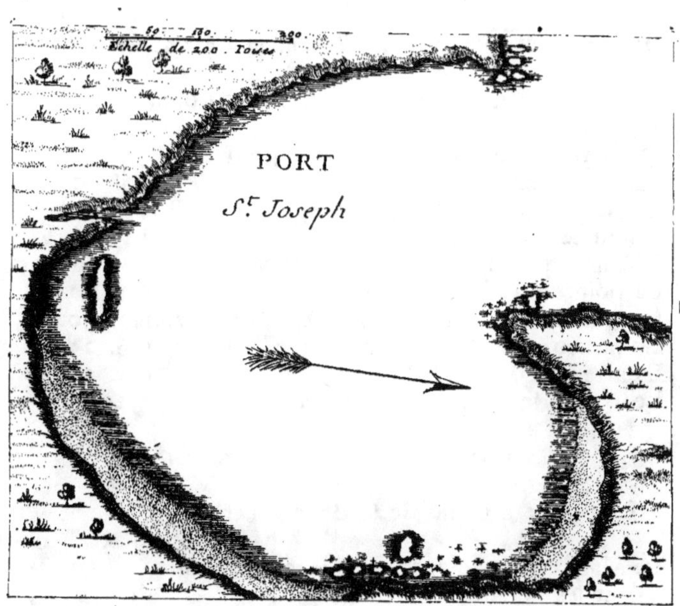

xxx. *Avril.*

J'allai le matin au fond de la Baye de *Coquimbo*, où
je mesurai sur le rivage une ligne de trois cens toises ,
& j'établis aux deux extrémitez de cette ligne les deux
points qui me servirent de deux Stations pour lever le
Plan de la Baye.

ANGLES DE POSITION

qui servirent pour lever le Plan de la Baye de Coquimbo.

PREMIERE STATION.

LA pointe du Sud de la Baye, qui est à
l'entrée du Port,   74ᵈ 0' 0"
Le Magazin qui est sur le rivage, où moüil-
lent les Navires,   51. 30.
L'Angle qui suit au fond de la Baye,   7.   6.
La pointe du Nord de la Baye,   83. 30.
La pointe de l'Ouest de la Ville de *Coquimbo*, 133. 30.
Le milieu d'un Rocher qui est sur le rivage, 156. 35.
L'extrémité du fond du Port,   172. 35.
Le Nord de l'Aiguille aimantée,   92. 30.

SECONDE STATION.

La pointe du Sud de la Baye à l'entrée
du Port,   79ᵈ 50' 0"
Le Magazin sur le bord du rivage, où moüil-
lent les Navires,   61. 42. 0.
L'Angle qui suit, au fond du Port,   15. 30. 0.
Le Cap ou pointe du Nord de la Baye,   84 50. 0.
La pointe de l'Ouest de la ville de *Coquimbo*, 135. 0. 0.
Le milieu du Rocher qui est sur le rivage, 157. 43. 0.
L'extremité du fond du Port,   177. 8. 0.
Nord de l'Aiguille aimantée,   94. 40. 0.

Sur ces observations je traçai le plan que l'on voit icy.
Il y a à l'Ouest du Cap ou pointe du Sud de l'entrée du
Port, des rochers qui paroissent à fleur d'eau, il faut en
en entrant & en sortant s'en éloigner d'une distance suffisante; parce que si malheureusement un Navire venoit
à tomber dessus, il se briseroit infailliblement. Les Navires qui vont moüiller à *Coquimbo*, d'abord qu'ils ont

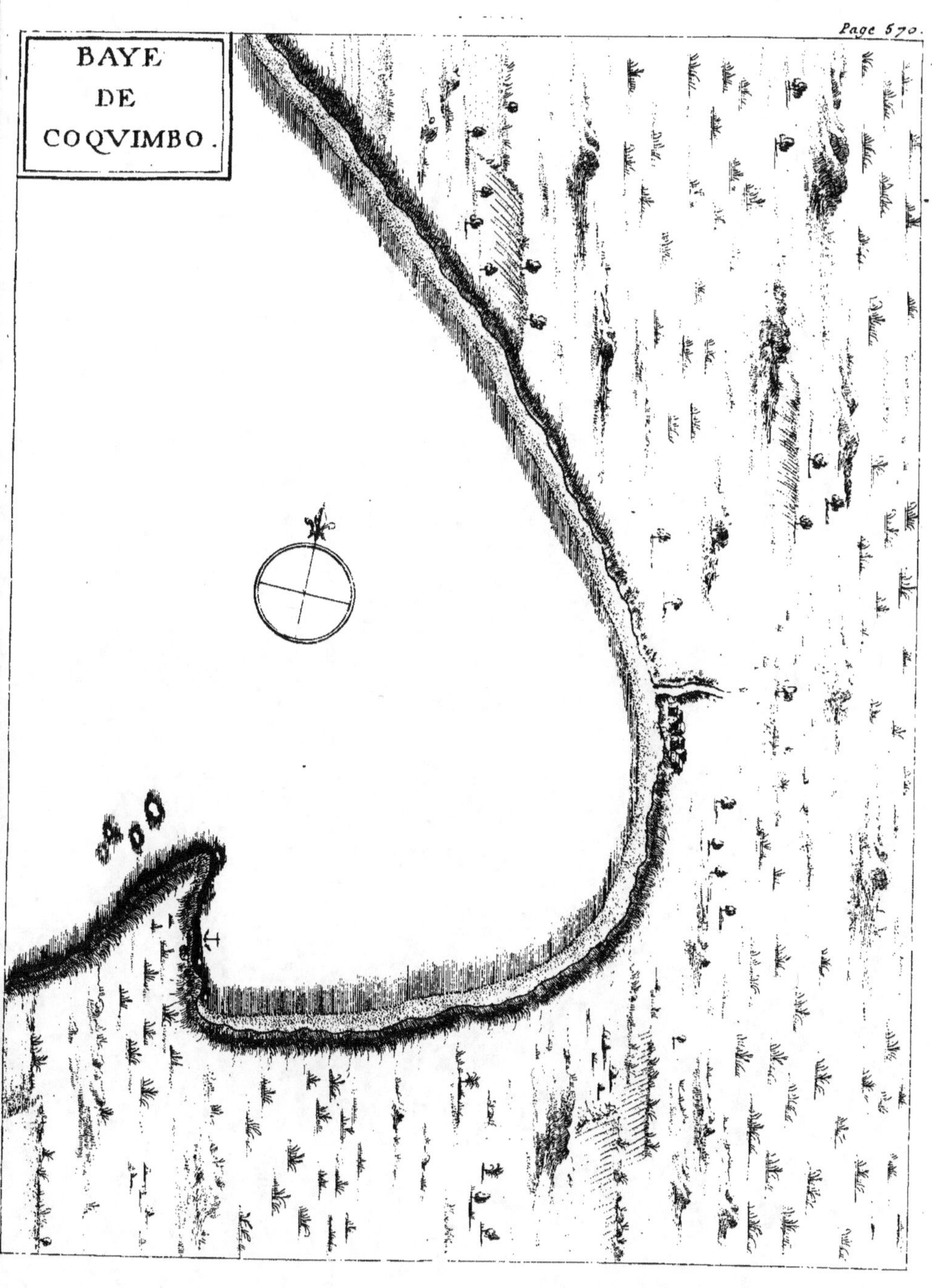

Page 570.
BAYE
DE
COQVIMBO.

doublé ce Cap, se trouvant avec luy Nord & Sud, doivent mettre le Cap au Sud. On commence dès cet endroit à découvrir le magazin qui est sur le bord du moüillage, qui sert d'entrepost pour les marchandises que les habitans de *Coquimbo* & ceux des campagnes voisines portent pour embarquer sur les Navires de *Lima*. Ce Magazin est marqué dans le dessein par la lettre A. Le meilleur endroit du moüillage est vis-à-vis le Magazin ; on y voit une grosse pierre dans la mer toute proche du rivage, où l'on porte des amarres pour se garantir des vents de Sud qui tombent de la montagne ; & l'on moüille sur l'arriere du Navire un ancre d'affourche pour resister au vent de Nord, & empêcher que le Navire ne se tourmente. A trois quarts de lieüe du Magazin est le Port *S. Joseph*. La terre qui le separe de la Baye est une plaine sablonneuse, remplie d'une infinité de rats qui y sont attirez par les bleds que les Navires de *Lima* viennent charger en cet endroit. Ces animaux demeurent dans ce sable ; & ce terrain est si percé, qu'il est impossible d'y poser le pied sans enfoncer, & un cavalier a besoin de se tenir sur ses gardes, pour éviter que son cheval ne s'abatte sous luy.

A l'Ouest du moüillage il y a une montagne remplie d'arbrisseaux de differentes especes ; je vis dans une petite plaine au dessus de cette montagne une infinité d'arbres qui n'ont pour feüillage que des piquans fort pointus de plus d'un quart de pied de longueur. J'y trouvai plusieurs plantes que j'eus soin de dessiner, ainsi que plusieurs oiseaux qui sont entierement differens de ceux que nous avons en Europe. Il y a en cet endroit nombre de perdrix qui sont beaucoup plus grosses que les nôtres. Les chasseurs qui se trouverent pour lors dans quatre Vaisseaux François, qui se rencontrerent de compagnie, en tuerent une infinité.

Les renards y sont fort communs. Comme ces animaux sont tout-à-fait semblables aux nôtres, je n'en dessinai aucun, quoy qu'on en tua plusieurs. Ils ne sont pas si rusez que ceux de l'Europe ; ce qui fait que l'on s'attache à les détruire. Ayant été obligez durant le carenage

de conftruire à terre un parc particulier pour y renfer-
mer la volaille, les renards qui y venoient fouvent, obligerent le Capitaine du Vaiffeau de faire garder le parc
par un foldat de l'Equipage, auquel il avoit auffi donné
commiffion de luy apporter tous les jours à manger. Ce
foldat entrant un jour dans le parc, pour prendre quelque
poule, il'apperçut dans un coin un Renard qui en man-
geoit une. Cet animal n'eut pas plûtôt vû cet homme,
qu'abandonnant fa proye, il voulut fuïr, mais inutile-
ment ; car la porte du parc étant fermée, il fe trouva
dans le même cas que le Renard dont parle Horace, &
eut un fort plus tragique.

Horace,
Epift. 7.
lib. 1.

Fortè per anguftam tenuis vulpecula rimam
Repferat in cumeram frumenti : paftaque rurfus
Ire foras pleno tendebat corpore fruftra.

1. May.

Les provifions qu'on fit à *Coquimbo* n'arrivant pas
dans le temps que ceux qui nous les vendirent avoient
promis, nous fûmes contraints, pour les attendre, de
refter dans cette Baye plus long-temps qu'on n'avoit
refolu. Comme je n'avois pas d'occupation dans le Navire, je me fervis de ce retardement pour aller voir la
Ville de *Coquimbo*, qui n'eft qu'à deux lieües du moüillage.

DESCRIPTION

de la Ville de la Serena, aujourd'huy Coquimbo.

LA *Serena* fut bâtie par *Petro de Valdivia* en 1544.
après que *Gafca*, Prefident, qui fe trouvoit dans la
vallée d'*Apurimac*, l'eut créé Gouverneur du Royaume
de Chily dont il étoit auparavant Capitaine General. Il
donna à cette nouvelle Ville le nom de la *Serena*, nom

de fa propre patrie; mais elle fut depuis appellée *Coquimbo*, nom de la vallée dans laquelle cette Ville eft fituée. Elle eft vafte, mais peu peuplée; fes ruës font larges, longues, & toutes tirées au cordeau; les maifons font baffes, étroites, & mal meublées, & la plus grande partie ne font couvertes que de feüilles de Palmiers, à la maniere des maifons des Negres des Ifles de l'Amerique. On voit dans *Coquimbo* des ruës longues de plus d'un quart de lieüe, dans lefquelles on trouve à peine fix maifons; elles ont toutes un grand jardin clos de murailles, dans lequel on cüeille dans leur faifon des poires, des pommes, des prunes, de belles cerifes, des noix, des amandes, des olives, des citrons, des oranges, des grenades, des figues, des raifins, & plufieurs autres fruits que ces pays produifent, & lefquels font inconnus en Europe. Tous ces fruits ont un goût merveilleux. Comme nous étions dans cette Ville en Automne, nous en jugeâmes par nôtre propre experience. Etant entré par curiofité dans plufieurs de ces jardins, convié par ceux à qui ils appartenoient, j'y vis fes arbres fi chargez de fruits, que leurs branches plioient fous leur poids; & les habitans m'avoüerent fort ingenûment, que s'ils n'avoient pas foin toutes les années, au commencement de l'Efté, que les fruits commencent à paroître, d'en abattre plus de la moitié, pour laiffer meurir le refte, les arbres fe briferoient, tous étant incapables de foûtenir & de fupporter un fardeau fi pefant.

Il paffe au Nord de la Ville une belle riviere, qui prend fa fource dans les hautes montagnes des *Andes*; elle coule enfuite dans une agréable vallée, toûjours verte, & vient fe jetter dans la mer tout près de la Ville. Les habitans conduifent dans leurs jardins par des canaux une partie des eaux de cette riviere, lefquelles leur fervent à arrofer leurs jardins, & à les rendre fertiles. Sans elles ils feroient d'une grande fterilité, puis qu'à peine pleut-il dans ces climats quatre ou cinq fois dans une année, & cela en Hyver. Je trouvai fur les bords de cette riviere quantité de nouvelles plantes que je n'avois pas encore vûës, & plufieurs oifeaux affez finguliers.

Le peu de temps que je reſtai dans cette Ville m'empêcha de ſatisfaire mon inclination, qui me portoit à deſſiner ſur le champ generalement tout ce que je voyois ;
mais la main ne pouvant aller auſſi vîte que l'imagina-
tion, il fallut me contenter du deſſein de quelques plantes que je rapporterai à la fin de mon Journal, & de
quelques oiſeaux des plus curieux, que l'on verra re-
préſentez au naturel dans mon Hiſtoire des animaux.
On y remarquera ſur tout un Heron d'une beauté admirable ; la couleur de tout ſon plumage étoit d'un blanc
de lait ; ſon bec d'un jaune de couleur d'or avoit quatre
poûces de longueur ; ſon cou portoit deux pieds & ſept
poûces, & ſes jambes auſſi fort longues étoient d'un
rouge cramoiſi. On voit dans *Coquimbo* tres-peu d'Indiens, quoique la vallée en fût peuplée d'une multitude
infinie avant l'arrivée des Eſpagnols ; ces premiers ſe re-
tirerent dans les terres plus reculées, pour éviter la domination de ceux-cy.

Il y a dans la Ville, outre la Paroiſſe qui eſt aſſez belle,
des Convens de Cordeliers, de Dominicains, de Peres
de la Mercy, & de Jeſuites.

Les habitans de *Coquimbo* ſont naturellement bons,
civils & honnêtes. Au milieu de tant de richeſſes ils paroiſſent pauvres ; cependant ils vivent auſſi contens dans
leur pauvreté & dans leurs petites maiſons, qu'ils ne les
changeroient pas contre les plus beaux Palais de l'Europe. Au reſte il ne faut pas s'étonner de cette grande
indifference, ces peuples ayant mille autres agremens.
C'eſt ainſi qu'Ulyſſe, le plus ſage de tous les Grecs,
préfera autrefois Ithaque à l'Immortalité : *Tanta vis pa-*
tria eſt, ut Ithacam illam in aſperrimis ſaxulis tanquam
nidulum affixam ſapientiſſimus vir immortali anteponeret.

Cicero, lib.
1. de Orat.

Toute la vallée de *Coquimbo* eſt remplie de beſtiaux
qui y paiſſent, ſans qu'on en prenne aucun ſoin ; cependant leur mélange n'a jamais cauſé aucun differend parmy les maîtres de ces troupeaux ; ce qui eſt une marque
évidente de l'union & de la bonne intelligence qui regnent parmy ces peuples.

Les mines d'or & d'argent & de pluſieurs autres métaux

taux, font aſſez communes dans les montagnes voiſines de *la Serena*. A quatre lieües de la Ville on avoit découvert une mine de cuivre, à laquelle on travailloit alors; elle fournit d'Uſtenſiles de ce métal tout le Royaume du Perou & celuy du Chily. Le travail cependant va fort lentement, à cauſe du peu de gens qu'on trouve pour les employer dans ces mines.

En 1579. le fameux François *Drak*, dans ſon voyage du tour du monde, après être ſorti du détroit de *Magellan*, alla moüiller dans la Baye de *Coquimbo*, à deſſein d'y faire aiguade. D'abord qu'il eut moüillé, il fit deſcendre à terre une partie de ſes équipages. Les habitans allarmez, croyant qu'il alloit piller leur Ville, ſortirent au nombre de trois cens cavaliers & deux cens fantaſſins, & les chargerent ſi vigoureuſement luy & les ſiens, qu'ils les obligerent à ſe rembarquer au plus vîte, & d'aller chercher ailleurs quelque port plus favorable. Cette Ville fut depuis pillée deux fois par les Anglois, qui par un excés de barbarie, la réduiſirent enſuite en cendres.

IV. *May*.

Le matin je partis & revins à nôtre Navire, beaucoup plus riche que je n'en étois ſorti. Outre quelques deſſeins que je remportai de *Coquimbo*, j'avois une bonne proviſion de plantes, que je mis dans l'eau à mon arrivée pour les conſerver, juſques à ce qu'elles fuſſent deſſinées; cette occupation me fit paſſer une partie du temps que nous reſtâmes encore ſur les ancres.

DDdd

REMARQUES

Sur les Coupes des Rochers qui font fur le bord de la Mer.

UN Physicien qui étudie la Nature, trouve dans le mélange & dans les differentes structures de ses composez, des difficultez qui l'arrêtent à chaque pas. Les coupes des rochers que j'avois déja remarquées avec attention dans les lieux où nous avions moüillé, me servirent plus d'une fois de sujet à de serieuses meditations ; & quoique l'objet principal de mon voyage ne regardât la Physique que dans les seules expériences, je ne laissai pas de philosopher quelquefois, & de chercher des raisons qui me donnassent quelque notion sur tant de phenomenes, & sur un si grand nombre de changemens que je rencontrois continuellement dans les êtres. Par les remarques que j'avois déja faites sur les coupes des rochers qu'on voit sur le bord de la mer, j'avois observé, en sondant l'espace de près de deux lieües, que ces coupes faisant avec la surface de la mer des angles de 25. degrez, dont l'ouverture tournoit vers le Sud, le lit de la mer étoit montagneux. J'observai encore qu'à l'endroit où ces coupes étoient paralleles à la surface de l'eau, les sondes y étoient presque égales, que toute leur difference ne consistoit qu'à une certaine proportion de profondeur qui avoit rapport avec les distances du rivage, & que cette proportion continuoit jusques à un certain point, après lequel le lit de la mer devoit être entiérement uni. Ces mêmes proportions étoient encore mieux observées dans les endroits où les rivages étoient plats, & formoient au-delà de la mer de vastes plaines. J'avois déja fait plusieurs de ces observations ; & particulierement un jour que nous nous trouvâmes assez près des terres, dont les rivages étoient presque sur le même plan que celuy de la mer, & que ces mêmes terres alloient se confondre à leur horison avec le Ciel. Nous sondâmes au mê-

me endroit , & ayant trouvé peu de fond, nous revirâ-
mes de bord au large. Le vent qui venoit du Sud , route
que nous devions faire , & les terres qui couroient prefque Nord & Sud , nous obligerent de courir fur un air
de vent prefque perpendiculaire au rivage , le vent ne
changeant pas , nous tînmes pendant un jour & une nuit
la même route pour ne pas dériver. Je trouvai par l'eftime
que dans cette courfe nous nous étions éloignez des terres
de près de cinquante lieües ; j'avois eu un foin tout fingulier de fonder de temps en temps , & de marquer dans
mon Journal toutes les fondes , nous trouvâmes encore
la fonde à cette diftance de cinquante lieües , ayant com-
paré ces mêmes fondes avec les differens éloignemens
dont les lieux de leurs obfervations , par rapport au rivage , étoient connus par l'eftime , elles me donnerent
une proportion d'égalité avec les éloignemens de la côte ;
ce qui prouvoit affez évidemment qu'on pourroit connoître de la ftructure des rivages , quel doit être le lit
de la mer.

Pendant le féjour que nous fîfmes encore dans la Baye
de *Coquimbo* , j'allai vers la pointe du Sud ou cap qui
eft à l'entrée , je parcourus tout le rivage jufques au
petit port dont on a vû le plan cy-deffus. Tout ce rivage
n'eft compofé que de grands rochers qui forment des
précipices , fur lefquels les lames de cette vafte mer viennent fondre , & font en fe brifant un bruit horrible. Comme les fortes inclinations banniffent la crainte , ces grands
bruits ne furent pas capables de m'épouvanter ; je tra-
verfai tout feul ces antres profonds , fans faire refléxion
qu'ils pourroient fervir de retraite à quelques bêtes fe-
roces dont je ferois peut-être la proye. J'y rencontrai
la carcaffe d'une mule qui venoit d'être dévorée depuis
peu ; ce fpectacle ne m'arrêta pas ; & continuant ma
route pour contenter ma curiofité , je fis les remarques
fuivantes

J'obfervai que les coupes des rochers étoient perpendiculaires au niveau , que les unes allant de l'Eft à l'Oueft,
& les autres du Nord au Sud , fe coupoient à angles
droits , que les premieres coupes étoient paralleles à l'E.

D D d d ij

quateur, & les autres au Meridien. Une difpofition fi
admirable me fit faire plufieurs refléxions fur les avantages que cette partie du monde a fur les autres ; il femble que la nature fe foit étudiée à la rendre la plus par-
faite, & que c'eft là où elle a voulu faire fes chefs-d'œuvre, en y affemblant les femences qui forment dans leur
union le plus riche de tous les métaux.

REMARQUES

Sur le Flux & Reflux de la Mer.

JE remarquai que la marée monta à la hauteur de cinq
pieds huit pouces, la Lune étoit pour lors dans fon
premier quartier, & proche de fa quadrature avec le
Soleil, temps auquel arrivent les plus baffes marées. J'a-
vois déja obfervé que le flux & reflux fuivent les mêmes
loix que celles que nous obfervons dans nos mers, &
que les plus grandes marées arrivent dans les conjonctions & dans les oppofitions ; ainfi la preffion de l'air
par la Lune fait fur ces eaux le même effet qu'elle fait
fur celles de l'Europe ; de forte que fi on vouloit fe faire
quelque idée des caufes de ces differentes hauteurs, on
n'auroit qu'à s'imaginer un tourbillon elliptique autour
de la Lune, dont le grand diametre paffât par le centre
de la terre dans les conjonctions & dans les oppofitions,
& que dans les quadratures ce fût le petit diametre de
cette Ellipfe qui paffât par le même centre, lequel petit
diametre preffant les eaux avec beaucoup moins de force
que le grand, feroit la caufe pourquoy les marées ne
monteroient pas fi haut.

Les vents, comme j'ai remarqué ailleurs, détournent
cette preffion, fi leur direction eft entierement oppofée
à celle du mouvement des eaux, auquel cas ils retardent
les marées, & empêchent même qu'elles ne montent
auffi haut qu'elles feroient dans le calme ; mais fi les
vents concourent avec les eaux, en les pouffant, ils les
font monter beaucoup plus haut qu'elles ne feroient,

fi elles ne fuivoient que la feule preffion de la Lune.

Dans l'hypothefe de la preffion de l'air par la Lune, on ne fçauroit expliquer le flux & reflux que l'on obferve dans les détroits & dans les rivieres qui vont fe perdre dans la mer. Le flux & reflux ne fuivent pas dans ces lieux les mêmes loix qu'ils fuivent dans le vafte Ocean; puis qu'au fentiment de Seneque, la mer monte & defcend fept fois dans le détroit de l'Euripe.

Euripus undas flectit inftabilis vagas
Septemque curfus flectit, & totidem refert,
Dum laffa Titan mergat Oceano juga.

Tite-Live refléchiffant fur la varieté des vents qui foufflent dans l'Archipel, ne fit aucune difficulté de leur attribuer le flux & reflux; & il eft certain que le flux & le reflux que nous obfervons dans la mer Mediterranée n'ont pas d'autre caufe que les vents, puis qu'on remarque que dans cette mer les eaux font pleines dans la faifon des vents d'Oueft & de Sud-Oueft; parce qu'ils pouffent alors les eaux du grand Ocean, & les font entrer par le détroit de Gibraltar dans la mer Mediterranée, d'où elles ne fortent qu'après la ceffation de ces vents, ou lorfque quelques vents oppofez venant à fouffler, obligent ces eaux à rentrer dans l'Ocean.

DETERMINATION

De la Latitude de la Baye de Coquimbo.

JE trouvai par mes obfervations des hauteurs meridiennes du bord fuperieur du Soleil la plus grande hauteur du Pole de la Baye de *Coquimbo* de   29ᵈ 55′ 8″
& la moindre de   29. 54. 12.
La difference entre ces hauteurs fut donc de   56.
& la moitié de cette difference de   28.

Si on ajoûte cette moitié à la moindre de ces hauteurs, on aura un milieu, qui fera la veritable hauteur du Pole, qui eſt de   29ᵈ 54' 40ᵗˢ

IX. *May*.

On avoit refolu d'apareiller le matin ; mais le calme ayant continué juſques fur les quatre heures du ſoir, qu'un petit vent de Sud-Eſt commença à fouffler, on ne ſongea pas à mettre à la voile : en partant de la Baye, nous portâmes le cap à l'Oueſt-Nord-Oueſt pour éviter deux petites Iſles qui ſont fur le même Rumb de vent de la Baye, à ſept lieües de diſtance. On abregeroit le chemin, ſi on paſſoit entre le cap du Nord de la Baye & ces deux petites Iſles ; mais perſonne n'a encore oſé tenter ce paſſage, dans la crainte, comme il y a apparence, de n'y pas trouver de fond, & que les rochers qui forment les deux petites Iſles ne correſpondent avec ceux du cap ; c'eſt ce que j'appris par les Capitaines de deux Navires de *Lima*, qui arriverent peu de jours avant nôtre départ, leſquels venoient charger du bled & du ſuif pour *Lima*. Nous doublâmes ces deux Iſles avant la nuit ; & ayant trouvé au large les vents au Sud-Sud-Oueſt, nous fiſmes route au Nord ¼ Nord-Oueſt, dans le deſſein d'aller à *Cobixa*, qui eſt une rade où le Vaiſſeau avoit paſſé quatre mois l'année précedente.

X. *May*.

Nous continuâmes la route du jour précedent ; j'obſervay à midy la hauteur du Soleil, non pas avec le quart de Cercle, dont on ne ſçauroit ſe ſervir en mer à cauſe du mouvement du Navire, mais avec le quartier Anglois qui ne permet pas, à la verité, d'obſerver les hauteurs avec tant de juſteſſe par les raiſons que j'ay dites ailleurs. J'obſervai, dis-je, la hauteur du Soleil, qui donna la hauteur du Pole de   27ᵈ 32' 30ᵗˢ

Retranchant cette hauteur du Pole obſervée à midy de la hauteur du Pole obſervée à *Coquimbo*, nous eûmes une difference de 2. degrez 22. minutes 10", que nous avions avancé depuis les quatre heures du soir du jour précédent vers le Nord, ou 47. lieües ½.

Par la reduction des routes depuis le départ, je trouvai que nous avions avancé vers l'Ouest de   0ᵈ 38' 0"

Lesquelles étant retranchées de la longitude de *Coquimbo*, supposant que le premier Meridien passe par l'Isle de Fer, il restoit pour la longitude, ayant établi le Meridien de Paris de 21. degré 30'   307ᵈ 16' 15"

11. *May.*

Les terres que nous n'avions point perduës de vûë le jour précédent, nous furent cachées par une brume si épaisse, qu'à peine voyïons-nous du derriere du Navire les gens qui étoient sur l'avant. Cette brume, assez ordinaire dans ces parages, oblige les Vaisseaux qui vont vers la Ligne, de tenir le large pour ne pas tomber sur les côtes, où les calmes regnent en toutes les saisons de l'année, & pour éviter les courans qui portent à terre avec rapidité ; & si par malheur un Navire y étoit engagé, il luy seroit impossible de s'en retirer, & se verroit infailliblement briser sur les côtes, sans pouvoir éviter le peril.

Ce jour-là nous ne vîmes pas le Soleil, il fallut nous en tenir à l'estime qui nous donna la latitude de   25ᵈ 50' 30"
& la longitude de   307. 50. 11.

XII. *May.*

Nous eûmes un grand calme, une mer unie, & la brume aussi épaisse qu'elle l'étoit le jour précedent. Le Capitaine du Navire, sur lequel je m'étois embarqué, allant de *Valparaiso* à *Lima*, m'avoit instruit des temps qui regnent sur ces côtes, je ne l'avois pas encore oublié, & le Capitaine de nôtre Vaisseau qui sçavoit déja par l'expérience qu'il avoit acquise dans son voyage de *Cobixa*, l'importance qu'il y avoit de s'éloigner des terres, agissoit toujours avec beaucoup de prudence, & s'en tenoit éloigné d'une distance à ne pas les craindre. Depuis le

midy du 11. nous n'avançâmes vers le Nord que 33. minutes, qui étant retranchées de la latitude du jour précedent, il resta à midy la latitude de   25ᵈ 17′ 30″
& la longitude fut trouvée selon l'estime
de   308.   2. 15.

XIII. *May.*

Le vent revint au Sud-Sud-Ouest, la brume se dissipa,
& à neuf heures du matin nous nous rencontrâmes à
l'Ouest d'une haute montagne, appellée par les gens du
pays *Morro Moreno ;* laquelle sert de reconnoissance à
ceux qui vont moüiller à la rade de *Cobixa.* Cette montagne a peu d'étenduë, elle est terminée vers les deux
extrémitez par une pente fort précipitée, & la côte court
au même endroit Nord & Sud. Peu de temps après nous
découvrîmes la pointe d'une autre terre, qui avoit vers
son extrémité une élevation en forme de pavillon : autre
reconnoissance pour ceux qui viennent du Sud, & qui
cherchent la rade de *Cobixa.* Nous approchâmes ces côtes à une lieüe de distance, & même quelquefois de moins :
comme elles étoient élevées & taillées presque à pic, elles
nous marquoient un grand fond, remarques que j'ay déja
faites ailleurs.

Par la hauteur meridienne observée du Soleil
nous trouvâmes la hauteur du Pole de   23ᵈ 26′ 0″
de sorte que nous avions passé le matin le Tropique du
Capricorne, & nous étions entrez dans la Zone Torride ; la longitude se trouva la même que celle du jour
précedent.

Sur les six heures du soir nous fûmes à l'Ouest du Pavillon d'*Atacama*, petite élevation en forme de Pavillon,
comme je viens de dire, sur une terre plate & sterile,
qui tire son nom d'un grand desert appellé *Atacama*,
qui separe le Parlement de *los Charcas*, ou partie meridionale du *Perou*, des Provinces du Royaume de *Chily*,
pays que l'*Ynca Roca* joignit aux conquêtes de son pere
Ynca Capac Yupanqui.

L'*Ynca Roca* partit de *Cusco* pour cette conquête avec
                                                      cette

trente mille hommes. D'abord qu'il fut arrivé aux con-
fins de *los Charcas*, il fit sommer ces peuples de recon-
noître le Soleil pour leur Dieu, de recevoir fes Loix,
d'abandonner le culte de leurs idoles, faites de pierre &
de bois, & de renoncer aux abus qui s'étoient gliffez
entre eux, oppofez aux Loix naturelles, & aux devoirs
de la focieté civile. Les habitans de ces contrées s'offen-
ferent fi fort de ce langage, que les principaux d'entre
eux & les plus aguerris prirent les armes avec furie, al-
leguant qu'on ne pouvoit les traiter avec plus de rigueur,
que de vouloir les forcer à quitter leurs Dieux pour
adorer ceux des étrangers, & à renoncer à leurs Coûtumes & à leurs propres Loix, pour s'affujettir à celles de
l'*Inca*, qui étoit affez temeraire que de croire pouvoir
foûmettre tout le monde fous fon empire, & rendre tri-
butaires les peuples qui ne relevoient point de luy, & les
traiter en efclaves. Ils conclurent donc qu'il falloit abfo-
lument mourir en gens d'honneur, pour la défenfe de
leurs Dieux, de leur patrie & de leur liberté.

Mais les vieillards répondirent qu'il n'y avoit pas de
fujet de s'allarmer fur les propofitions de l'*Inca*; qu'ils
s'étoient déja informez de fes fujets, qui leur avoient dit
qu'il n'y avoit rien que de bon dans fes Loix & dans
fon Gouvernement, qu'il traitoit fes fujets comme fes
propres enfans; que tous les peuples voifins s'étoient
foûmis fans peine, pour joüir des douceurs de fôn Gouvernement; ainfi qu'il étoit plus à propos de les imiter,
& qu'il valoit beaucoup mieux appaifer l'*Inca*, en luy
accordant ce qu'il defiroit, que de l'irriter par un refus.
Qu'à l'égard des Dieux, l'*Inca* avoit raifon de dire que
le Soleil meritoit beaucoup mieux des adorations que
leurs idoles; en un mot, qu'ils ne devoient faire aucune
difficulté de recevoir un fi grand Prince pour leur Sou-
verain, & le Soleil pour leur Dieu, puis qu'il n'y avoit
en cela que beaucoup d'utilité & d'honneur pour eux.
Tout le monde applaudit aux remontrances des vieillards, les plus emportez s'appaiferent, & tous d'un commun accord furent au devant de l'*Inca*; ils en furent
reçùs tres-favorablement. Il commanda à fes domefti-

E E e e

ques qu'on donnât des robes aux vieillards, & pour marquer aux jeunes gens & aux Capitaines le cas qu'il faisoit de leur bravoure, il en admit cinq cens au nombre de ses soldats; il les fit tirer au sort, afin qu'il n'y eût pas de jalousie entre eux, & dit à ceux qui resterent, qu'il ne vouloit pas dépeupler leur pays. Après que ce Prince leur eût donné des gens pour les instruire dans sa Religion, il poursuivit ses conquêtes, reduisit plusieurs autres Provinces sous son obéïssance, & retourna ensuite à *Cusco*.

Etant donc Est & Ouest avec le Pavillon d'*Atacama*, nous découvrîmes vers la pointe qui termine la terre, & qui va se noyer dans la mer, un rocher dont le sommet paroît au dessus des eaux, éloigné de la terre environ de la longueur d'un cable, nous crûmes qu'il n'y avoit pas de passage entre ce rocher & le cap. Aussi-tôt que nous l'eûmes doublé, nous commençâmes à voir un grand enfoncement qui forme une baye fort vaste, capable de contenir un grand nombre de Navires, laquelle n'a pour traversier que les vents de Nord qui l'enfile directement. La sterilité des hautes montagnes qui ferment la Baye du côté de l'Est, marquent les grandes chaleurs de la Zone Torride, qu'on sent vivement le long de cette côte. Il ne pleut jamais dans ces climats, ce qui les a rendus inhabitables, & fait qu'aucun Navire ne moüille dans cette Baye, parce qu'il n'y a aucun commerce.

Lorsque nous eûmes doublé la Baye, nous accostâmes la terre. On peut l'approcher à ces endroits-là, sans aucune crainte, à la distance d'un cable, lorsque le vent a assez de force pour refouler la marée. Dans le calme il faut se tenir au large, autrement on tomberoit sur les côtes, qui sont de montagnes inaccessibles, & d'une hauteur prodigieuse, qui marquent un grand fond à la mer; ce que nous observâmes en sondant.

OBSERVATION

D'une Eclipse de l'Etoile Antares *, ou du Cœur du Scorpion
par la Lune.*

LE soir du même jour 13. les vents ayant fraîchi, dissiperent tous les broüillards, & nous laisserent une nuit fort claire, durant laquelle la Lune se trouvant en opposition avec le Soleil, nous favorisa de sa clarté, & nous fit voir la côte.

D'abord que la Lune parut sur le sommet de ces hautes montagnes, je m'apperçus qu'elle s'approchoit d'*Antares*, j'allai prendre dans le même moment une lunette de cinq pieds pour observer son occultation. Comme le vent étoit frais, & que le Navire rouloit toûjours à son ordinaire, j'appuyai ma lunette contre le mât de Misaine pour la rendre plus ferme, d'où j'observai l'occultation de cette Etoile, que la Lune cacha entre *Gassendy* & *Grimaldy*.

L'heure marquée icy est douteuse pour la déterminer. Sur cette occultation il fallut me servir des horloges dont on regloit les routes; elles marquoient alors environ sept heures & huit minutes. La petite pendule qui m'avoit servi dans d'autres occasions étoit pour lors hors d'usage, l'ayant prêtée à un mal-adroit qui me l'avoit demandée avec beaucoup d'importunité, & qui la cassa trois ou quatre jours après. L'incertitude où j'étois du temps précis de la sortie d'*Antares*, fit que je ne la rapportai pas sur mon Journal, me contentant seulement d'y marquer le lieu vers lequel cette Etoile étoit sortie, qui fut vis-à-vis de *Taruntius*.

XIV. *May.*

Sur les neuf heures du matin nous fûmes pris du calme environ à cinq lieües de *Cobixa*. Cette côte étoit connuë à nos Pilotes qui étoient demeurez à l'ancre l'année précedente durant quatre mois dans cette rade. Depuis la grande Baye jufques à *Cobixa* la côte eft un plan environ de demy lieüe de largeur qui va fe terminer au pied des montagnes inacceffibles , fur lefquelles , non plus que fur les côtes, on ne trouve aucune plante, tout ce pays étant entierement brûlé par les chaleurs exceffives du Soleil.

xv. *May.*

An matin nous nous trouvâmes à une lieüe au Sud du moüillage, le calme du jour précedent duroit encore, & le vent ne s'étant levé que fur les dix heures, nous ne pûmes moüiller devant *Cobixa* qu'entre onze heures & midy. Le Capitaine du Vaiffeau qui n'alla au bourg que pour y voir le Corregidor, qui luy avoit écrit à *Coquimbo*, qu'il arriveroit infailliblement à *Cobixa* au commencement du mois de May, ne l'ayant pas trouvé, refolut de pourfuivre fa route vers *Arica*, où nous arrivâmes peu de jours après.

DESCRIPTION ET PLAN

De la Rade de Cobixa.

D'Abord qu'on eût moüillé, on mit le canot en mer pour defcendre à terre, où l'on efperoit trouver le *Corregidor*, & être payez de quelques marchandifes qu'on luy avoit données à credit l'année précedente, & dont le terme du payement étoit échû depuis le commencement du mois ; mais des affaires même affez importantes qui luy furvinrent, l'ayant obligé de paffer à *Lima* par ordre du Viceroy, ne luy permirent pas de fatisfaire pour lors à fa parole.

Le canot ne fut pas plûtôt prêt , que je témoignai au Capitaine du Vaiffeau que je defirois defcendre à terre, & accompagner les Officiers qu'il y envoyoit ; il me répondit avec beaucoup d'honnêteté, qu'il fouhaiteroit fort pouvoir rester plus long-temps dans cette râde, pour me donner tout le loisir de faire des observations qui déterminassent immediatement la situation du moüillage de *Cobixa*; mais qu'étant extrémement pressé de se rendre à *Ilo*, cela ne se pouvoit, quoique son inclination particuliere le portât naturellement aux Sciences, & qu'il ne goûtât pas moins de plaisir que moy, lorsque je luy rapportois quelque chose de nouveau qui regardoit les Sciences & les Arts.

Le vent qui n'avoit commencé que sur les dix heures, avoit déja élevé la mer; & abordant à terre, nous eûmes assez de peine à débarquer, la lame qui venoit se briser en tombant sur les rochers, nous faisoit craindre qu'il n'arrivât à nôtre canot quelque spectacle. Nous débarquâmes entre deux rochers qui nous mettoient un peu à l'abri, & où la lame qui s'étoit déja brisée avant que d'y arriver, avoit perduë toute sa force. Dès que nous fûmes débarqué, le premier objet qui se présenta à nos yeux, furent quelques cabanes d'Indiens qui marquoient leur pauvreté. Les murailles de la plus grande partie étoient de peaux de loups marins, & des roseaux qui servoient de murs aux autres cabanes; les unes & les autres n'avoient pour toîts que des peaux de ces animaux. Au-delà de ces cabanes nous vîmes une petite Eglise bâtie de pierres, où un Curé gagé du Roy d'Espagne va les Dimanches & les principales Fêtes de l'année celebrer la Messe à ces pauvres peuples.

Nos gens qui étoient restez l'année précedente pendant quatre mois à *Cobixa*, m'avoient déja informé de la vie & des mœurs des habitans; mais ayant ajoûté peu de foy aux contes qu'ils m'en firent, sur tout ne pouvant croire qu'ils mangeassent le poisson tout cru, ainsi qu'ils vouloient me le persuader, je fus convaincu de la verité du fait, ayant vû un enfant environ d'un an & demi, lequel appercevant son pere qui revenoit de la pêche, se mit à pleurer si fort, qu'il ne put l'appaiser qu'en luy jettant la moitié d'un poisson tout cru, que ce petit garçon devora en nôtre presence. Cet exemple fut suffisant pour vaincre mon incredulité, & pour me

DESCRIPTION

Des Canots des Indiens appellez Balzes.

CEs canots font compofez de deux peaux de loups marins, fort proprement coufuës enfemble par le milieu, en forte que l'air qu'on y a une fois introduit n'en fort plus. Ces peaux fe terminent en pointe de chaque côté; fur celle de l'avant il y a un petit trou, autour duquel ils coufent un boyau du même animal, qui leur fert pour donner du vent à la *Balze*, lors qu'ils apperçoivent qu'elle defenfle. Ce trou eft marqué dans la figure de la *Balze* qui eft repréfentée icy par la lettre A. Les deux peaux enflées 3 3 & 4 4 font amarrées par le travers vers leurs extrémitez, avec deux morceaux de bois D D & C C. Une petite planche de trois ou quatre poûces de largeur E E, de la longueur des peaux enflées, traverfe les deux morceaux de bois vers leur milieu, & il eft amarré avec eux par des boyaux de loups marins qui fervent de cordes aux Indiens. Cette planche fert de quille à la *Balze*: telle eft fa conftruction. Cette *Balze* enfin achevée, ils étendent au deffus une autre peau de loup marin, qu'ils amarrent par les quatre angles, aux extrémitez des deux traverfiers C C, D D, fur laquelle ils pofent toutes leurs provifions, qui confiftent à une grande calebaffe remplie d'eau, & mettent leurs armes qui font un arc, des fléches, & une efpece de dard pour varrer les gros poiffons, & s'affeïant enfuite fur cette peau, les jambes croifées, ils s'en vont dans la haute mer par des temps aufquels nos chaloupes n'oferoient s'y expofer. Leur aviron qu'on appelle *Pagaïe*, eft plat des deux bouts, & ils s'en fervent dans les deux fens. Ils le tiennent vers le milieu par les deux mains, & après avoir donné un coup d'un côté de la *Balze*, ils en donnent un autre de l'autre côté, & nagent de cette maniere avec une adreffe admirable.

Ces *Balzes* ne craignent point l'approche des terres comme

comme nos canots, elles se sauvent où ceux-cy se brise-
roient, elles s'abandonnent à la lame, qui les porte à
terre, où elle les laisse en se retirant, & donne à ceux
qui les conduisent la commodité de debarquer.

Il n'y a à appréhender, navigeant sur ces *Balzes*, que
la rencontre de quelque loup marin ou de quelque autre poisson qui peut mordre la *Balze*, en ce cas on seroit
en danger; car si une fois la *Balze* étoit percée, l'air en
sortiroit; & ne pouvant plus alors soûtenir sur les eaux
le navigateur ni son équipage, tout couleroit à fond.
C'est pour éloigner & pour se défendre contre ces poissons que les Indiens embarquent toûjours avec eux un
grand dard garni d'une pointe en son extremité.

Le matin nous avions vû sur l'avant, environ à deux
lieües au large, une de ces *Balzes*: comme la mer étoit
un peu élevée, l'Indien qui étoit dessus, dont on ne
voyoit que la moitié du corps, nous étoit caché de temps
en temps. Je le pris d'abord pour un monstre marin, on
mit le cap sur luy; nos gens déja instruits des manieres
du pays, se firent un plaisir de ma surprise; & me laissant dans mon ignorance, ils m'écoutoient raisonner sur
le monstre prétendu, sans m'expliquer ce que c'étoit.
La *Balze* qui venoit du large avoit la mer de côté; de
sorte que le prétendu monstre ayant beaucoup de peine
à la refouler, nous fûmes bien-tôt sur luy. Je fus surpris
lorsque je vis ce monstre marin changé en homme. Le
Capitaine le fit monter à bord; il nous dit qu'il y avoit
quatre ou cinq jours qu'il étoit parti du port, que la
grosse mer l'avoit empêché de prendre aucun poisson;
que s'étant malheureusement égaré, & ayant resté plus
long-temps en mer qu'il ne croyoit, il se trouvoit sans
eau dans sa calebasse, & nous supplia de la luy remplir.
Le Capitaine luy fit donner à manger. Pendant qu'on
l'entretenoit, je fis monter sa *Balze* par nos matelots,
& après avoir examiné sa construction, je la dessinai
comme on la voit icy représentée

FFff

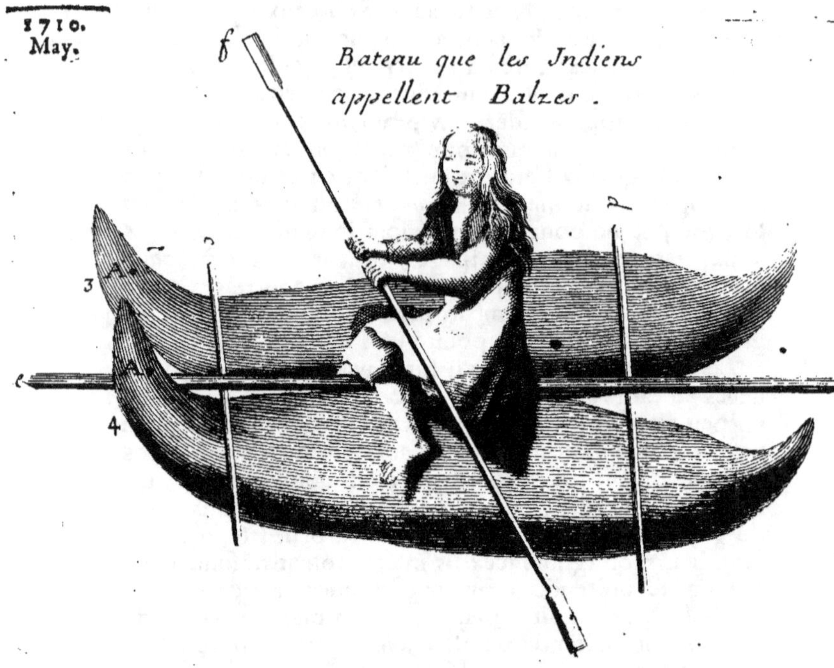

Le même jour 15. ſur les trois heures du ſoir nous re-
tournâmes à bord ; on ne tarda pas long-temps , après
nôtre arrivée , à faire voile. Je levai avec ma bouſſole le
plan de la rade tel qu'on le voit icy. A eſt la Chapelle,
B ſont les cabanes des Indiens , & C les rochers entre
leſquels on deſcend à terre.

Avant qu'on appareillât , j'obſervai avec mon nouvel
inſtrument l'inclinaiſon de l'Aiman , je la trouvai dans
la rade à une portée de canon de deux livres
de bale de la terre de   38ᵈ 45' 0ʺ

Je ne pûs faire à *Cobixa* aucune autre obſervation ; le
Soleil y parut à midy fort confuſément ; & n'ayant pû
l'obſerver , je ne déterminai la hauteur du
Pole que par l'eſtime , qui donna   21ᵈ 26' 0ʺ

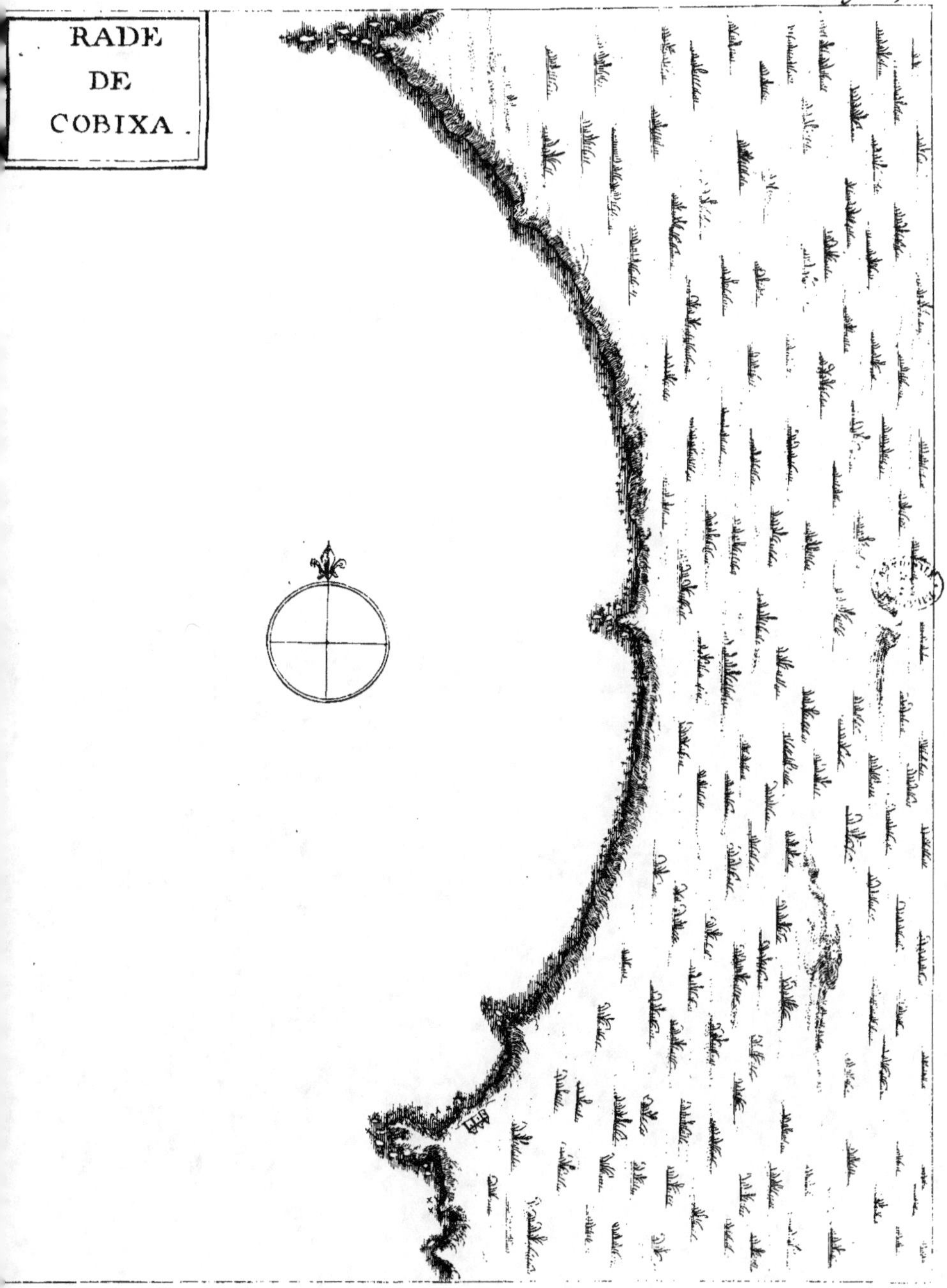

RADE
DE
COBIXA.

xvi. *May.*

Depuis nôtre départ de *Cobixa* nous ne nous éloignâ-
mes de la terre environ que de deux lieües ; toute cette
côte n'a que de hautes montagnes brûlées des ardeurs du
Soleil, & sans aucune production exterieure. Le Soleil
fut caché à midy par des nuages épais ; la
hauteur du Pole fut estimée de   20ᵈ 45′ 30″
& la longitude de   308. 8. 14.

xvii. *May.*

Les vents de Sud qui souffloient depuis le 15. se tirerent vers le Nord, & varierent du Nord au Nord-Est,
nous trouvâmes de grosses mers, nôtre Navire toûjours
grand rouleur nous fit passer une triste journée, & la
variation des vents nous obligea à courir sur divers
Rumbs. La reduction de ces differentes courses
donna la hauteur du Pole de   20ᵈ 30′ 30″
& la longitude de   307ᵈ 58′ 15″

xviii. *May.*

La nuit précedente nous eûmes une petite pluye, chose
assez extraordinaire dans ces climats ; elle fit changer le
vent, qui se rangea vers le Sud, & varia du Sud-Sud-
Ouest au Sud-Sud-Est. Tous ces changemens nous obli-
geoient à porter le cap au plus près du vent, & à courir
sur divers Rumbs qui pouvoient rendre nos reductions
douteuses à cause de la dérive du Vaisseau, dont la détermination est assez difficile, comme il paroît par les
démonstrations que j'en ai faites ailleurs ; cependant elle
est un des principaux élemens qui entrent dans le calcul
des reductions des routes, & le point trouvé à midy seroit
faux, si la dérive n'avoit été bien déterminée.

Après les reductions nous trouvâmes à midy
la hauteur du Pole de   19ᵈ 1′ 30″
& la longitude de   307. 47. 15.

Environ à cinq lieües au large je fis l'expérience de l'équilibre des eaux de la mer, dans laquelle je trouvai qu'un volume égal à l'Areometre, qui me fervoit depuis nôtre départ de Marfeille, pefoit 2. onces 3. dragmes 51. grains.

XIX. *May.*

La premiere obfervation que je fis ce jour-là, fut celle de l'inclinaifon de l'Aiman : nous étions alors à dix lieües au Sud d'*Arica*. Cette obfervation donna l'inclinaifon de l'Aiman de $\qquad$ 28ᵈ 30' 0"

A midy, n'étant plus environ qu'à trois lieües d'*Arica*, le Soleil paroiffant fort clair, j'obfervai affez exactement le Complement de fa hauteur meridienne ; elle donna la hauteur du Pole de $\qquad$ 18ᵈ 38' 0" & l'eftime donna la longitude de $\qquad$ 307. 55. 15.

Cette longitude eftimée étant retranchée de la longitude obfervée à *Coquimbo*, il reftoit une minute pour la difference en longitude entre *Coquimbo* & le point où nous nous trouvions alors. Nous pouvions être, felon nôtre eftime, à une lieüe à l'Oueft d'*Arica*, laquelle vaut fous ce parallele un peu plus que trois minutes, ôtant donc la minute de difference trouvée entre la longitude obfervée à *Coquimbo*, & la longitude eftimée des trois minutes de difference qui fe rencontroit entre le point où nous étions à midy, & le Meridien d'*Arica*, il reftoit pour la difference en longitude entre *Arica* & *Coquimbo* deux minutes : donc *Arica* eft plus orientale que *Coquimbo* de deux minutes.

Sur les trois heures après midy nous moüillâmes dans la rade d'*Arica*, où deux Navires François que nous avions rencontrez dans tous les ports où nous étions entrez depuis nôtre départ de *la Conception*, continuoient leurs traite.

OBSERVATIONS

ASTRONOMIQUES ET PHYSIQUES,

Faites à Arica.

xx. *May.*

LE Capitaine m'avertit qu'il sejourneroit fort peu de temps à *Arica*, & que si j'avois quelques observations à y faire, je n'avois qu'à m'y disposer, afin d'être en état de me rendre à bord, lors qu'il mettroit à la voile. Je descendis le matin à terre avec luy, je pris mon quart de cercle, esperant trouver dans cette Ville quelque endroit commode pour y faire quelques observations. J'appris en débarquant qu'il y avoit hors de la Ville un Convent de S. François. Assuré par les expériences que j'avois faites ailleurs, que je serois tres-favorablement reçû de ces saints Religieux, j'allai en droiture chez eux, quoique plusieurs habitans de la Ville, & particulierement le Corregidor que je rencontrai dans mon chemin, me pressât de prendre mon logement en sa maison. Arrivant au Convent, je trouvai à la porte le Pere Gardien, qui sans être prévenu de mes intentions, m'embrassa, & me conduisit à sa chambre pour me la ceder. On peut juger delà combien est grande la charité qui regne dans tous ces pays : elle se trouve parmy les gens du monde de même que parmy les Religieux les plus observans ; & l'on peut dire, à la gloire de tous ces peuples, qu'ils conservent encore aujourd'huy les premieres Loix de l'Evangile.

Après que j'eus celebré la sainte Messe, je commençai mes observations par la verification de mon quart de cercle. L'ayant trouvé dans le même état où il étoit à *la Conception* & dans les autres ports où nous avions moüillé, c'eſt-à-dire, donnant toûjours les hauteurs trop grandes de deux minutes, je le diſpoſai pour prendre à midy la hauteur du Soleil. Attendant donc cette heure, je calculai par les tables qui ſont à la fin de mon Journal le lieu du Soleil que je trouvai au · 29ᵈ 8′ 7″ de ♉.

Le lieu du Soleil étant donné, je cherchai ſa declinaiſon de la maniere que j'ai démontré; qu'on peut encore trouver par les tables des declinaiſons qui ſont après les tables des mouvemens du Soleil, en prenant la partie proportionnelle qui eſt dûë aux 8′ minutes.

Après le calcul je trouvai que la declinaiſon devoit être de 20ᵈ 0′ 7″
J'obſervai à midy la hauteur apparente du bord ſuperieur du Soleil de 51ᵈ 51′ 45″
Quart de Cercle, 2. 0.
Premiere Correction, 51. 49. 45.
Excès de la Refraction ſur la Parallaxe, 40.
Hauteur corrigée, 51. 49. 5.
Demi-Diametre du Soleil, 15. 54.
Hauteur du Centre, 51. 33. 11.
Declinaiſon ſeptentrionale, 20. 0. 7.
Hauteur de l'Équateur, 71. 33. 18.

Donc la hauteur du Pole d'*Arica* eſt de 18. 26 42.

XXI. *May.*

Quoique nous fuſſions dans la Zone Torride, nous ne laiſſâmes pas de ſentir dans la nuit une grande fraîcheur, qui nous obligea même de nous couvrir d'une courte-pointe. Cette fraîcheur eſt cauſée par un vent de terre qui paſſe dans ces regions ſur le ſommet de hautes montagnes toûjours couvertes de neiges, qui emporte avec luy ces petits corps froids, & les ſemant dans les airs, diſſipe toute la chaleur que le Soleil y avoit laiſſée avant qu'il ceſſât d'éclairer nôtre Hemiſphere. Ce vent calme ordinairement le matin, & va ſe ranger derechef au Sud, où il ſouffle toute la journée; enſuite il revient à terre ſur les cinq heures du ſoir, pour y rafraîchir ces regions toûjours brûlantes.

A midy je trouvai par le calcul des tables le vray lieu du Soleil au 0^d 5′ 42″
des ♊.

& sa declinaison pour ce même lieu de   20. 12. 25.

J'observai la hauteur meridienne apparente de son bord superieur de   51. 39. 30.

d'où je conclus la hauteur de l'Equateur de   71. 33. 21.

& la hauteur du Pole de   18. 26. 39.

1710.
May.

DETERMINATION

De la hauteur du Pole de la Ville d'Arica.

LA difference que je trouvai entre les deux observations faites pour la détermination de la hauteur du Pole de la Ville d'*Arica*, ne fut que de trois secondes, difference de peu de consequence. Ayant donc pris un milieu, je déterminai la hauteur du Pole de cette Ville de 18^d 26′ 40″ $\frac{1}{2}$.

OBSERVATIONS

Sur le Flux & sur le Reflux de la Mer.

JE dressai un pieux sur le bord de la mer pendant sa plus grande bassesse, qui me servit les deux jours suivans pour mesurer la hauteur des marées. Je trouvai ces hauteurs de cinq pieds quatre pouces le 22. & le 23. J'observai que les marées suivoient les mêmes regles que celles que nous observons sur nos côtes ; car le 23. la haute mer n'arriva, eu égard à celle du 22. que 48. ou 49. minutes plus tard, temps que la Lune retarda de passer par le même Meridien qu'elle avoit passé le jour précedent. Le Pere Gardien, homme sçavant, & qui se plaisoit dans les belles Sciences, m'assura, selon les remarques qu'il avoit faites depuis qu'il demeuroit dans ce Convent, bâti fur le bord de la mer, que les plus hautes marées étoient celles qui arrivoient au temps des Equinoxes, que celles des conjonctions & des oppositions de la Lune, qui arrivoient chaque mois, étoient un peu moindres, mais que les plus petites étoient celles des Quadratures ; ce qui convient avec les observations qu'on a faites en plusieurs de nos ports de France.

DESCRIPTION
De la Rade & de la Ville d'Arica.

CEtte Rade est à couvert des vents de Nord par des montagnes fort steriles, d'autres montagnes d'un fable brûlé par les ardeurs des rayons du Soleil la garantissent des vents d'Est, & elle est à l'abri des vents du Sud par un grand rocher & par une petite isle qui servent l'un & l'autre de retraite à une infinité d'oiseaux qui viennent s'y reposer tous les soirs, & en partent tous les matins pour aller chercher leur vie. Leur fiente que les gens du pays appellent *Guana*, est un des meilleurs revenus de cette Ville ; on a bâti fur le bord de la mer des magazins, dans lesquels des hommes la transportent pour la charger ensuite fur des Vaisseaux qui ne font d'autre commerce que celuy-là, & qui la portent à *Lima* & à d'autres endroits de la côte, où l'on s'en fert pour fumer les terres.

Le meilleur endroit de la rade pour moüiller est au Nord-Nord-Ouest du grand Rocher, à la distance d'un cable & demy. On pourroit s'approcher de plus près de la Ville ; mais on s'exposeroit à l'infection insupportable de la fiente des oiseaux dont je viens de parler, que les vents qui viennent du Sud porteroient fur les Navires ; ce qui causeroit infailliblement des fiévres tres-dangereuses aux Equipages, dont la plûpart de ceux qui en font atteints font incommodez tres-long-temps, & ne guérissent qu'avec beaucoup de difficulté.

La Ville d'*Arica* est située à la hauteur de 18. degrez 26' 40", comme on a vû par les observations précedentes,

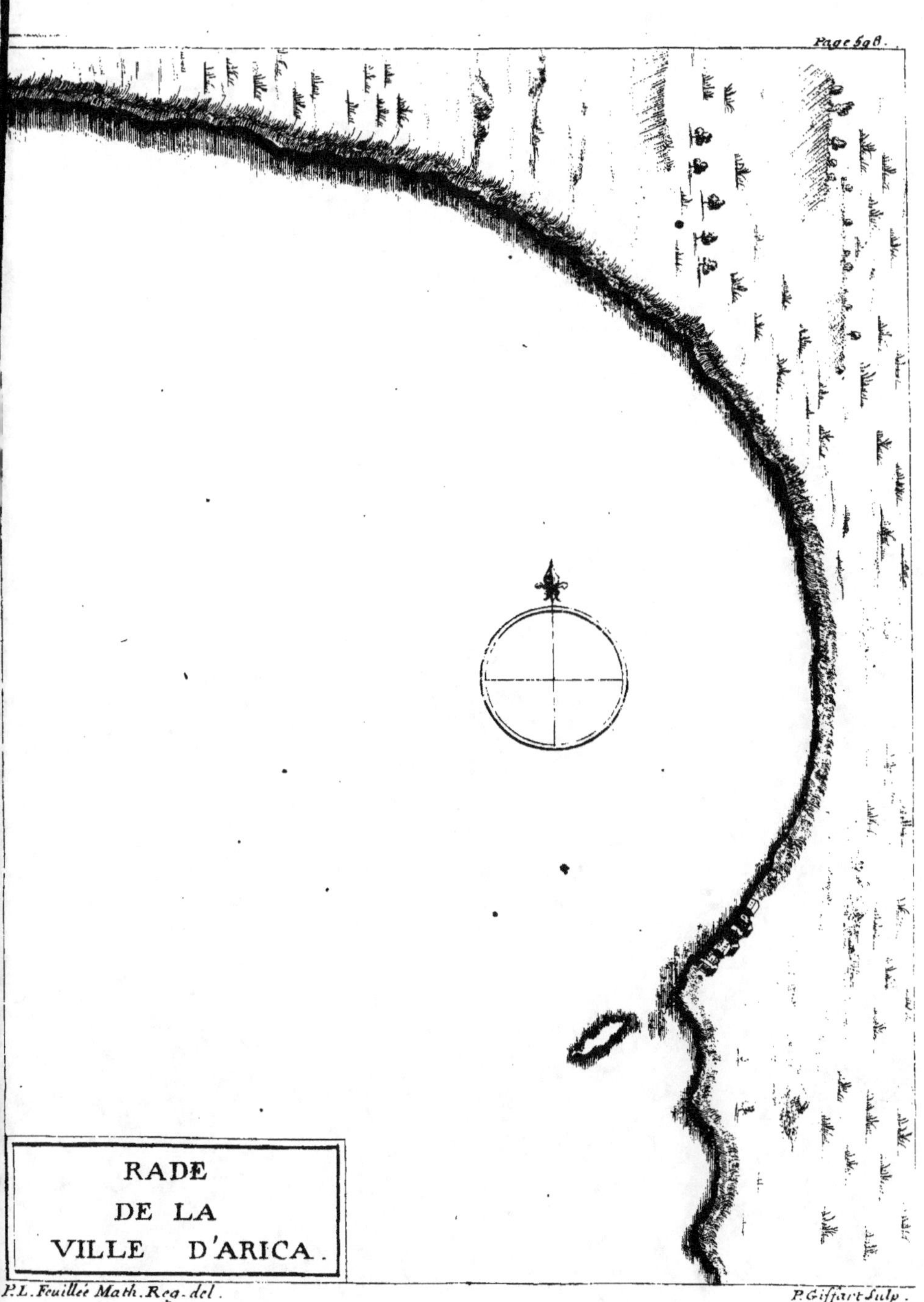

Page 598
RADE
DE LA
VILLE D'ARICA
P.L.Feuilleé Math.Reg.del.
P.Giffart Sculp.

tes , hauteur affez éloignée de celle de 19. degrez 22.
minutes, que Dom *Pedro de Cieca* & *Herrera* luy donnerent dans leurs Journaux. La longitude a été tirée des
obfervations faites à *Ilo,* vallée au Nord d'*Arica* , &
fort peu éloignée de cette Ville.

1710.
May.

Arica, au commencement de la conquête du *Perou*,
fut un des quatre Gouvernemens de ce Royaume. L'argent qu'on y tranfportoit des mines du *Potofi* fur les
moutons du pays, qu'on embarquoit enfuite fur les Navires de *Lima* , rendoit *Arica* celebre ; mais depuis que
François *Drak* furprit trois barques, dans l'une defquelles il trouva 1140. livres d'argent , on refolut, pour ne
plus expofer cette marchandife aux pirates, de l'envoyer
à *Lima* par terre , quoique les dépenfes en foient beaucoup plus confiderables. *Arica* eft bâtie fur le bord de
la mer ; elle a au Nord des marais qui font prefque fans
eaux, qui viennent d'une riviere dont la fource eft dans
les montagnes. Au-delà des marais , qui n'ont pas plus
de cent pas de large, fe trouve le Convent de S. François,
qui n'eft encore que commencé , dont les fondemens ,
feulement élevez de trois pieds fur le niveau, marquent
quelle en doit être la magnificence. Il y a encore dans
la Ville une Communauté de Religieux de *la Mercy*, &
une de *S. Jean de Dieu.* L'Eglife de la Paroiffe eft belle,
vafte , & adminiftrée par fix ou fept Prêtres feculiers ,
qui y chantent tous les Offices fort regulierement.

Les principales maifons de la Ville font bâties de
pierres , & couvertes de tuiles. On en voit plufieurs
autres qui n'ont pour toute muraille que des feüilles de
palmiers amarrées les unes fur les autres, & jointes enfemble. La plûpart des maifons font affez fpacieufes ,
mais mal meublées.

Au Sud & à l'extrémité de la Ville eft le grand rocher dont j'ai parlé, qui la met à l'abri des vents de
Sud, qui apportent la ferenité da s ces climats , & qui
abattent les grandes chaleurs qu'on y reffent dans toutes
les faifons de l'année ; ce qui caufe aux habitans des fiévres dont ils guériffent tres-difficilement , & rend la
Ville mal faine. L'odeur infupportable que la fiente de

G G g g

ce grand nombre d'oiseaux qui gîcent la nuit sur ce grand rocher, ne contribuë pas peu à toutes ces maladies : aussi les gens qui habitent la Ville, ont ordinairement peu de santé, ils ont tous un visage jaunâtre, & menent une vie languissante. Les étrangers qui ne sont pas accoûtumez à cette mauvaise odeur, souffrent des maux de tête extraord'naires ; ce qui obligeoit les gens de nôtre Equipage de revenir tous les soirs à bord, n'osant pas coucher dans la Ville, dans la crainte de tomber malades. Les habitans pourroient facilement se garantir d'une si grande incommodité, en tirant sur ces oiseaux ; mais ils aiment mieux sacrifier leur santé à un lucre sordide, dont leurs infirmitez continuelles ne leur permettent pas de joüir avec la moindre satisfaction.

———— ——*quid non mortalia pectora cogis,
Auri sacra fames!*

On ne voit que fort peu de blancs dans cette Ville, presque tous sont Negres ou Meftis. On appelle ces derniers dans nos Isles de l'Amerique, *Mulastres*, parce qu'ils proviennent d'un blanc & d'une negresse ; les hommes ni les femmes ne vivent pas long-temps, à cause de l'intemperie de l'air, & des maladies dont j'ai parlé. Je ne vis qu'un vieillard criole, qui disoit qu'il avoit vû les premiers Européans qui s'établirent à *Arica* après la conquête du *Perou* : on le croyoit âgé de plus de cent trente ans. Ce bon homme faisoit ordinairement sa demeure au pied d'une Croix de pierre qui étoit au milieu du Cloître des Peres de S. François, il étendoit là tous les soirs sur la plate-terre un vieux manteau & quelques haillons, sur lesquels il se reposoit la nuit fort tranquillement. Je luy demandai un jour, pourquoy il ne vouloit pas coucher dans une chambre du Monastere, le Pere Gardien luy en ayant offert une. Il me répondit qu'il avoit dormi à l'air toute sa vie, qu'il n'aimoit pas à être renfermé, ni ne vouloit s'exposer à être enseveli par quelque tremblement de terre sous les ruines d'une maison, ainsi qu'il étoit arrivé à plusieurs de ses contem-

porains. Je l'interrogeai sur l'antiquité, & s'il n'auroit
pas appris par tradition qu'il fût arrivé quelque déluge
dans l'Amerique, ou quelque autre évenement extraordinaire ; mais il me répondit que depuis plus de dix
ans il avoit entierement perdu la memoire, & qu'il ne se
ressouvenoit pas même de ce qui luy arrivoit dans la
journée.

Je m'informai des habitans s'il ne restoit pas encore
dans les campagnes quelques vestiges des anciens Tem-
ples que les *Incas* avoient autrefois bâtis à l'honneur du
Soleil. Ils me répondirent qu'ils avoient appris par tradition, qu'avant la conquête du Perou par les Espagnols,
les Indiens venoient faire leurs sacrifices dans le creux
du grand rocher dont j'ai parlé ; qu'ils y entroient par
une grande ouverture qui est sur le derriere ; & que leurs
sacrifices étant finis, ils jettoient dans un précipice qui
se trouvoit dans ce creux, où personne n'avoit jamais
osé descendre, les victimes & les trésors qu'ils avoient
offerts au Soleil ; que quelques-uns d'entre eux cependant l'avoient voulu faire autrefois ; mais que leurs flambeaux s'éteignant d'abord qu'ils étoient un peu avancez
dans cette caverne, ils croyoient que les démons s'é-
toient emparez de toutes ces richesses, en sorte qu'ils
défendirent à tout le monde l'entrée du rocher.

La superstition s'étoit acquise un empire si absolu parmy tous ces peuples, qu'on a de la peine d'en desabuser
ceux qui leur ont succedé, & qui vivent aujourd'huy.
C'est elle qui les empêche de foüiller dans les lieux où
ils sçavent que les Indiens cacherent l'or qu'ils portoient
pour la rançon de l'*Ynca Atabalipa*, lors qu'il fut fait
prisonnier, & enchaîné avec une chaîne d'or par François *Pizare*, dans le combat qui se donna devant *Caxamalca* : la chose se passa à peu près de la maniere que je
vais raconter. *Atabalipa* ayant appris que François *Pizare* étoit en marche avec sa petite armée pour se
rendre à *Caxamalca*, se mit en campagne pour devancer
celuy-cy. Cet *Inca* étoit porté dans une litiere sur les
épaules des principaux Seigneurs du Royaume ; trois
cens Indiens revêtus de sa livrée marchoient devant luy

G G g g ij

pour ôter les pierres qui se trouvoient dans le chemin par où leur Maître passoit ; tous les *Caciques* & tous les Grands du Royaume, portez aussi dans des litieres & sur des brancards, marchoient après luy ; ils comptoient pour rien le petit nombre de Chrétiens qui composoient l'armée de *Pizare*, & ils esperoient même les prendre sans combattre. *Atabalipa* étant entré dans un grand enclos qui étoit devant le Palais de *Caxamalca*, fut surpris de voir les Espagnols en si petit nombre, & tous à pied, ne sçachant pas que *Pizare* avoit fait trois corps d'armée, composez chacun de vingt cavaliers, commandez par ses trois freres qu'il avoit fait cacher, & ausquels il défendit de ne faire aucun mouvement sans sa permission. L'*Inca* se leva tout debout sur sa litiere, & commença à crier à ses troupes : Nous les tenons, il semble même qu'ils veulent se rendre. Tous répondirent qu'ils étoient de son sentiment. Dans ce temps-là l'Evêque Frere François de *Valverde*, qui étoit avec *Pizare*, s'avança vers *Atabalipa*, ayant pour toutes armes son Breviaire en main, & luy adressant la parole, il luy dit en substance : ,, Il y a un seul Dieu en trois personnes, qui a ,, créé le Ciel & la terre, & toutes les choses qui y ,, sont. Il forma *Adam*, qui fut le premier homme, & ,, tira sa femme, *Eve*, de l'une de ses côtes ; nous som- ,, mes tous descendus de ces deux personnes, nous som- ,, mes tous devenus criminels par leur désobéissance, ,, indignes par consequent de la grace & de l'amour de ,, Dieu ; & nous ne pouvions esperer d'entrer dans le ,, Ciel, si Jesus-Christ, nôtre Redempteur, né d'une ,, Vierge, ne fût venu sur la terre, & n'eût souffert la ,, mort pour nous acquerir la vie & le salut. Ce Jesus- ,, Christ, après être mort honteusement sur une Croix, ,, resuscita tout glorieux ; & après avoir demeuré quel- ,, que temps sur la terre, monta au Ciel, laissant Saint ,, Pierre en sa place, & après luy ses successeurs, qui de- ,, meurent à Rome, capitale du monde, que les Chré- ,, tiens appellent *Papes*. Il ajoûta ensuite que les Succes- ,, seurs de S. Pierre avoient partagé tout le monde entre ,, les Princes Chrétiens ; que le *Perou* étoit échû à Sa

1710.
May.

Majeſté Imperiale le Roy Dom *Carlos*, & que ce "
grand Prince en avoit créé Gouverneur Dom François "
Pizare, pour luy apprendre de la part de Dieu & de "
la ſienne tout ce qu'il venoit de luy dire ; que s'il vou- "
loit croire toutes les veritez qu'il venoit d'entendre, "
recevoir le Baptême, & obéïr à l'Empereur, ce Prince "
le protegeroit & le défendroit contre ſes ennemis , "
établiroit la paix dans ſon pays, & y feroit obſerver "
la Juſtice, qu'il luy conſerveroit auſſi tous ſes droits, "
& une entiere liberté ; ainſi que Sa Majeſté Imperiale "
avoit accoûtumé d'en uſer avec tous les Rois & les "
Seigneurs qui ſe ſoûmettoient volontairement à ſon "
autorité ; que s'il en uſoit autrement, le Gouverneur "
François *Pizare* luy declaroit qu'il alloit l'attaquer , "
& qu'il étoit prêt à mettre tout à feu & à ſang. Qu'à "
l'égard de la Foy en Jeſus-Chriſt & de la Loy Evan- "
gelique, ſi après qu'on l'en auroit bien inſtruit, il vou- "
loit l'embraſſer, on luy donneroit tous les moyens de "
ſauver ſon ame ; ſinon , qu'on ne luy feroit là-deſſus "
aucune violence. *Atabalipa* ayant entendu tout ce diſ- "
cours , répondit que tout ce pays avoit été conquis "
par ſon pere & par ſes ayeux, qui l'avoient laiſſé par "
droit de ſucceſſion à ſon frere *Guaſcar Ynga* ; qu'ayant "
vaincu & fait priſonnier celuy-cy , il en étoit le legi- "
time poſſeſſeur ; qu'il ne reconnoîtroit jamais pour "
Maître celuy qu'il ne connoiſſoit pas, & qu'il n'obéïroit "
point à un homme qui donnoit ce qui n'étoit pas à luy ; "
qu'il étoit ſurpris que S. Pierre voulût uſurper un droit "
qui ne luy appartenoit pas ; que luy qui ſe trouvoit "
intereſſé à la choſe, ne conſentoit pas à la donation "
que faiſoit un homme dont on n'avoit jamais entendu "
parler dans tout ſon Empire. Qu'à l'égard de Jeſus- "
Chriſt, qu'il diſoit qui avoit créé le Ciel & la terre, "
les hommes & toutes choſes , il ignoroit cela ; qu'il "
regardoit le Soleil ſeul comme le vray Dieu & l'uni- "
que Createur que l'on appelloit *Pachacamac* ; qu'il ne "
connoiſſoit point le Roy d'Eſpagne dont il luy parloit, "
ne l'ayant jamais vû. Enfin, demandant à l'Evê- "
que d'où il avoit appris tout ce qu'il venoit de luy "

1710.
May.

,, dire ; le Prélat luy répondit que cela étoit écrit dans
,, le livre qu'il tenoit, dans lequel la parole de Dieu
,, étoit renfermée. *Atabalipa* le luy ayant demandé, ne
,, l'eût pas plûtôt entre ſes mains, qu'il l'ouvrit, & que
,, voyant, en le feüilletant, que ce livre ne diſoit mot,
,, il le jetta par terre. Alors l'Evêque ſe tournant vers
,, les Eſpagnols, leur cria, Aux armes ; accuſant l'*Inca*
,, du grand mépris qu'il venoit de faire de la Sainte Ecri-
,, ture qu'il luy avoit préſentée. Auſſi-tôt l'Artillerie joüa,
,, la Cavalerie attaqua les Indiens par trois endroits ;
,, François *Pizare* s'ouvrant un chemin à coups de ſa-
,, bres à travers cette grande multitude d'Indiens, alla
,, droit à la litiere d'*Atabalipa* ; & l'ayant pris par les
,, cheveux, le renverſa par terre. Auſſi-tôt les Indiens
,, épouvantez de voir l'*Inca* entre les mains des Chré-
,, tiens, prirent la fuite, & abandonnerent *Atabalipa*.
,, Le lendemain les Eſpagnols pillerent le camp où ils
,, trouverent quantité de vazes d'or. L'*Inca* ſe voyant
,, priſonnier, ſupplia *Pizare* de ne le pas maltraiter,
,, l'aſſurant qu'il luy donneroit pour ſa rançon plus d'or
,, qu'il n'en pourroit faire tranſporter. Sur cette pro-
,, meſſe *Pizare* luy promit de le traiter avec beaucoup
,, d'humanité. L'*Inca* manda à *Cuſco* d'envoyer de l'or
,, pour ſa rançon ; mais le Gouverneur croyant qu'*Ata-
,, balipa* ne pourroit pas ſatisfaire à ſa parole, qui étoit
,, de remplir d'or une grande ſalle, juſques à une cer-
,, taine hauteur que l'*Inca* luy avoit marquée, & que
,, cette promeſſe n'étoit qu'un ſtratagême pour gagner
,, du temps, afin que ſes troupes pûſſent ſe joindre pour
,, le venir délivrer des mains du Vainqueur ; *Pizare* &
,, le Conſeil de guerre conclurent de le faire mourir.
,, Cependant les Indiens venoient de tous côtez chargez
,, d'or pour payer la rançon d'*Atabalipa* ; mais ſes gens
,, ayant appris que les Eſpagnols l'avoient mis à mort,
,, cacherent tout leur or, ſans avoir jamais voulu juſ-
,, ques icy le découvrir à ceux-là : les Indiens eux-mê-
,, mes n'oſeroient entrer dans les lieux où il eſt caché,
,, parce qu'ils diſent qu'il eſt aujourd'huy au pouvoir
,, des démons, ce qu'ils conjecturent ſur ce que tous

ceux qui font allez dans ces endroits, fon: morts: "
Il appellent ces lieux *Guacas*. Le Lecteur me pardonnera
cette petite digreflion, que je n'ay rapporté que pour
le defennuyer.

Ayant enfin tâché de defabufer les habitans d'*Arica* de
leurs anciennes erreurs, j'allai avec quelques-uns au
grand rocher. Nous nous préfentâmes à l'entrée avec
des flambeaux ; mais un grand vent qui veno t du fond
du rocher où il y a un ouverture qui communique à la
mer, les éteignit. Jugeant bien que la chofe arriveroit de
cette maniere, je m'étois précautionné, ayant fait porter
avec moy du feu & du bois, que nous allumâmes à l'entrée du rocher, perfuadé que la chaleur du feu abattroit
le vent ou la grande fraîcheur qui venoit du fond de l'abî-
me ; ce qui réüffit comme je me l'étois propofé. En effet,
ayant rallumé nos flambeaux, nous avançâmes jufques
au bord du précipice, & y jettâmes quelques pierres,
lefquelles nous firent connoître par le bruit de leur chûte,
qu'elles tomboient dans l'eau ; d'où nous conclumes qu'il
étoit tres-d.fficile de retirer les tréfors que les Indiens
y avoient jettez lors de leurs facrifices. Les habitans con-
nurent par cette expérience que les démons ne veilloient
nullement à la garde de ces tréfors, & fongeoient déja
à chercher des moyens pour retirer du fond de cet abî-
me quelques parties des richeffes qui y étoient enfevelies
depuis fi long-temps.

On voit au pied du rocher, dans la baffe mer, une
belle fource d'eau vive, où tous les Navires font leurs
provifions, laquelle la mer couvre lors qu'elle monte.

Les campagnes font peu cultivées à caufe des grandes chaleurs qui brûlent la furface des terres. On ne voit
de verdure qu'aux endroits où paffe la riviere ; on trouve
quantité de fruits dans des jardins fort agréables, & toutes fortes de plantes fecondes ; je vis auffi à trois cens
pas du Convent des Peres de Saint François une tres-
belle Sucrerie, auprès de laquelle il y avoit un champ
fort vafte, rempli de tres-belles cannes de fucre qu'on
arrofoit des eaux de la riviere.

XXIV. *May.*

Un de nos Officiers m'avertit qu'on devoit appareiller le lendemain, je me rendis à bord dès le matin, & je paffai le refte de la journée à deffiner la vûë de la Ville.

A. Le grand Rocher où les Indiens faifoient leurs facrifices.

B. La Paroiffe.

C. Le Convent des Peres de la Mercy.

D. Le Convent de S. François hors de la Ville.

E. Une Sucrerie.

F. L'endroit du rivage où eft la fource.

XXV. *May.*

Nous appareillâmes le matin avec les vents à la terre; depuis *Arica* jufques au cap appellé *Morro del diablo*, la côte court prefque Eft & Oueft. Le 25. nous trouvâmes les vents au Nord; & le foir ayant ceffez, ils laifferent la mer dans un grand calme. Le 26. au matin les vents fe rangerent au Sud; nous doublâmes la pointe du cap le plus avancé dans la mer au Sud de la rade d'*Ilo*. Auffi-tôt que nous l'eûmes doublé, nous retrouvâmes le calme; peu de temps après la brife fe mit, & elle nous pouffa au moüillage. D'abord qu'on eut moüillé, on commença de mettre le canot à la mer pour defcendre à terre; mais ceux qui s'embarquerent, trouverent les lames fi hautes & fi furieufes, qu'il leur fut impoffible d'aborder à terre; ainfi ils retournerent fur leurs pas fort mortifiez, s'imaginant que le temps étoit toûjours le même fur ces côtes.

I. *Juin.*

La groffe mer des jours précedens avoit calmé, les lames ne faifoient plus tant de bruit, quoy qu'il fift plus de vent que les jours paffez; ce qui nous furprenoit, n'en fçachant pas encore la caufe. L'envie que j'avois de

profiter

P. L. Feuillée Mathe. et Botan. Reg. delin.

Page 606
A
C
B
F
P. Giffart Sculp.

profiter du temps qui s'écouloit sans que je pûsse l'employer utilement, me fit passer des momens tout-à-fait ennuyeux; j'aurois souhaité être à terre pour travailler à l'Histoire naturelle, & observer le Ciel; ce que je ne pouvois faire dans le Vaisseau, où une mer furieusement agitée me retenoit malgré moy.

II. *Juin.*

Le matin le Capitaine ayant envoyé le canot à terre, je m'embarquai à tout hazard; nous abordâmes la côte entre deux rochers qui formoient une petite ance fort commode pour débarquer. Ces roches mettoient l'ance à couvert des vents du Sud & de la mer, qui viennent presque toûjours de ce côté-là. Nous descendîmes à terre sans courir beaucoup de risque; je cherchai aussi-tôt quelque lieu propre pour dresser une tente, dans laquelle je pûsse mettre mon horloge, sans être incommodée des vents de Sud, assez ordinaires dans ces regions; ce que j'avois le plus à observer par rapport à ma pendule, dont autrement le mouvement auroit pû être dérangé. Je trouvai à deux cens pas du rivage un grand rocher au milieu d'un tas de tombeaux; sa face du côté du Nord étoit plate, ayant à son pied une petite plate-forme; cet endroit me parut propre pour mon dessein. Satisfait du lieu que je venois de découvrir, je retournai à bord, & fis part de cette découverte au Capitaine, à qui les Sciences étoient redevables pour son zele à les perfectionner.

III. *Juin.*

D'abord que le jour parut, je fis embarquer par nos matelots une voile, mes instrumens, & tout ce qui étoit necessaire pour la construction de la tente. Avant midy elle fut achevée; je dressai au fond une planche qui s'appuyoit par derriere contre le rocher, & étoit arrêtée par devant & par les côtez avec de bons pieux, ensorte qu'elle ne pouvoit point remuer; je posai mon horloge sur cette planche, & la mis en mouvement le même jour,

HHhh

1710.
Juin.

je ménageai enfuite dans ma tente un endroit pour y dreffer un petit Autel, afin de celebrer la Sainte Meffe, que nôtre Capitaine & quelques Officiers venoient entendre regulierement tous les jours, leur cabane qui étoit conftruite de verdure, n'étant éloignée de la mienne que de vingt pas.

Peu de jours après qu'on fçut dans les terres qu'il étoit arrivé dans la rade d'*Ylo* un Navire Européan, les Marchands defcendirent des montagnes en foule, & nous vîmes ce defert devenir tout-à-coup une petite Ville. On ne voyoit de tous côtez que des pavillons que chaque Marchand dreffoit, où il faifoit fa demeure durant le temps qu'il étoit obligé de refter à *Ylo* pour faire fon commerce. Comme ils font obligez de traverfer de grands deferts, ils chargent fur des mules tout ce qui leur eft neceffaire à la vie ; mais ce que je remarquai de plus fingulier, c'eft qu'un feul homme conduifoit dans ces vaftes campagnes dix à douze mules chargées d'or & d'argent, fans appréhender les voleurs ; ce qui marque la fidelité & la bonne foy de ces peuples. Il arriva pendant nôtre fejour qu'un de ces conducteurs paffant par une agréable prairie, & continuant fa route fans penfer au nombre de fes mules, il en laiffa par mégarde une derriere luy, laquelle, ainfi que toutes les autres qu'il conduifoit, étoit chargée d'argent. Arrivant à *Ylo*, & déchargeant l'argent qu'on luy avoit confié, il trouva qu'il luy manquoit plus de deux cens livres de poids. Surpris de cette diminution, il compta fes charges, & trouva juftement qu'il luy manquoit une de fes mules ; il jugea d'abord qu'elle fe feroit arrêtée pour paître, il monta à cheval pour l'aller chercher ; & à peine eut-il fait environ trois lieües, qu'il rencontra des *Arrieros*, c'eft-à-dire des muletiers, qui ayant trouvé la mule qui paiffoit dans les campagnes, l'avoient prife à leur charge dans l'efperance de trouver fon maître à *Ylo*, & de la luy remettre en main : ce feul exemple prouve ce que j'ai avancé de la bonne foy des habitans de ces contrées.

OBSERVATIONS

ASTRONOMIQUES ET PHYSIQUES

Faites à Ylo, vallée dans le Royaume du Perou.

IV. *Juin.*

ON ne sçauroit s'assurer de la justesse d'une observation, si auparavant on n'étoit assuré de la justesse des instrumens dont on se sert pour observer. Comme toutes les Observations Astronomiques dépendent du quart de cercle, soit pour déterminer les hauteurs des Astres, soit pour regler le mouvement de l'horloge par des hauteurs correspondantes du Soleil, il est absolument necessaire avant que de commencer à observer, de verifier le quart de cercle; c'est ce que je fis ce jour-là. Je le trouvai dans le même état où il étoit lorsque je le mis dans la caisse à *Arica*, c'est-à-dire, qu'il donnoit encore deux minutes de trop, lesquelles j'eus soin d'ôter de toutes les observations suivantes des hauteurs que je pris pour déterminer les hauteurs meridiennes des Astres, & pour les hauteurs correspondantes qui servirent pour regler le mouvement de mon horloge & les bassesses de la mer.

1°. Toutes les observations suivantes furent faites devant l'entrée de ma tente, lieu d'où j'entendois battre ma pendule, & d'où je pouvois compter les vibrations necessaires pour déterminer immediatement le moment des observations. J'avois fiché en terre dans le même lieu quatre grandes pierres de niveau, desquelles la superficie étoit plate, sur lesquelles, dans mes observations je posai mon quart de cercle, afin qu'elles fussent faites toutes sur la même élevation de la surface de la mer dont j'attendois d'observer les bassesses; ce que je n'avois

HHhh ij

encore pû faire jufques alors, ne m'étant jamais rencontré en tout mon voyage dans des lieux d'où je pûſſe bien
voir à découvert l'horiſon de la mer.

2°. Les experiences du Barometre que je fus obligé
de faire chaque jour, n'ayant pas oſé le laiſſer en expérience, appréhendant que les étrangers que la curioſité
amenoit à ma tente, ne le rompiſſent, ſe firent preſque
tous les jours ſur les dix heures du matin, après toutes
les préparations requiſes & du côté du Tube & du côté
du Mercure.

3°. Je ſuſpendis l'inſtrument qui me ſervoit dans les
obſervations de l'Inclinaiſon de l'Aiman, & le laiſſai ainſi
ſuſpendu pour verifier ſi le changement de temps agiroit
ſur l'Aiguille aimantée : obſervations que j'avois faites
ailleurs, & dont je n'étois pas encore bien convaincu.

4°. Je marquai le long du pendule de mon horloge
le point où j'arrêtai le petit poids pour continuer la verification de la diminution de la longueur du pendule à
l'approche de la Ligne Equinoxiale.

NIVELLEMENT

*Qui ſervit pour trouver l'Elevation de mon Obſervatoire
au deſſus de la ſurface de la Mer.*

IL étoit abſolument neceſſaire de connoître préciſément
combien le lieu où je devois faire les obſervations des
Baſſeſſes de la mer, étoit élevé au deſſus de la ſurface
de cet élement, ſi je voulois tirer de ces obſervations
quelque connoiſſance des refractions qui arrivent ſur
l'horiſon de la mer.

La meſure qui me ſervit eſt la toiſe du grand Châtelet
de Paris, diviſée en 6. pieds, chaque pied en 12. poûces
& chaque poûce en 12. lignes. J'avois fait tracer ces di-
viſions ſur une regle de cuivre de la longueur de deux
pieds, avant que je partiſſe de Paris pour mon voyage
des Indes, laquelle me ſervit pour pluſieurs meſures.

Je plantai ſur le bord de la mer une des vergues du

Navire, à son extrémité d'en haut, je mis un monceau
de bois en Croix, sur lequel j'avois fait un petit trou
par où passoit un fil de laton fort délié, au bout duquel
j'avois attaché une bale de mousquet, qui tomboit directement dans la mer, lequel plomb j'arrêtai lors qu'il
toucha la superficie de l'eau. Je me servis de fil de laton
en cette occasion, parce que le poids de la bale ne pouvoit pas l'allonger comme il auroit fait un fil de pite ou
une soye ; & j'eus de cette maniere la veritable hauteur
du point de suspension à la surface de la mer où la bale
touchoit, de 20. pieds 2. poûces 6. lignes ou 2910. lignes.

Je pris ensuite de mon Observatoire les angles d'abaissement du point de suspension du fil de laton, & celuy
de la bale avec mon quart de cercle.

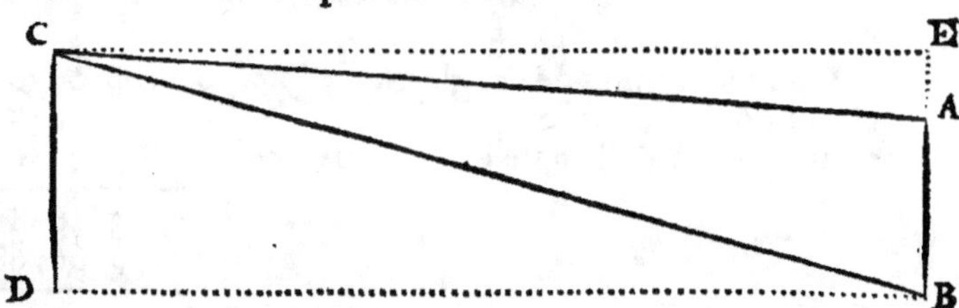

Je trouvai l'angle d'abaissement de la bale, représen é
dans cette figure par ECB, de 4^d $1'$ $0''$

Et l'angle d'abaissement du point de suspension représenté dans la même figure
par ECA, de 1^d $21'$ $0''$

Je retranchai de l'angle d'abaissement de
la bale, l'angle du point de suspension, &
il resta pour la différence de ces deux angles,
l'angle ACB, de 2^d $40'$ $0''$

Or pour connoître le côté BE du triangle ECB égal
au côté DC du triangle BDC hauteur de la surface de
la mer au centre du quart de cercle, il falloit auparavant
connoître le côté CA du triangle BCA, ce qu'on trouva
de la maniere qui s'ensuit :

ANALYSE

du Triangle Obliquangle A B C.

ANgle obtus au point de fufpenfion
A. 91^d 21′ 0″

Angle aigu du point où la bale touche la
furface de la mer B.   85. 59. 0.

Donc angle au centre du quart de cercle
C.   2. 40. 0.

ANALOGIE

pour le côté C A.

Comme le Sinus de l'angle C. 2^d 40′ 0″ l. 8. 66768.
eft au côté A B 2910.   l. 3. 46389.
ainfi le Sinus de l'angle B 85^d 59′ 0″ l. 9. 99893.

                                                13. 46282.
                                                 8. 66768.

à
                                                 4. 79514.

qui eft le Logarithme du côté AC du triangle ABC.

On ne donne pas l'Analyfe du grand côté BC, parce
qu'elle eft inutile.

ANALYSE

du Triangle Rectangle C E A.

LOgarithme de l'hypoteneufe trouvé par
l'Analyfe du Triangle Obliquangle,   4. 79514.
Angle au centre du quart de cercle C. 1^d 21′ 0″

ANALOGIE

pour le côté A E.

Comme le Sinus total,	l. 10. 00000
eſt au côté C A,	l. 4. 79514
ainſi le Sinus de l'angle C. 1ᵈ 21′ 0″	l. 8. 37217
	13. 16731.

Le Sinus total étant retranché, on a le Logarithme du côté A E qui eſt de 1470. lignes ; ce qu'il falloit trouver.

Ajoûtant donc les 1470. l. avec la longueur du fil de laton depuis ſon point de ſuſpenſion juſques à l'extrémité de la bale qui avoit été trouvée de 2910. lignes on eut 4362. lignes ou 30. pieds 3. poûces 6. lignes pour toute la ligne E B égale à D C, hauteur de l'Obſervatoire ſur la ſurface de la mer.

Comme cette recherche demandoit une grande préciſion ; après que j'eus trouvé la hauteur du point C. ſur la ſurface de la mer par des angles d'abaiſſement, je cherchai par le niveau la même hauteur, c'eſt-à-dire la ligne E B.

Pour trouver plus préciſément cette hauteur, je pris ſur le penchant de l'élevation du lieu où j'obſervai, depuis le centre de mon quart de cercle cinq ſtations differentes ; je trouvai dans la premiere ſtation que le centre du quart de cercle étoit élevé ſur ſon niveau de 874. lignes, je trouvai dans la ſeconde ſtation qu'elle baiſſoit au deſſous de la premiere de 871. ligne, que la troſiéme baiſſoit au deſſous de la ſeconde de 868. que la quatriéme baiſſoit au deſſous de la troiſiéme de 872. & qu'enfin la derniere qui touchoit la ſuperficie de la mer, qui n'avoit ni augmenté ni diminué depuis que j'avois pris les angles d'abaiſſement par le quart de cercle, étoit plus baſſe que la quatriéme de 881.

J'eus donc après le Nivellement de ces cinq ſtations 874+871+868+872+881 ou 4366. lignes, leſquelles reduites en pieds, donnerent 30. pieds 3. poûces 10. lignes, je trouvai par ce Nivellement que la hauteur du point C, centre de l'inſtrument, étoit plus grande de 4. lignes que celle que j'avois trouvée par les angles d'abaiſſement. Cette petite difference que je croyois beaucoup plus grande, me ſurprit; cependant, ne ſçachant ſi c'étoit le quart de cercle ou le Nivellement qui auroit contribué à cette erreur, je pris un milieu entre les deux hauteurs trouvées, qui fut de 4364. lignes.

En prenant les angles d'abaiſſement avec le quart de cercle, je n'eus aucun égard aux refractions. Comme les deux points étoient aſſez près l'un de l'autre, je crus que le rayon viſuel paſſant par l'un & par l'autre point, ne pouvoit pas s'approcher ſenſiblement de la terre, plus dans le premier que dans le ſecond.

v. Juin.

Je commençai à faire quelques obſervations; le matin le vent d'Eſt chaſſa les nuages qui nous avoient caché le Ciel toute la nuit précedente.

A 9. heures l'horiſon de la mer étant fort clair, & me paroiſſant bien terminé, j'obſervai de l'entrée de ma tente, lieu que j'avois deſtiné pour toutes mes obſervations, la baſſeſſe de l'horiſon de la mer au deſſous du niveau de ce même lieu où j'avois établi mon Obſervatoire, de   o^d 5′. 15‴

A dix heures les vents ſe rangerent à l'Oueſt; par l'experience que je fis du Barometre, je trouvai le mercure ſuſpendu dans le tube à la hauteur de 28. poûc. 1. lig. ½.

Hauteurs

*Hauteurs correspondantes du bord superieur du Soleil.
pour verifier l'Horloge.*

heures du matin.	hauteurs.	heures du soir.
10ʰ 29' 34.	41ᵈ 9' 30"	2ʰ 20' 44"

Par cette hauteur l'horloge marquoit à midy 12ʰ 25' 9".

Cette hauteur fut douteuse ; des broüillards nous cachant le Soleil le soir, je ne vis son bord que confusément ; cependant comme j'avois besoin de sçavoir l'état de mon horloge , je ne laissai pas de marquer l'heure de midy que les correspondances m'avoient donnée.

A midy j'observai la hauteur apparente du bord superieur du Soleil de   50ᵈ 7' 30"

Dans cette observation des broüillards répandus sur toute la partie septentrionale du globe de la terre , m'empêcherent de determiner exactement la hauteur du bord du Soleil observé ; cependant comme j'avois vû depuis mon arrivée , que le Ciel avoit été toûjours caché , craignant que la même chose n'arrivât pendant que nous sejournerions à *Tlo*, & que je n'eusse pas une occasion plus favorable , je profitai de celle-cy , esperant que je pourrois rectifier mon observation , si le Seigneur nous donnoit quelque belle journée dans la suite.

Je calculai pour l'heure de midy le lieu du Soleil dans le Zodiaque , je le trouvai en   14ᵈ 27' 21" des ♊.

Sa declinaison dans le même endroit fut de	22.	34.	33.
Hauteur meridienne apparente du bord superieur du Soleil,	50.	7.	30.
Quart de Cercle,		2.	0.
Premiere Correction ,	50.	5.	30.
Excès de la refraction sur la Parallaxe,			43.
Hauteur corrigée,	50.	4.	47.
Demi Diametre du Soleil,		15.	51.
Hauteur du Centre,	49.	48.	56.
Declinaison septentrionale ,	22	34	33.
Hauteur de l'Equinoxial,	72.	23.	29.

Donc la hauteur du Pole d'*Ylo* fut par
cette obſervation de   17ᵈ 36′ 31″

A midy j'avois obſervée l'inclinaiſon de
l'Aiguille aimantée par l'inſtrument que j'a-
vois mis en expérience, de   27. 30. 0.

A deux heures après midy la baſſeſſe de la
mer ne fut obſervée que de   0. 4. 50.

Le ſoir du même jour j'obſervai le coucher
du centre du Soleil à   5ʰ 32′ 20″.

Ces obſervations me parurent tres-difficiles dans leur
détermination. Lorſque le Soleil s'approche de l'horiſon
de la mer, ſon diametre s'allonge, & ſon bord ſemble le
toucher lors qu'il eſt encore au deſſus. Cette apparence
trompe l'œil de l'Obſervateur, & l'empêche de déterminer exactement le vray temps de cet attouchement. Il
arrive encore aſſez ſouvent que lors qu'il ſe trouve quelques vapeurs ſur l'horiſon, & que le Soleil paroît ſe
plonger dans la mer, il ſe fait de part & d'autre un re-
foulement de lumiere ſur la mer, qui fait paroître ſes
bords dechirez, & alors on ne peut pas encore obſerver
le moment que le bord phyſique touche l'horiſon; je ne
laiſſai pourtant pas, au milieu de toutes ces difficultez,
d'obſerver le coucher du Soleil, lorſque le temps me
le permettoit.

Après que j'eus donc obſervé le coucher
du centre du Soleil, je cherchai par le calcul
ſon vray lieu dans le Zodiaque, je le trouvai
en   14ᵈ 40′ 35″
des ♊.

La hauteur du Pole & la declinaiſon du Soleil étant
données, il me reſtoit à chercher par le calcul l'heure de
ſon coucher.

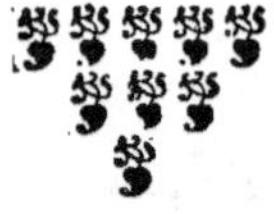

RECHERCHE

Du Complement de l'Arc seminocturne.

ANALOGIE.

Comme le Sinus total est à la tangente de la declinaison du Soleil,   22ᵈ 36′ 4″ l. 9. 6194041.
Ainsi la tangente de l'élevation
du Pole,   17. 35. 59. l. 9. 5013587.

Au Sinus du Complement de
l'Arc seminocturne,   7. 35. 19. l. 9. 1207628.
Retranchant cet Arc trouvé de   90ᵈ
il resta pour l'Arc semidiurne,   82ᵈ 14′ 41″
qui étant convertis en degrez, minutes &
secondes, on eut le temps du coucher du
Soleil ce jour-là à   5ʰ 29ⁱ 40″
Otant donc ce temps de celuy du coucher
observé du Soleil,   5. 32. 28.

Il resta pour la difference entre le vray coucher
du Soleil & l'apparent,   0. 2. 40.
    Le soir du même jour 5. le Ciel ayant paru clair du
côté du Nord, j'observai la hauteur meridienne apparente de l'Etoile qui est à la queüe de la grande
Ourse, de   21ᵈ 40′ 10″
Quart de Cercle,   2. 0.
Premiere Correction,   21. 38. 10.
Refraction,   2. 28.
Hauteur corrigée,   21. 35. 42.
Declinaison septentrionale,   50. 47. 59.
Hauteur de l'Equateur,   72. 23. 41.

Donc la hauteur du Pole d'*Ylo.*   17. 36. 19.
    Le même soir hauteur meridienne apparente d'*Arcturus*,   51ᵈ 44′ 10″
Quart de Cercle,   2. 0.

1710.	Premiere Correction ,	51. 42. 10.
Juin.	Refraction ,	48.
	Hauteur corrigée ,	51. 41. 22.
	Declinaison septentrionale,	20. 42. 10.
	Hauteur de l'Équateur,	42. 23. 32.

Donc la hauteur du Pole d'*Ylo* , 　　17. 36. 28.

VI. *Juin.*

Une brume épaisse nous cacha le Soleil à son Orient.
Le matin le vent se leva au Sud-Est ½ Sud , & la chassa
Le Barometre monta à la hauteur de 　　27ᵖ 1ˡ 0ˡ.

Hauteurs correspondantes du bord superieur du Soleil
pour verifier l'Horloge.

Heures du matin.	hauteurs.	heures du soir.
10ʰ 22′ 29″	40ᵈ 11′ 30″	2ʰ 25′ 53″
29. 31.	41. 11. 30.	18. 44.
36. 31.	42. 9. 30.	11. 50.

Par la premiere & derniere correspondance
　l'horloge marquoit à midy , 　　12ʰ 24′ 11″
& par la seconde à 　　12. 24. 8.½
Prenant un milieu on eut midy à 　　12. 24. 9.½
Le 5. on eut midy à 　　12. 25. 9.

Donc l'horloge retardoit en 24. heures sur
　le vray temps de 　　0. 1. 0.
Pour être au temps moyen elle devoit avan-
　cer de 　　11,
Donc elle retardoit sur le temps moyen de 　　1. 11,
J'observai le temps que le diametre du Soleil
　fut à passer par le Meridien de 　　0ʰ 2′ 18″
D'où je calcuai le diametre du Soleil que
　je trouvai de 　　0ᵈ 31′ 49″
J'observai la hauteur meridienne apparente
　du bord superieur du Soleil de 　　50. 1. 20.

D'où je conclus la hauteur de l'Equateur de   72. 23. 43.

& la hauteur du Pole de   17. 36. 17.

A deux heures après midy que j'eus pris les correspondances des hauteurs du Soleil, j'observai la baffesse de la mer au deffous du niveau de mon Observatoire,
de   0ᵈ 4' 0"

Depuis le jour précedent la mer augmenta fensiblement, fes lames fort élevées venant échoüer à terre, faifoient un fi grand bruit en tombant les unes fur les autres, que toute la vallée en retentiffoit, les vents qui étoient fort foibles ne pouvoient pas élever ainfi la mer; ce mouvement avoit befoin de plufieurs obfervations pour en découvrir la caufe, ce que je tâchai de faire pendant mon féjour.

vii. Juin.

Le vent de Sud-Sud-Eft qui fouffloit depuis le foir du jour précedent augmenta. Les gens des Navires qui fe trouverent à terre, n'oferent plus retourner à bord, ni ceux des Vaiffeaux venir à terre; la mer étoit devenuë affreufe, & fa furface étoit couverte d'une efpece d'écume d'un blanc fale qu'elle apportoit de loin.

J'obfervai la hauteur du Barometre de   28ᵖ 11 0"
& la baffeffe de la mer à la même heure de   0ᵈ 4' 0"
J'obfervai le temps du paffage du diametre
du Soleil par le Meridien, de   0ʰ 2' 18"½.
& la hauteur meridienne apparente de fon
bord fuperieur, de   49ᵈ 55' 0"
d'où je conclus la hauteur de l'Equateur de 72. 23. 26.

& la hauteur du Pole de   17. 36. 34.

viii. Juin.

Le vent de Sud-Sud-Eft diminua; la mer continua dans cette grande agitation. Des nuages épais nous cacherent le Ciel & l'horifon de la mer, & je ne pûs faire ce jour-là d'autre obfervation que celle de la hauteur du Barometre, qui fut trouvée de   28ᵖ 0 0"

Le lendemain 9. commença à terre par un grand calme qui ne regnoit que dans l'air, la mer étoit encore devenuë plus affreufe que les jours paffez.

J'élevai d'une ligne & demie le petit poids le long de la verge ou du pendule de l'horloge pour accelerer fon mouvement, & pour tâcher de le reduire au temps moyen.

La hauteur du Barometre fut de 28^p 0^l $\frac{1}{2}$.

Après l'expérience du Barometre, le Ciel étant ouvert & fans aucun vent, j'obfervai la baffeffe de la mer de 0^d $4'$ $30''$.

Elle fut encore obfervée à midy la même, le Soleil paroiffoit alors affez beau.

J'obfervai le temps du paffage de fon diametre par le Meridien de 0^h $2'$ $18''\frac{1}{2}$.

& la hauteur meridienne apparente de fon bord fuperieur de 49^d $44'$ $30''$

D'où je conclus la hauteur de l'Equateur de $72.\ 23.\ 46.$

& la hauteur du Pole de $17.\ 36.\ 14.$

Le même jour j'obfervai l'Inclinaifon de l'A man avec la bouffole que j'avois fait faire à ce deffein, de 3^d $45'$ $0''$

REMARQUES

Sur l'Inclinaifon de l'Aiguille aimantée.

J'Ay parlé ailleurs de la conftruction de l'Inftrument dont je me fervis dans les obfervations de l'Inclinaifon de l'Aman, different de celuy que j'avois fait faire avant mon départ de l'Europe.

Ce jour-là je fis quelques remarques fur les differentes Inclinaifons de l'Aiguille aimantée, qui meritoient qu'on y fift attention.

Ayant pofé l'inftrument parallele au Meridien, je trouvai que l'Aiguille aimantée donnoit les Inclinaifons

moindres que lorsque je posai le même instrument parallele au Meridien magnetique.

Cette difference dans ces deux positions dans un
temps calme me persuada que la matiere magnetique,
composée de petits corps imperceptibles, suivoit la direction generale que la nature luy a imprimée ; & que
comme cette direction generale de petits corps de cette
matiere se fait au-delà des Poles du monde, & toûjours
selon le Meridien magnetique, il falloit necessairement
que l'Inclinaison suivît les mêmes regles, & que la force
directive de ces corpuscules soit plus agissante sous le
Meridien magnetique que sous tous les autres Meridiens
du monde, comme elle l'est en effet ; ce qu'on observe
en éloignant le plan de l'instrument du parallele du Meridien magnetique, les inclinaisons diminuant alors selon
une proportion duë à cet éloignement. J'avois déja fait
ailleurs quelques Remarques sur les Inclinaisons, comme on a vû cy-dessus.

Ce jour-là j'observai l'Inclinaison toûjours
du côté du Sud de $27^d\ 45'\ 0''$

Au Soleil couchant, observant la basseße de la mer,
je ne trouvai aucune difference de celles que j'avois déja
observées le matin, & à midy ; la basseße de la
mer fut encore de $0^d\ 4'\ 30''$

x. *Juin.*

Nous reßentîmes la nuit un froid qui nous obligea de
nous couvrir beaucoup ; ce qui paroîtroit incroyable à
nos ancêtres, s'ils vivoient aujourd huy, s'étant toûjours
imaginez que les grandes chaleurs rendoient la Zone
Torride inhabitable, & que ces climats toûjours brûlans
ôtoient aux hommes la liberté de respirer. Le Soleil se
fit voir dès son lever, & l'impulsion de sa lumiere dißi-
sipa si précipitamment ces petits corps froids, qu'il n'é-
toit pas à six degrez d'élevation sur l'horison, que la
chaleur fut si grande, qu'elle nous obligea de sortir de
nôtre tente, & d'aller ailleurs chercher du frais. Ces
deux extrémitez de chaud & de froid paroîtroient aßez

surprenantes à ceux qui ignoreroient que la lumiere qui se répand en un inftant par tout l'univers, eft un tiffu de ces femences dont la nature s'eft fervie pour la compofition de ce bel Aftre.

Les vents fe rangerent au Sud-Sud-Oueft.

La hauteur du Barometre fut obfervée de   28ᵖ 0ˡ ¾.
Et la baffeffe de la mer à la même heure de   0ᵈ 5ᵗ 0″

Le jour précedent j'avois arrêté l'horloge pour élever le petit poids qui étoit le long de la verge, ce qui m'obligea de prendre des hauteurs correfpondantes pour en connoître l'état.

Hauteurs correfpondantes du bord fuperieur du Soleil
pour verifier l'Horloge.

heures du matin.	hauteurs.	heures du foir.
10ʰ 12′ 23″	39ᵈ 21ᵇ 30″	2ʰ 23′ 37‴
19. 11.	40. 20. 0·	16. 48.
27. 44.	41. 31. 0.	8. 14.

Par la premiere correfpondance l'horloge
marquoit à midy,   12ʰ 18ˡ 0‴
& par la feconde & derniere,   12. 17. 59.
J'obfervai le diametre du Soleil à fon paffage
par le Meridien, de   0ᵈ 2′ 18‴
Je trouvai par le calcul que fon diametre obfervé, reduit en degrez & minutes d'un
grand Cercle, devoit être de   0ᵈ 31′ 45″
La hauteur meridienne apparente du bord
fuperieur du Soleil fut obfervée de   49ᵈ 39′ 45″
d'où je calculai la hauteur de l'Equateur de 72. 23. 53.

& la hauteur du Pole de   17. 36. 7.
A midy la baffeffe de la mer fut obfervée de   0ᵈ 5′ 0″
& l'inclinaifon de l'Aiguille aimantée de 27. 35. 0.
A trois heures du foir, quoique le temps
parut le même qu'il avoit été, je trouvai
du changement en obfervant la baffeffe de
la mer, elle ne fut que de   0. 4. 0.

Cette

Cette difference pouvoit provenir de la lumiere du Soleil, il avoit passé au-delà de nôtre Meridien, étant à nôtre Occident; il éclairoit déja une partie de l'autre hemisphere; & les reflexions des petits corps lumineux, tombant sur la surface de la mer au-delà de nôtre horison, nous le représentoient en l'élevant plus loin que je ne l'avois vû au matin & à midy, & par consequent l'angle sous lequel cet horison paroissoit, devoit être plus retréci.

XI. *Juin.*

Les vents se tirerent au Sud-Sud-Est, ils tempererent les grandes chaleurs que nous ne ressentions que dans le temps que le Soleil éclairoit nôtre hemisphere. La mer qui avoit été en furie les jours passez, même sans vent, ce qui nous avoit étonné, commença à calmer, & ses lames poussées avec tant de violence sur les côtes par l'impulsion des agens pour lors inconnus, diminuerent leurs grandes chûtes.

J'observai par un temps couvert la hauteur du Barometre de   27. p. 11. l. $\frac{1}{2}$.
& la bassesse de la mer de   0ᵈ 4' 50"

DESCRIPTION

D'une Chauve-Souris de la Vallée d'Ylo.

LE matin, en me levant, j'apperçus dans nôtre tente une Chauve-Souris. Comme je m'étois proposé de mettre tout à profit dans mon voyage, je pris cet animal, tout hideux qu'il étoit, & j'en fis la description.

Elle a le corps presque aussi gros qu'un rat, d'une grosseur moyenne; son poil est fort raz, sa couleur est d'un gris de fer, excepté une grande raye qui regne le long de l'épine du dos, laquelle est d'une couleur blanchâtre. La tête de cette Chauve-Souris est semblable à celle d'un petit dogue d'Angleterre; ses yeux sont noirs & fort petits; ses oreilles grandes, nuës, pointuës & droites, ainsi que celles des renards.

KKkk

Ses dents font extrémement pointuës, les deux inferieures s'enchaffent entre les deux fuperieures ; & dans cette
efpece de vuide qui fe trouve entre les deux dents inferieures & fuperieures, il y en a deux autres petites jointes
enfemble. Les dents molaires font taillées en forme de
fcie, & difpofées de telle maniere, que la pointe des
inferieures s'enchaffe entre les fuperieures, & les fuperieures entre les inferieures, elles font continuées depuis
les canines jufques à la jointure des mâchoires. La langue de cet animal eft groffe & épaiffe ; fon palais depuis
la mâchoire fuperieure jufques à l'inferieure eft tout fil-
loné par de petites foffes ou de petits enfoncemens paralleles entre eux.

Ses aîles font compofées d'une membrane fort déliée,
comme celle des chauves-fouris de l'Europe, leur couleur eft d'un gris de fer femblable à celle de tout leur
corps. Leur longueur d'une extrémité à l'autre eft de
deux pieds trois poûces, foûtenuës partie par les bras,
& partie par les jambes. Chaque bras a quatre poûces
& demy de longueur, l'*Ulna* a trois fois la longueur de
l'*Humerus*. Les mains font divifées en cinq doigts, de
differente longueur ; le *Pollex* eft extrémement court &
armé d'un ongle fort pointu ; le *Medius* a fix poûces &
demy de longueur ; l'*Annulaire* quatre & un tiers, & les
deux autres trois & un quart ; chacun defquels eft divifé
en trois *Phalanges*, excepté l'*Index* & le *Pollex*.

Les cuiffes & les jambes enfemble n'ont que deux poûces & fept lignes de longueur ; les pieds font divifez en
cinq doigts prefque égaux, leur longueur eft de fix lignes ; ils font applatis en dedans & par les côtez, larges vers leur extrémité, & armez d'ongles crochus. &
fort pointus, femblables aux pieds des chats.

La quëüe a quatorze lignes de longueur, elle eft toute
enfoncée dans une membrane, femblable à celle des aîles,
elle eft étenduë d'un pied à l'autre, & foûtenuë par deux
longs argots cartilagineux, compris dans la fubftance de
la membrane.

Le 12. le Ciel fut couvert tout le jour, nous n'eûmes
aucun vent, & j'obfervai la baffeffe de la mer de   o^d 5′ 15″.

La privation de la lumiere nous approchoit l'horison, & par conséquent, selon les regles de l'Optique, fondées sur la 21. *Prop. du 1. liv. d'Euclide*, il falloit le voir sous un plus grand angle.

Je dessinai le même jour quelques plantes dont je parlerai à la fin de mon Journal.

XIII. *Juin.*

Hauteurs correspondantes du bord superieur du Soleil pour vérifier l'Horloge.

heures du matin.	hauteurs.	heures du soir.
10^k 4′ 54″	38^d 22′ 0″	2^h 27′ 17″
10. 16.	39. 10. 0.	21. 54.
15. 24.	39. 55. 0.	16. 47.

Par la premiere correspondance l'horloge
marquoit à midy,   12^h 16′ 4″
& par la seconde & troisiéme à   12. 16. 5.
Le 10. on eut midy à   12. 17. 59.
Donc l'horloge retardoit en trois jours de   1. 54.
Pour être au temps moyen elle devoit avancer de   37.
Donc l'horloge retardoit en trois jours sur le
temps moyen de   2. 31.

Le matin les vents commencerent à souffler à l'Ouest-Sud-Ouest; la hauteur du Barometre fut de 28. pouces 6 lignes une demie.

& sur les dix heures la bassesse de la mer fut
de   0^d 5′ 0″
J'observai à midy la hauteur apparente du bord
superieur du Soleil de   49. 27. 45.
D'où je conclus la hauteur de l'Equateur de   72. 23. 56.

& la hauteur du Pole de   17. 36. 4.

XIV. *Juin.*

Le vent se rangea au Sud-Ouest ; le Ciel avoit demeuré découvert presque toute la nuit précedente, ce que nous admirâmes comme une chose extraordinaire ; car depuis mon arrivée je n'avois vû qu'une fois quelques étoiles, encore tres-peu de temps.

J'observai la hauteur du Barometre de 27. poûces 11. lignes deux tiers.

& à la même heure la bassesse de la mer de 0ᵈ 5′ 10″
A midy le Ciel s'étant éclairci, j'observai
la hauteur apparente du bord superieur
du Soleil de   49. 24. 30.
D'où je calculai la hauteur de l'Equateur
de   72. 23. 55.

Et la hauteur du Pole de   17. 36. 5.

Je dessinai le même jour deux oiseaux, & les représentai ensuite au naturel dans le volume des oiseaux de tout ce nouveau continent ; l'un de ces oiseaux est appellé par les Espagnols *Garsa*, & l'autre est une hirondelle tres-singuliere.

XVI. *Juin.*

Le matin ayant vû que le temps ne seroit nullement propre pour observer ; après que j'eus celebré la sainte Messe, j'allai à la montagne la plus voisine, dont le pied est à deux lieües & demy. Je laissai pour garder ma tente & mes instrumens un canonier, que le Capitaine qui avoit un grand soin de tout ce qui me concernoit, & qui étoit fort zelé pour les Sciences, m'avoit donné pour demeurer avec moy. Je pris avec moy un jeune homme qui avoit soin de toutes mes affaires, qui étoit fort intelligent dans la navigation, & auquel j'avois appris l'Astronomie, qui ne me quittoit jamais, & que je laissai avec regret dans le Royaume de Chily, lorsque je retournai en Europe, m'ayant supplié de luy permettre de reſter dans ce Royaume , où il eſperoit faire une meilleure fortune que dans la France. Etant donc éloigné d'une demy lieüe de ma tente, je me trouvai dans une vaſte plaine rempl'e de tombeaux, creuſez dans la terre , ſemblables aux ſepulchres, au milieu deſquels ma tente étoit dreſſée ; cependant ceux-cy étoient beaucoup plus entiers. Ma curioſité me porta à voir leur conſtruction. J'entrai dans un par un eſcalier de deux marches, & remarquai qu'il étoit en quarré long, environ de ſept pieds ; ſa hauteur & ſa largeur étoient de quatre pieds chacune. Il étoit bâti de pierres, ſans chaux & ſans ſable, couvert de roſeaux, ſur leſque's on avoit mis de la terre ; ſon entrée étoit tournée vers l'Orient, & les deux morts que j'y trouvai encore dans leur entier, étoient aſſis au fond du tombeau, tournant leur face vers l'entrée. Cette ſeule attitude me marqua que ces peuples adoroient le Soleil, & que ces morts étoient enſevelis devant la conquête du Perou par les Eſpagnols, puiſque le Soleil n'avoit été adoré dans ce vaſte Empire que depuis le gouvernement des *Incas* , au rapport de *Garcillaſſo de la Vega.* Ce Gouvernement prit ſon origine de l'*Inca Manca Capac* , premier Fondateur de la Monarchie des *Incas*, Rois du *Perou* , qui regnerent environ cinq cens ans , & elle ne fut détruite qu'à la mort de l'*Inca Atabalipa* , dont j'ai parlé cy-deſſus. Devant le regne des Yncas, que les Indiens ont appellé le prem'er Age, ces peuples adoroient des Dieux à leur mode, ils les choiſiſſoient conformes à leur cupidité ; les uns a'orant des animaux, les autres des plantes, & d'autres des pierres : enfin chacun avoit ſon Dieu particulier, & s'imaginoit qu'il n'y avoit que le Dieu ſeul auquel il ſe voüoit qui pût le ſecourir dans ſes beſoins. Après cela il n'eſt pas ſurprenant que des peuples qui avoient toûjours vécu dans une ſi grande ignorance, fuſſent tombez dans cette ſuperſtition , puiſque les Romains & les Grecs qui ſe piquoient ſi fort d'eſprit, avoient parmy eux, au temps le plus floriſſant de leur Empire, juſques à tren e m lle Dieux. Les ſacrifices des Indiens dans ce premier Age ne conſiſtoient pas ſeulement en des animaux & en des

plantes , ils facrifioient encore des hommes de tout âge
& de tout fexe , les ouvrant tout vivans par le milieu de
l'eftomach , d'où le Sacrificateur leur arrachoit inhumai-
nement le cœur & les poumons , enfanglantant enfuite
l'idole du fang de ces victimes. Le facrifice achevé , les
affiftans fe raffafioient de la chair de ces victimes, & les
femmes qui allaitoient leurs enfans , fe frotoient les mam-
melles du fang de ces infortunez patiens , afin de les
leur faire fucer , n'étant pas encore affez forts pour manger leur chair. Ces facrifices abominables fe pratiquent
encore aujourd'huy dans une grande partie des Indes ,
où les *Incas* ne purent pas étendre leur domination , &
où les Efpagnols n'ont encore pû entrer. Ils furent enfin
abolis dans le *Perou* par l'*Inca Manca Capac*, que les Indiens crurent fils du Soleil , comme cet *Inca* le leur fit
accroire , les obligeant dans les Loix qu'il leur donna ,
d'adorer cet Aftre comme le fouverain createur de l'univers , après leur avoir remontré les obligations qu'ils
avoient au Soleil , fon pere , dans la productions de toutes les chofes neceffaires à leur vie. Ce fut pour lors
que cet Aftre commença à être adoré dans le Perou, &
ce culte profane ne fut profcrit de ce vafte Empire qu'a-
près que les Efpagnols l'eurent conquis.

Mais je reviens aux tombeaux des Indiens, & n'ai fait
cette petite digreffion que pour marquer le temps auquel les *Peruviens* commencerent à adorer le Soleil. Les
deux morts que je trouvai au fond du fepulchre , lefquels étoient le mary & la femme , avoient encore leurs
cheveux nattez à la façon de ces peuples, leurs habits
d'une groffe étofe d'un minime clair n'avoient perdu
que leur poil , la corde paroiffoit , & marquoit que la
laine dont les Indiens fe fervoient étoit extrémement
fine. Ces morts avoient fur leur tête une calotte de la
même étofe , laquelle étoit encore toute entiere; ils
avoient auffi un petit fac pendu au col , dans lequel je
trouvai des feüilles de *Cuca*, appellée aujourd'huy par
les Efpagnols *Coca*. Le *Cuca* eft un arbriffeau femblable
à nos vignes ; il a peu de branches , mais beaucoup de
feüilles. Je deffinai dans mon Hiftoire des plantes & des

arbres du *Perou* une branche de cet arbrisseau, qui me
fut donnée par un Apoticaire, lorsque j'étois à *Lima*.
Comme je dois en parler amplement à la fin de mon
Journal, dans lequel j'espere donner le dessein & l'Histoire de quelques plantes de ce nouveau continent, je
ne m'arrêterai pas icy à décrire l'usage que font encore
aujourd'huy les Indiens, & même les Espagnols de cette
plante ; ce qui fait même voir l'estime qu'on en fait,
c'est que tous ces peuples préferent cet arbrisseau à l'or,
à l'argent & aux pierres précieuses : au reste ces corps
morts revêtus de leurs habits, n'étoient plus que des
squeletes couverts d'une péau tannée. Je trouvai à leurs
pieds un grand vase de terre & deux ou trois petits
pots, dont le premier, à ce qu'il me parut, servoit à
mettre leur provision d'eau, & les autres à faire leur cuisine. Après avoir remarqué ce que je viens de rapporter,
je sortis de ce tombeau, & continuai mon chemin vers
la montagne, où j'esperois trouver des choses bien plus
rares.

A l'extrémité de cette plaine, que l'on pourroit appeller un Cimetiere, je rencontrai une falaisse assez es-
carpée, du haut de laquelle je découvris une grande
plaine, qui s'étendoit jusques au pied des montagnes,
je la trouvai toute brûlée, & remarquai que les ardeurs
du Soleil avoient formé sur ces terres une espece de
croute. En traversant cette plaine je ne vis aucune plante
ni aucun animal de terre ni de l'air ; je n'en fus pas surpris ; car ni les uns ni les autres ne sçauroient vivre dans
ces climats. J'arrivai au pied des montagnes où s'étendoit un grand vallon rempli de grosses pierres que les
eaux y avoient roulées, separant deux montagnes. Quoique la vallée fût dans ce temps-là fort séche, dans la
suite j'appris des Marchands qui étoient originaires des
montagnes, que dans la fonte des neiges & dans la saison
des pluyes, il sortoit de cette vallée une si grande abon-
dance d'eaux, qu'elles inondoient toutes les campagnes
voisines. M'étant assis sur un rocher pour me reposer
dans cette vallée, je trouvai au pied une plante fort
singuliere ; elle avoit pris naissance dans un sable en-

tierement fec, & j'attribuai fon agréable verdure à quelque humidité qui pouvoit fe trouver au deffous du rocher,
la folidité de la pierre empêchant les rayons ardens du
Soleil de penetrer jufques à fa baze. On verra le deffein
de cette plante à la fin de mon Journal, dans l'Hiftoire
que je donne des plantes les plus fingulieres que je trouvai dans les Royaumes du *Perou* & de *Chily*.

Après m'être repofé quelques momens, je montai la
montagne extrémement rapide ; après avoir marché environ trois quarts d'heure, j'arrivai dans un pays uni,
où je trouvai une infinité de plantes & de fleurs qui ne
faifoient que d'éclore, qui n'avoient pas encore été en-
dommagées par les beftiaux qui étoient fur le fommet,
& lefquels épouvantez par la couleur de mon habit,
me laifferent bien-tôt le champ libre. Leur fuite me raf-
fura ; je craignois affez que ces animaux miffent obfta-
cle à ma curiofité ; mais mes efperances eurent un fuccés
entierement favorable. Outre les animaux de terre, qui
confiftoient en des vaches, des taureaux & des mules,
je vis encore des oifeaux de differentes efpeces ; je fus
affez heureux pour en tuer deux, que je deffinai le lendemain au naturel dans mon Hiftoire des animaux. J'ef-
perois en avoir plufieurs autres ; mais ces animaux peu
accoûtumez à voir des hommes femblables à moy, en
furent fi épouvantez, qu'ils pafferent tous derriere la
montagne, enforte que je les perdis de vûë. Je m'apperçus que le Soleil alloit terminer fa courfe, que le peu
de temps qui reftoit encore avant qu'il fe plongeât dans
les eaux, ne me fuffiroit peut-être pas pour arriver à
ma tente ; c'eft pourquoy je defcendis précipitamment,
chargé des plantes les plus curieufes que je trouvai au haut
de cette montagne, lefquelles je deffinai les jours fuivans.

Je remarquai que les terres des montagnes font entierement differentes des terres des plaines ; celles-cy
font d'un fable brûlé, & celles des montagnes font noires, convenables à la nourriture des plantes ; les broüillards qui les couvrent pendant prefque tout l'Hyver, fe
convertiffant en petite pluye, les humectent, & font

fortir

fortir de leur fein leurs productions admirables, lefquelles ayant atteint le point de leur maturité avant que les brouillards fe diffipent, enfemencent une autre fois ces montagnes pour reproduire au retourde ces mêmes broüillards.

Le matin, avant que de fortir de ma tente, j'avois obfervé la hauteur du Barometre avec un temps calme, de   28. pouc. 0. lig. 0$''$.

XVII. *Juin.*

Joüiffant agréablement du repos que j'eus cette journée, après les fatigues que j'avois effuyées le jour précedent, je deffinai les plantes qui fe conferverent le plus, nous eûmes tout ce jour-là les vents à l'Oueft-Sud-Oueft.

J'obfervai la baffeffe de la mer de 0^d $5'$ $15''$

Le Soleil parut à fon couchant, malgré les difficultez qui fe rencontrent, comme j'ai remarqué ailleurs, je ne laiffai pas d'obferver le coucher de fon centre pour en déterminer le temps, que je trouvai de 5^h $31'$ $20''$

Cette obfervation faite, je cherchai le vray lieu du Soleil. A la même heure il fut trouvé au 26^d $7'$ $30''$ des ♊

Et fa declinaifon auffi à la même heure au 23^d $25'$ $36''$

RECHERCHE

Du Complement de l'Arc Semidiurne.

LA declinaifon du Soleil & l'élevation du Pole étant donc donnez, on trouva par l'Analogie fuivante le vrai coucher du centre du Soleil.

ANALOGIE

Comme le Sinus total eft à la tangente de la declinai-

1710.
Juin.

ſon du Soleil,   23ᵈ 25′ 36″ l. 9. 63677.
    Ainſi la tangente de la hau-
teur du Pole,   17. 35. 59. l. 9. 50137.

eſt au Complement de l'Arc
Semidiurne,   7. 54. 0.   9. 13814.
    Retranchant de 90ᵈ le Complement de l'Arc Semi-
diurne, il reſte 82ᵈ 6′ 0″ pour l'Arc Semidiurne, qui
étant convertis en heures, minutes & ſecondes, ils donnent le vray temps du coucher du centre du
Soleil de   5ʰ 28′ 24″
Lequel temps étant retranché du coucher du
    Soleil obſervé,   5. 31. 20.

Il reſte pour la difference entre le vray cou-
    cher du Soleil & l'apparent,   0. 2. 56.

XVIII. *Juin.*

Le vent ſe tira à l'Oueſt, nous eûmes peu de nuages,
le temps fut aſſez beau, & le Barometre
fut obſervé à la hauteur de   28. pouc. 0. l. 0″
La baſſeſſe de la mer fut à midy de   0ᵈ 4′ 10″
La hauteur meridienne apparente du bord
    ſuperieur du Soleil fut obſervée de   49. 15. 30.
D'où je conclus la hauteur de l'Equateur de 72. 23. 39.

Et la hauteur du Pole de   17. 36. 21.

XIX. *Juin.*

Le Dimanche dans l'Octave de la Fête-Dieu, après
avoir celebré la ſainte Meſſe dans ma tente, j'accompa-
gnai nos Officiers à une Chapelle, delà à la riviere, où le
Samedy un Prêtre vient de *Moquegua*, petite Ville diſ-
tante de la mer environ de 12. lieües, pour celebrer la
Meſſe le Dimanche, lors qu'il y a quelques Navires
moüillez en rade. La Meſſe fut chantée ſolemnellement
dans cette Chapelle; on fit enſuite la Proceſſion du Saint
Sacrement. Nos Navires, au nombre de quatre, firent

un falut de trois décharges de canon. La plus grande
partie de nos Equipages affiſterent à la Proceſſion dans
une grande modeſtie , qui défabuſa ces peuples de leur
prévention à l'égard de nôtre nation.

A midy j'obſervai la baſſeſſe de la mer de   0^d 5' 30"
Et la hauteur meridienne apparente du bord
   ſuperieur du Soleil de   49. 14. 45.
D'où je conclus la hauteur de l'Equateur
   de   72. 24. 5.

& la hauteur du Pole de   17. 35. 55.

xx. Juin.

La mer calma entierement , le vent de Sud-Sud-Eſt
ſouffla toute la journée ; nous ne vîmes pas le Soleil ,
j'obſervai la hauteur du Barometre de   28. pouc. 0. l. 0"
& la baſſeſſe de la mer de   0^d 4' 0"

DESCRIPTION

D'une Ecreviſſe ou *Squilla-longa-variegata.*

APrès que nous eûmes dîné, j'allai le long de la riviere avec le même eſprit qui me tranſportoit par
tout. J'y trouvai pluſieurs eſpeces d'Ecreviſſes que je
deſſinai dans mon Hiſtoire des poiſſons. Celle dont je
fais icy la deſcription a un demy pied de longueur , &
eſt un peu plus épaiſſe que le poûce. Sa poitrine a le
tiers de la longueur du ventre , & ſon dos eſt couvert
d'un écuſſon barlong , diviſé en trois lames longues &
d'un tres-beau poli. Sa tête eſt fort courte, & eſt preſque toute enfoncée ſous ces trois lames oblongues. Elle
a deux yeux aſſez éminens , dont chacun a à côté du
petit angle ou petit *Canthus* un petit aileron oblong.
Chaque œil eſt poſé au milieu de deux cornes , celle
qui eſt à côté de l'angle exterieur a deux pouces de longueur , eſt noire & pointuë , & celle de l'angle interieur

L L l l ij

eſt diviſée à la diſtance de deux poûces de ſon origine en trois branches fort déliées, pointuës & noires, dont l'interne a trois poûces de longueur, celle du milieu en a deux & demy, & l'exterieure un & demy.

Le ventre eſt diviſé par dix articulations un peu voutées, paralleles entre elles; mais d'une inégale longueur.

Les jambes ſont attachées aux extrémiez des quatre premieres articulations; les deux jambes attachées à la premiere articulation ont leurs *Humerus* fort larges, & faits en façon de deux petites *Omoplattes*, appliquez tout le long des lames du dos & de la poitrine, le reſte du bras eſt plus étroit, & le dernier artic.e eſt ſemblable à la queüe d'un ſcorpion, incliné vers le coude à l'extrémité du bras; les autres ſix jambes ſont plus courtes & moins épaiſſes que les premieres; chacune d'elles eſt diviſée en trois articula:ions, & elles ont ſur la derniere une petite pointe, & deux ſur l.ur extrémicé.

Les cinq articulations ſuivantes ont chacune à leur extrémité un petit aîleron double, ovale, verd & frangé tout à l'entour d'un petit poil rouſſâtre. Ces aîlerons ſe plient & s'appliquent au deſſous du ventre, & ſervent aux femelles à couvrir une infinité de petits œufs rouges.

La derniere articulation, qui n'eſt proprement que la queüe de l'*Ecreviſſe*, eſt entaillée en deſſus par deux rangs de cinq à ſix pointes, terminées par deux autres poin es plus longues. Ces pointes ſont accompagnées de deux aîlerons doubles, ſemblables à ceux du reſte du corps.

Toute cette *Ecreviſſe* eſt d'un rouge tanné, excepté les aîlerons & les pointes des deux premieres jambes qui ſont d'un verd mêlé d'or & d'azur, qui en rendent l'aſpect tout-à-fait admirable.

XXI. *Juin.*

Le matin, des Religieux Eſpagnols venus de *Cuſco*, m'honorerent de leur viſite, & arrêterent mon horloge par mégarde; ce qui m'obligea de prendre le même jour quelques correſpondances des hauteurs du Soleil, pour connoître l'état où elle étoit. Ces Peres étoient accompagnez de quelques crioles, dont l'un me parut âgé de soixante-dix ans. Je leur parlai du grand nombre de tombeaux qui se voyent sur toutes les côtes où il y a quelques lieux plats. Ils me répondirent, qu'ils avoient appris de leurs peres, qu'après la bataille qui se donna à *Caxamalca*, entre *Pizare* & l'*Ynca Atabalipa*, dans laquelle ce dernier fut fait prisonnier, & qu'on fit mourir ensuite, les Indiens furent si épouvantez, que voulant éviter leur perte prochaine, croyant effectivement que les Espagnols les alloient tous passer par le fil de l'épée, & qu'ils alloient être enveloppez dans les mêmes malheurs que l'*Ynca*, ils abandonnerent tous leur pays, & marcherent jusques sur les bords de la mer; que n'ayant pû passer outre, ils resolurent de construire dans ces lieux-là des tombeaux dans lesquels ils attendirent la mort fort tranquillement. Les sentimens de ces crioles me parurent avoir quelque vrai-semblance; cependant loin que les Indiens fussent affligez de la mort d'*Atabalipa*, elle leur fit tant de plaisir, au rapport de *Garcilasso de la Vega* dans l'Histoire qu'il nous a donnée des *Yucas*, qu'ils se soûmirent sans peine aux Espagnols, qu'ils les regarderent comme des gens envoyez du Soleil pour les délivrer d'*Atabalipa*, qu'ils consideroient comme un tyran, & les adorerent après leur avoir donné le nom de *Viracocha*, dont ce Prince appella le phantôme qui luy étoit apparu, disoit-il, ayant été envoyé par le Soleil.

Ces deux sentimens si opposez, dont l'un est fondé sur l'Histoire, & l'autre sur la tradition, sont assez difficiles à concilier; il paroît que *Garcilasso de la Vega* étant de *Cusco*, Ville capitale où la Cour faisoit sa residence; & qu'étant fils d'un *Ynca*, nom de tous les mâles de la Famille Royale, il ne devoit pas ignorer ce qui s'étoit passé de plus singulier dans la conquête du *Perou*; il semble aussi que la tradition a quelque vrai-semblance, étant appuyée sur des faits dont on ne sçauroit trouver d'autres causes.

Ce jour-là nous eûmes les vents au Sud-Sud-Ouest; le mercure monta à la hauteur de   28. pouc. 1. l. $\frac{1}{2}$.

J'obfervai à midy la hauteur apparente du
  bord fuperieur du Soleil de   49^d 14′, 0″
D'où la hauteur de l'Equateur fut concluë
  de   72. 24. 24.

& la hauteur du Pole de   17. 35. 36.
Le diametre du Soleil demeura à paffer par
  le Meridien,   0^h 2′ 18″
& j'obfervai à midy la baffeffe de la mer de   0^h 4′ 30″

REMARQUES

Sur les Marées de la nouvelle & de la pleine Lune.

PEndant tout le temps que je demeurai à *Ylo*, je m'apperçus que quelques jours avant la nouvelle & la pleine Lune on voyoit fur la furface de la mer une écume blanchâtre qui nous indiquoit que les grandes marées s'approchoient, & qu'il étoit temps de pourvoir aux provifions neceffaires pour ceux qui reftoient dans nos Navires, affurez que de cinq à fix jours ils ne pourroient defcendre à terre, ni ceux de terre aller à bord, à caufe des hautes mers & des grandes lames qui venoient fe brifer fur les côtes avec des bruits qui faifoient retentir toute la vallée. En effet, pendant ce temps-là il étoit impoffible de dormir, & à peine s'entendoit-on parler. Cette groffe mer devançoit la nouvelle & la pleine Lune de trois jours, & augmentoit durant tout ce temps-là. Elle diminuoit enfuite pendant trois autres jours ; de forte que de fix jours on ne pouvoit avoir aucun commerce avec les gens des Vaiffeaux. Le flux & le reflux étoient reglez alors comme dans tout le refte de la lunaifon ; mais la mer étoit affreufe. Je remarquai que les vents n'avoient point de part à ce mouvement extraordinaire, que les jours même les plus calmes, & les vents ne foufflant d'aucun endroit, la mer ne laiffoit pas d'augmenter ; il eft vray que nous ne pouvions juger que du temps qui fe paffoit pour lors près de nous & fur nos côtes, & que nous ignorions le temps qu'il faifoit en pleine mer, où les vents pouvoient être furieux pendant que nous étions en calme. J'ai vû arriver cela affez fouvent : Un Navire ne fera pas quelquefois à deux lieües d'un autre ; celuy-cy ira bon train, & l'autre ne remuëra pas de fa place. On ne fçauroit donner de raifons juftes de ces mouvemens ; pour moy je me contente d'expofer les faits, en attendant que quelqu'un, qui ait plus de connoiffance de la Phyfique que moy, nous développe des caufes qui font encore fi cachées.

Ces remarques me parurent neceffaires ; fi nous euffions été avertis de toutes ces chofes, comme on l'eft maintenant, nôtre Equipage n'auroit pas été privé durant fix ou fept jours des rafraîchiffemens qu'on luy envoyoit de terre, ne fçachant pas quels temps regnoient fur ces côtes. Pour ne point tomber à l'avenir dans ces inconveniens il n'y a qu'à prévoir les jours de la nouvelle & de la pleine Lune, & envoyer à bord quatre à cinq jours auparavant les provifions neceffaires pour couler le temps que dure la tourmente.

XXII. *Juin.*

Le jour fut affez beau, mais les nuits étoient toûjours fort obfcures. Depuis nôtre arrivée je n'avois vû la nuit qu'une feule fois le Ciel, & j'avois prefque defefperé de pouvoir faire quelques obfervations à *Ylo*, pour en déterminer la longitude.

Le vent fouffla au Sud-Sud-Eft, le mercure refta fufpendu à la hauteur de   28. pouc. o. l. x.

& la baffeffe de la mer fut de 0^d 4' 50"

J'obfervai la hauteur meridienne apparente du bord fuperieur du Soleil de   49. 13. 20.

D'où je conclus la hauteur de l'Equateur de   72. 23. 39.

& la hauteur du Pole de   17. 36. 21.

OBSERVATION

Sur la Declinaison de l'Aiman.

LE Soleil n'avoit pas encore paru si beau qu'on le vit
à midy, je disposai sur une pierre de niveau un fil
de plte à plomb, pour pouvoir tracer sur cette pierre le
lieu de son ombre au vray midy marqué par mon horloge, qui étoit alors parfaitement bien connu. Après que
j'eus posé ma boussole sur cette ombre, je trouvai que
la variation de l'aiguille aimantée declinoit
vers le Nord-Est de　　　　　　　　　　　6ᵈ 36′ 0″

Le lendemain 23. je ne pûs faire que l'observation du
Barometre, que je trouvai à la hauteur de 28. poûces
0. lignes ⅓.

Le Ciel demeura couvert toute la journée, les nuages
épais rendirent l'horison de la mer si mal terminé, & si
obscur, qu'il me fut impossible d'observer sa bassesse. La
mer fut épouvantable tout ce jour-là ; les Navires que
nous voyions du rivage, tantôt élevez sur la pointe d'une
lame, tantôt précipitez dans les abîmes de cet élement,
nous faisoient craindre à tout moment quelque abor-
dage ; ce qui seroit infailliblement arrivé, si nos ancres
n'eussent pas fait tête à la lame.

XXIV. *Juin.*

Le matin le vent se rangea à l'Ouest, la hauteur du
mercure fut observée à　　　　　　　28. pouc. 0. l. ⅓.

Les broüillards répandus sur l'horison de la mer m'empêcherent d'en observer la bassesse. Le lendemain 25. les
vents se tirerent à l'Ouest-Sud-Ouest. J'observai à midy
la hauteur meridienne apparente du bord
superieur du Soleil de　　　　　　　　　49ᵈ 16′ 0″

d'où je calculai la hauteur du Pole de　　17. 36. 38.
A la même heure la bassesse de la mer fut observée de　　　　　　　　　　　　　　　0. 5. 10.

XXVI. *Juin.*

XXVI. *Juin.*

La mer fut encore plus élevée que les jours précedens. Quoique le vent qui souffloit au Sud-Sud-Est fût foible, nos ancres ne pûrent plus resister, tous nos Vaisseaux chasserent, & nous les vîmes en danger de venir se briser sur la côte; on fut obligé de moüiller de nouvelles ancres, & on n'oublia rien pour se garantir du peril. On réüssit heureusement; & la tempête passée, nous apprîmes par ceux qui vinrent à terre, qu'ils n'esperoient plus éviter l'échoüement & la perte de tout l'Equipage. La Lune étoit dans son plein, & on pouvoit luy attribuer dans cette conjoncture la cause d'un mouvement si extraordinaire; le Barometre fut à   28. pouc. 0. l. 0'''

J'observai à midy la hauteur apparente du
   bord superieur du Soleil de   49ᵈ 18' 30''
d'où je conclus la hauteur de l'Equateur
   de   72. 24. 24.

& la hauteur du Pole de   17. 35. 36.
La bassesse de la mer fut observée à midy de 0. 5. 0.

XXVII. *Juin.*

Les vents continuerent au Sud-Sud-Est, nous vîmes le Soleil à midy, j'observai la hauteur apparente de son bord superieur, elle fut de   49ᵈ 20' 0''
Je conclus de cette observation la hauteur
   de l'Equateur de   72. 23. 43.

& la hauteur du Pole de   17. 36. 17.
Le diametre du Soleil demeura dans son passage par le Meridien,   0ʰ 2' 18''
La hauteur du Barometre fut de   28. pouc. 1. l. ½.
& la bassesse de la mer de   0ᵈ 5' 10''

MMmm

DESCRIPTION

D'un Oiseau de Proye nommé Condor.

APrès midy, le temps étant couvert, & n'ayant pas d'occupation, j'allai en chercher dans les campagnes. Je découvris un Oiseau de proye d'une espece singuliere, lequel j'avois vû le jour que j'allai à la montagne. Sa prodigieuse grandeur m'ayant étonné, je meditai de quelle maniere je pourrois l'avoir. Il étoit perché sur un grand rocher, je l'approchai à portée de fusil, & le tirai ; mais comme mon fusil n'étoit chargé que de gros plomb, le coup ne put entierement percer la plume de son parement. Je m'apperçus cependant à son vol qu'il étoit blessé ; car s'étant levé fort lourdement, il eut assez de peine à arriver sur un autre grand rocher à cinq cens pas delà sur le bord de la mer ; c'est pourquoy je chargeai de nouveau mon fusil d'une bale, & perçai l'oiseau au dessous de la gorge ; je m'en vis pour lors le maître, & courus pour l'enlever. Cependant il disputoit encore avec la mort ; & s'étant mis sur son dos, il se défendoit contre moy avec ses serres toutes ouvertes, en sorte que je ne sçavois de quel côté le saisir. Je crois même que s'il n'eût pas été blessé à mort, j'aurois eu beaucoup de peine à en venir à bout. Enfin je le traînai du haut du rocher en bas ; & avec le secours d'un matelot, je le portai dans ma tente pour le dessiner, & mettre le dessein en couleur.

Les aîles du *Condor* que je mesurai fort exactement, avoient d'une extrémité à l'autre onze pieds quatre poûces, & les grandes plumes qui étoient d'un beau noir luisant, avoient deux pieds & deux poûces de longueur.

La grosseur de son bec étoit proportionnée à celle de son corps ; la longueur du bec étoit de trois poûces & sept lignes ; sa partie superieure étoit pointuë, crochuë & blanche à son extrémité, & tout le reste étoit noir.

Un petit duvet court, de couleur minime, couvroit

toute la tête de cet oiseau ; ses yeux étoient noirs & entourez d'un cercle brun rouge.

Tout son parement, & le dessous du ventre jusques
à l'extrémité de la queüe étoit d'un brun clair ; son manteau de la même couleur étoit un peu plus obscur.

Ses cuisses étoient couvertes jusques au genou de plumes brunes claires, ainsi que celles du parement.

Le *Femur* avoit dix poûces & une ligne de lougueur,
& le *Tibia* cinq poûces & deux lignes. Le pied étoit
composé de trois serres anterieures, & d'une posterieure ;
celle-cy avoit un poûce & demy de longueur, & une
seule articulation. Cette serre étoit terminée par un ongle noir, & long de neuf lignes ; la serre anterieure du
milieu du pied, ou la grande serre, avoit cinq poûces
& huit lignes & trois articulations, & l'ongle qui la
terminoit avoit un poûce & neuf lignes, & étoit noir
comme tous les autres. La serre interieure avoit trois
poûces & deux lignes & deux articulations, & étoit
terminée par un ongle de la même longueur que celuy
de la grande serre. La serre exterieure avoit trois poûces
& quatre articulations, & l'ongle étoit d'un poûce. Le
Tibia étoit couvert de petites écailles noires ; les serres
étoient couvertes de même, mais les écailles en étoient
plus grandes.

Ces animaux gîtent ordinairement sur les montagnes
où ils trouvent dequoy se nourrir ; ils ne descendent
sur le rivage que dans la saison des pluyes, sensibles
au froid, ils y viennent chercher la chaleur : au reste,
quoique ces montagnes soient situées sous la Zone Torride, le froid ne laisse pas de s'y faire sentir ; elles sont
presque toute l'année couvertes de neige, mais beaucoup
plus en Hyver où nous étions entrez depuis le 21. de
ce mois.

Le peu de nourriture que ces animaux trouvent sur
le bord de la mer, excepté lorsque quelque tempête y
jette quelques gros poissons, les oblige à n'y pas faire
de long sejour ; ils y viennent ordinairement le soir, y
passent toute la nuit, & s'en retournent le matin.

MMmm ij

XXVIII. *Juin.*

Les nuages furent fort épais, les vents continuerent
au Sud-Sud-Eſt, & à midy je trouvai la
hauteur du Barometre de   28. pouc. 1. l. o″
   La baſſeſſe de l'horiſon de la mer au deſſous du plan
de mon Obſervatoire fut de   o^d 5′ 10″.

XXIX. *Juin.*

Les vents ſe tirerent au Sud-Oueſt, l'horiſon de la
mer chargé de broüillards, m'empêcha d'obſerver ſa baſſeſſe. Le Barometre fut à la hauteur de   28. pouc. o. l.¼.
   J'obſervai la hauteur meridienne apparente
du bord ſuperieur du Soleil, de   49^d 25′ 30″
d'où je tirai la hauteur de l'Equinoxial, qui
   fut trouvée de   72. 23. 41.

& la hauteur du Pole de   17. 36. 19.

XXX. *Juin.*

Le Soleil ne paroiſſoit plus que vers le midy, & encore pendant tres-peu de temps ; j'obſervai à la même
heure la hauteur apparente de ſon bord
ſuperieur de   49^d 28′ 50″
& le temps que ſon diametre demeura dans
   ſon paſſage par le Meridien, de   o^h 2′ 17″½.
d'où je calculai ſon diametre, lequel reduit
   à un grand cercle, fut trouvée de   o^d 31′ 36″
Le veritable lieu du Soleil étoit pour lors
   au   8. 17. 27.
de ♋.
& ſa declinaiſon ſeptentrionale dans le même
   lieu de   23. 13. 24.
De ces élemens je conclus la hauteur de l'E-
   quateur de   72. 23. 41.

& la hauteur du Pole de   17. 36. 19.

1. *Juillet.*

On voit rarement en Hyver le Soleil dans ces climats; s'il paroît quelquefois, ce n'est que vers le midy, & pour tres-peu de temps. On peut juger delà combien ces pays sont opposez à la satisfaction d'un Astronome, qui n'ayant d'autre objet que de mesurer le mouvement des corps celestes, s'en voit entierement privé par les nuages qui luy cachent le Ciel pendant toute cette saison. Nous étions en Hyver depuis le 21. du mois de Juin, que le Soleil étoit entré dans le premier degré de ♋; par consequent nous ne devions plus attendre de beaux jours; & si par hazard, il en faisoit quelqu'un, il ne falloit pas le laisser échaper. Le Soleil ayant donc paru sur les huit heures du matin le 1. de Juillet, & continué jusques à cinq heures du soir, ce qui étoit un cas assez extraordinaire, je me servis de cette apparition pour regler mon horloge.

J'observai la hauteur du Barometre avec les vents au Sud-Sud-Est de   28. pouc. o. l. ¼.

Hauteurs correspondantes du bord superieur du Soleil pour verifier l'Horloge.

heures du matin.	hauteurs.	heures du soir.
9^h 51′ 28″	38^d 15″ o‴	2^h 16′ 20″
57. 11.	39. 5. 30.	10. 41.
10. 6. 35.	40. 27. o.	1. 16.

Prenant un milieu entre ces trois hauteurs, qui ne different entre elles que de deux secondes, on eut midy à 12^h 3′ 55‴

Le 24. de Juin on eut le vray midy à   12. 8. 43.

Donc l'horloge retardoit en 7. jours sur le temps vray de   4. 54.

Pour être au temps moyen elle devoit avancer de   1. 28.

Donc l'horloge retardoit en 7. jours de   6. 22.

& en 24. heures de   54"

J'obſervai à midy la baſſeſſe de la mer de   o^d 5' 10"

& la hauteur apparente du bord ſuperieur du
   Soleil, de   49. 32. 30.

Son diametre demeura dans ſon paſſage par
   le Meridien,   o^h 2' 18"

Je conclus de la hauteur meridienne & des
   autres élemens qui entrent dans le calcul
   de la recherche de la hauteur de l'Equateur, l'élevation du Pole, qui en eſt le
   Complement, de   17^d 36' 25"

ii. *Juillet.*

Les vents ſe rangerent au Sud-Oueſt ¼ de Sud; le Barometre fut à   28. pouc. o. l. ½.

Le diametre du Soleil demeura dans ſon paſ-
   ſage par le Meridien,   o^h 2' 17"

Le Soleil étoit alors en   10^d 11' 46"
   d. ♋.

& ſa declinaiſon ſeptentrionale dans le même
   endroit, de   23. 5. 28.

J'obſervai la hauteur meridienne apparente du
   bord ſuperieur du Soleil, de   49. 37. 30.

d'où je conclus la hauteur de l'Equateur de   72. 24. 25.
                                               ─────────────
& la hauteur du Pole de   17. 35. 35.

La baſſeſſe de l'horiſon de la mer fut obſervée de   o. 4. 50.

iii. *Juillet.*

Les vents furent à l'Oueſt ¼ Sud-Oueſt, le
   mercure monta à la hauteur de.   28. pouc. o. l. ⅓.

J'obſervai à midy la baſſeſſe de la mer de   o^d 4' 45"

Le diametre du Soleil demeura dans ſon paſ-
   ſage par le Meridien,   o^h 2' 17" ½.

Son lieu dans le Zodiaque fut trouvé par le
   calcul au   11^d 8' 55"
   de ♋.

& ſa declinaiſon de   23^d 0′ 52″

J'obſervai la hauteur meridienne apparente

  de ſon bord ſuperieur de   49. 31. 40.

d'où je conclus la hauteur de l'Equateur de 72. 23. 48.

& la hauteur du Pole de   17. 36. 12.

Ce jour-là je deſſinai deux oiſeaux aſſez particuliers, dont l'un appellé par les Eſpagnols *Cirguerito*, eſt preſque ſemblable en couleur à nos chardonnerets, mais beaucoup plus petit, & dont le chant eſt tout agréable ; l'autre nommé *Loica* eſt gros comme nos grives, ſes couleurs ſont belles, ſa tête eſt d'un gris obſcur, mêlé de petites taches blanches ; tout ſon manteau eſt diſpoſé de même, & ſon parement eſt d'un beau rouge de ſang. Ces oiſeaux ſe familiariſent facilement, leur chant eſt melodieux, & il y a peu de maiſons dans le *Perou* & dans le *Chily* qui n'en ayent dans des cages, ou d'apprivoiſez, leſquels on laiſſe courir dans le logis, ſans craindre qu'ils deſertent.

iv. *Juillet.*

Le vent ſe rangea au Sud-Oueſt, la hauteur du Barometre fut de   28. pouc. 1. l. $\frac{2}{3}$.

Le Soleil ne parut que confuſément à midy, les nuages étoient fort épais, & je ne pûs obſerver que la baſſeſſe de la mer, que je trouvai de   0^d 5′ 15″

v. *Juillet.*

Depuis quelques jours nous n'avions pas reſſenti de chaleurs extraordinaires, elles augmenterent ce jour-là ; les vents de Sud-Sud-Oueſt ſoufflerent ; les nuages s'étoient rarefiez, & la hauteur du Barometre

fut obſervée de   28. pouc. 2. l. 0″

& la baſſeſſe de la mer à midy de   0^d 4′ 30″

Le diametre du Soleil demeura à paſſer par

le Meridien,   0^h 2′ 17″

& la hauteur meridienne apparente de ſon

  bord ſuperieur fut obſervée de   49^d 52′ 0″

Je deſſinai après dîné une plante que j'avois cüeillie le matin dans la vallée ; les Indiens l'appellent *Chilca* , & s'en ſervent pour les douleurs froides des jointures, pour ranimer les nerfs , & leur donner leur extenſion naturelle quand ils ſont retrécis par quelque accident. Je parlerai plus amplement de cette plante à la fin de mon Journal.

Les Indiens n'ont eu aucune connoiſſance des Sciences. A l'égard de la Medecine, ils s'en ſervoient au hazard ; ils n'attendoient jamais qu'ils fuſſent malades pour ſe purger. D'abord qu'ils ſe ſentoient chargez d'humeurs, ils mettoient en infuſion dans de l'eau commune une certaine quantité de la racine d'une plante qu'ils appellent *Guilnno* , dont je donnerai la figure dans l'Hiſtoire des plantes medicinales. Ils prenoient enſuite le matin un grand verre de cette infuſion, qu'ils faiſoient chaufer auparavant, & elle les purgeoit à proportion de la doze qu'ils avoient miſe dans la compoſition de leur medecine. Ils faiſoient leurs ſaignées ſans regles ; ils ſaignoient toûjours le malade à la veine la plus proche du mal ; leurs lancetes étoient la pointe d'un caillou qu'ils attachoient au bout d'un petit bâton fendu en deux ; cette piquûre cauſoit moins de douleur que nos lancettes ordinaires. J'ai vû des Indiens ſaigner avec un petit bâton pointu, d'un bois extrémement dur. Les *Yncas* & les Indiens de conſideration ne ſe purgeoient ni ſe ſaignoient jamais, ſans avoir conſulté auparavant certaines vieilles ; ce qu'ils pratiquent encore. Ils ſuivoient les avis de leurs Botaniſtes dans toutes leurs maladies, & ne ſe ſervoient que de plantes pour leur guériſon. Ils ne connoiſſoient point les lavemens ; ils appliquoient rarement des emplâtres ; ou s'ils y étoient obligez, ils ſe ſervoient de quelques plantes ou du duvet de quelque oiſeau, comme je le remarquerai dans la ſuite ; ils appréhendoient exttémement les fiévres, à cauſe du froid qu'ils appellent *Chuechu*, qui veut dire trembler , & à cauſe du chaud qu'ils nomment *Ruppa*, qui ſignifie brûler, leſquels ſont les ſimptômes ordinaires de la fiévre.

vi. *Juillet*.

VI. *Juillet.*

Au matin le vent vint au Sud, & fur le foir il fe rangea au Nord-Oueft, & nous amena de gros broüillards.
Le lendemain 7. ils continuoient encore ; j'obfervai la
hauteur du Barometre de   28. pouc. 1. l. ½.

Le 8. & le 9. nous eûmes le même
temps, & le 9. je ne trouvai à la hauteur
du Barometre que   27. pouc. 10. l. ⅓.

Je paffai tout le 10. fur une montagne à trois lieües
de ma tente, où je trouvai un grand nombre de plantes
affez curieufes ; j'en pris plufieurs que je deffinai les jours
fuivans.

XI. *Juillet.*

Depuis le 9. la mer avoit commencé à fentir l'approche de la pleine Lune ; nos Equipages n'avoient plus de
commerce à terre, & les lames épouvantables de la mer
ne les laiffoient guéres en repos dans leurs Navires. Le
matin du 11. le vent ceffa, il tomba toute cette journée
une bruine femblable à celle que j'avois vûë à *Lima* dans
la même faifon ; le mercure demeura fuf-
pendu dans le tube à la hauteur de   27. pouc. 10. l. ⅔.
& j'obfervai la baffeffe de la mer de   0ᵈ 5′ 0″

XII. *Juillet.*

Depuis 9. heures du matin jufques à une heure après
midy nous eûmes un beau Soleil ; le calme continuoit
encore ; cependant la mer ne laiffoit pas d'être effroya-
ble, fes grandes lames ne diminuoient point, & leur
chûte approchant la côte, faifoient retentir toute la
vallée ; leur furface étoit toute remplie d'écume, ce qui
nous annonçoit la tourmente quelques jours avant qu'elle
arrivât. Les chaleurs furent tres-grandes,
& le Barometre fut à la hauteur de   28. pouc. 0. l. 0″
J'obfervai à midy la baffeffe de la mer de   0ᵈ 5′ 0″

NNnn

XIII. *Juillet.*

Au jour naiſſant les vents d'Oueſt commencerent à ſouffler, ils rendirent la mer encore plus affreſe qu'elle n'étoit, & nous amenerent des brouillards qui ſe convertirent en une bruïne ſemblable à celle du 11. le Barometre monta à   27. pouc. 11. l.

Le lendemain 14. la mer calma, ſon horiſon fut brumeux, & je ne pùs faire aucune obſervation. Le 15. le vent ſoufflant au Sud-Sud-Oueſt, j'obſervai la hauteur du Barometre de   28. pouc. o. l. $\frac{1}{2}$. & la baſſeſſe de la mer de   o^d 4′ o″

Le 16. le vent étant encore au Sud-Sud-Oueſt, & le temps froid, le mercure monta à   27. pouc. 11. l. o′ & la baſſeſſe de la mer fut obſervée de   o^d 4′ 45″

XVII. *Juillet.*

Le Soleil parut à ſon orient ; je pris quelques hauteurs correſpondantes pour m'aſſurer de mon horloge. Je doutois que pendant une ſi grande diverſité de temps que nous avions eu depuis les dernieres correſpondances, elle ne ſe fût dérangée ; cependant je le trouvai dans un bon état, & ſon mouvement parfaitement bien reglé. Le 18. à 7. heures 52. minutes du ſoir je vis *Jupiter* pour la premiere fois, mais peu de temps ; car un moment après il ſurvint des nuages qui me le cacherent.

J'obſervai le 19. avec le vent de Sud-Sud-Eſt , & le Ciel couvert , la hauteur du Barometre de   27. pouc. 11. l. $\frac{1}{2}$. & la baſſeſſe de la mer de   o^d 6′ o′

Le 20. nous eûmes le même vent, le Barometre ſe trouva à la même hauteur, & la baſſeſſe de la mer qui avoit augmentée, quoique l'horiſon parût fort clair, fut de   o^d 6′ 30″

XXIV. *Juillet.*

Depuis le 20. le Ciel ayant resté presque toûjours couvert, & l'horison de la mer fort brumeux, je ne pûs faire aucune observation. La surface de la mer commençoit à se couvrir d'une écume blanchâtre à l'approche de la nouvelle Lune, signe ordinaire de la tourmente. On envoya aux Navires les provisions necessaires pour tout le temps de sa durée, que les observations précedentes nous avoient apprise. Dès le matin le Soleil parut, je pris des hauteurs correspondantes pour me bien assurer de l'état de mon horloge, il devoit arriver la nuit suivante une émersion du premier Satellite de *Jupiter* ; comme elle m'étoit d'une grande importance, puis qu'elle devoit me servir à déterminer la longitude d'*Ylo*, je n'oubliai rien pour me disposer à l'observer, esperant que le Ciel se trouveroit propre pour cela, & que les nuages ne me cacheroient pas cette planette.

*Hauteurs correspondantes du bord superieur du Soleil
pour verifier l'Horloge.*

heures du matin.	hauteurs.	heures du soir,
9^h 20′ 33″	38^d 42′ 0″	2^h 8′ 50″
25. 53.	39. 35. 30.	2. 3. 27.
32. 15.	40. 38. 0.	1. 57. 3.

Par la premiere hauteur l'horloge marquoit
   à midy, 11^h 44′ 41″
par la seconde,   11. 44. 40.
& par la troisiéme,   11. 44. 39.
prenant un milieu on eut midy à   11. 44. 40.
Equation soustractive.   3.

Donc l'horloge marquoit au vray midy,   11. 44. 37.

OBSERVATION

du premier Satellite de Jupiter.

LA détermination de la longitude d'*Ylo* dépendoit absolument de l'observation de quelque immersion du
premier Satellite de *Jupiter*. Celle qui devoit arriver
cette nuit-là pouvant donc determiner cette longitude,
je préparai tout ce qui étoit necessaire pour l'observer.
Sur les sept heures du soir le Ciel qui s'étoit couvert
après que j'eus pris les correspondances, se découvrit;
je montai une lunette de 16. pieds que j'appuyai sur un
triangle de trois barres que j'avois dressées devant ma
tente, d'où j'entendois battre ma pendule, & je pouvois
compter les vibrations en observant. Je ne quittai plus
ma lunette que je n'eusse vû le Satellite hors de l'ombre.
Le Ciel étoit clair & serein, & l'émersion du premier
Satellite arriva à l'horloge non corrigé le soir à 9^h 9′ 14″.
L'horloge retardoit au temps de l'observation
de

0. 15. 45.

Donc le vray temps de cette observation fut
le soir à

9. 24. 59.

La même émersion fut observée par Messieurs
Cassini & Maraldy à l'Observatoire Royal
de Paris, le 25. au matin à

2. 19. 11.

Donc la difference entre *Ylo* & l'Observatoire
Royal est de

4. 54. 12.

Lequel temps étant reduit en degrez, minutes
& secondes de l'Equateur, de la maniere
que j'ai démontré, on aura en degrez, minutes & secondes la distance de Paris à *Ylo*,
de

73^d 33′ 0″

xxv. Juillet.

L'observation de l'émersion du premier Satellite de
Jupiter dépendoit encore d'une belle journée pour en

être bien assuré ; car quoique mon horloge me parût
assez bien reglée, j'étois pourtant bien-aise qu'il ne me
restât aucun doute sur cette observation ; ce qui ne pouvoit se faire qu'en prenant des hauteurs correspondantes,
& c'est ce que je fis.

*Hauteurs correspondantes du bord superieur du Soleil
pour verifier l'Horloge.*

heures du matin.	hauteurs.	heures du soir.
9ʰ 41′ 30″	42ᵈ 23′ 45″	1ʰ 45′ 59″
47. 50.	43. 21. 0.	39. 34.
53. 22.	44. 9. 15.	34. 3.

Par la premiere correspondance l'horloge
   marquoit midy à   11ʰ 43′ 44″
par la seconde & la troisiéme à   11. 43. 42.½.
Prenant un milieu on eut midy à   11. 43. 43.
Equation soustractive ,   3.

Donc le vray midy à l'horloge fut à   11. 43. 40.
Le 24. on eut midy à   11. 44. 37.
Donc l'horloge retardoit en un jour de   0. 0. 57.

   C'est sur ce retardement que je corrigeai l'émersion
arrivée la nuit précedente.

   Les vents souffloient encore au Sud-Ouest depuis le
jour précedent, les chaleurs furent grandes, & je trouvai
le Barometre à   28. pouc. 1. l. 0″.
J'observai à midy la bassesse de l'horison de
   la mer de   0ᵈ 5′ 0″.
La hauteur meridienne apparente du bord
   superieur du Soleil observée fut de   52. 59. 30.
Le lieu du Soleil fut trouvé à midy au   2. 8. 20. ♌.
Et sa declinaison dans le même endroit de   19. 43. 11.
D'où je conclus, & des autres élemens,
   la hauteur de l'Equateur de   72. 23. 43.

& la hauteur du Pole de   17. 36. 17.

I. *Aouſt.*

Le mois commença par un beau jour; le matin je verifiai mon quart de cercle. On ne peut dans l'Aſtronomie prendre trop de précaution, tout y eſt d'une grande
delicateſſe; & la moindre erreur dans les inſtrumens en
fait faire de tres-conſiderables dans les calculs. Le jour
précedent j'avois arrêté mon horloge pour l'avancer; &
ne ſcachant plus préciſément l'heure qu'elle devoit marquer à midy, je m'en aſſurai par les hauteurs ſuivantes.

Hauteurs correſpondantes du bord ſuperieur du Soleil.
pour verifier l'Horloge.

heures du matin.	hauteurs.	heures du ſoir.
9ʰ 25′ 43.	39ᵈ 9′ 0″	2ʰ 23′ 24″
31. 49.	40. 13. 0.	17. 16.
37. 20.	41. 9. 0.	11. 47.

Par ces trois correſpondances l'horloge
marquoit à midy,　　　　　　　　　11ʰ 54′ 33″
La baſſeſſe de la mer fut obſervée à midy
de　　　　　　　　　　　　　　　　0ᵈ 5′ 30″
Le 2. le vent ſouffloit au Nord-Oueſt, le
Barometre fut trouvé à　　　　　28. pouc. o.l. ⅞.
& la baſſeſſe de la mer à　　　　　0ᵈ 5′ 0″

VII. *Aouſt.*

Depuis le premier jour du mois le Ciel n'avoit pas
paru; je paſſai tout ce temps-là à deſſiner quelques plantes, & à repréſenter au naturel dans mon Hiſtoire des
animaux pluſieurs oiſeaux que j'avois pris dans la vallée.

A midy je trouvai la hauteur du Barometre de　　　　　　　　　　　　28. pouc. 1. o″

Les vents étoient à l'Oueſt ¼ Nord-Oueſt, le Ciel fut
couvert tout le jour, & j'ajoûtai à l'horloge 15. minutes.
Le 8. nous eûmes le même temps & les vents au Sud-Sud-
Oueſt.

OBSERVATION

De l'Eclipse de Lune que je fis le matin dans la vallée d'Ylo.

IX. Aouft.

LE temps ne fut pas bien favorable pour l'observation des phases principales de cette Eclipse. Le Ciel qui avoit demeuré couvert durant quelques jours, se découvrit le matin sur les deux heures. L'Eclipse n'étoit pas encore pour lors commencée, & peu de temps après des nuages nous vinrent cacher la Lune. Elle ne se découvrit qu'après quatre heures que l'Eclipse étoit déja commencée ; je ne pûs observer exactement que l'émersion de quelques taches, la Lune étant couverte de nuages aux autres phases.

Voicy le détail des Observations que je pûs faire.

à 4ʰ 12′ 33″ *Dionysius* entroit dans l'ombre.

   14. 16. *Plinius* sur le bord de l'ombre.

   20. 20. Commencement de *Mare Crisium*.

   25. 32. *Promontorium acutum*.

   29. 22. Toute la mer Caspienne dans l'ombre.

   34. 20. *Catharina, Cirillus* & *Theophilus* entrent dans l'ombre, les nuages cachent la Lune.

   54. 34. *Capuanus* sur le bord de l'ombre ; de foibles nuages qui nous cacherent ensuite la Lune, ne m'empêcherent pourtant pas de la voir par leur travers, & de remarquer que l'ombre n'avança pas au-delà de *Capuanus*, & qu'elle ne s'approcha pas de *Thico* plus que de deux diamettres & demie de cette tache.

  5. 6. 41. Le bord de l'ombre est éloigné de l'extrémité de *Grimaldy*, cette tache paroissant à travers des nuages, de la quantité du grand diametre de son ovale ; la Lune

couverte de nuages épais qui la cachent entierement.

12. 21. La Lune reparoît, & le premier bord de *Grimaldy* fort de l'ombre.

19. 9. L'ombre un peu plus avancée que du milieu de *Grimaldy* ; des nuages viennent couvrir la Lune, & elle ne parut plus ; je regardai comme une chose extraordinaire que le Ciel fût demeuré découvert à cette heure-là pendant un si long-temps. Je fus encore assez heureux pour voir le Soleil, & pour pouvoir prendre des correspondances qui servirent à corriger l'observation par la connoissance de l'heure de midy, comparée avec l'heure que j'avois observée le premier du mois.

Hauteurs correspondantes du bord superieur du Soleil pour verifier l'Horloge.

Heures du matin.	hauteurs.	heures du soir.
9ʰ 28′ 23″	39ᵈ 58′ 0″	2ʰ 32′ 51″
46. 46.	43. 15. 30.	14. 29.
57. 56.	45. 9. 0.	3. 19.

Par ces trois hauteurs l'horloge marquoit à midy,   12ʰ 0′ 37″ ½.

x. *Aouſt.*

Je reçus par des Marchands Espagnols qui venoient de *Lima*, une Lettre, dans laquelle il y avoit quelques observations du premier Satellite de *Jupiter*, faites par Monsieur *Alexandre Durand*, Medecin François, à qui j'avois montré l'Astronomie pendant mon sejour à *Lima*. Son empressement pour cette Science, l'application qu'il y donna d'abord, & les connoissances qu'il avoit des élemens des Mathematiques qu'il avoit appris en France,

lu y

luy firent faire en fept mois des progrez qui le mirent
en état de pouvoir obferver le Ciel dans cette Ville ; ce
qu'il fit avec beaucoup d'exactitude : En cela plus heureux que moy, qui pendant fept mois que j'y féjournay,
ne pûs jamais trouver une nuit propre à faire une obfervation ; il eft vray que c'étoit l'Hyver, faifon où le Ciel
paroît tres-rarement.

LETTRE

DE MONSIEUR

ALEXANDRE DURAND.

MON REVEREND PERE,

*Vous aurez appris par les Lettres que j'ai eu l'honneur
de vous écrire par un des Gentilhommes de fon Excellence
Monfeigneur* Caftel dos Rios, *les revolutions qui font
arrivées dans cette Ville depuis la mort de ce Seigneur.
Dès qu'il fut expiré, on m'appella pour ouvrir fon corps ;
je me tranfportai auffi-tôt au Palais pour faire cette ope-
ration, laquelle furprit la Faculté de Medecine qui étoit
toute prefente à l'ouverture du corps de ce Seigneur. Cette
ouverture condamna la conduite qu'on avoit obfervée, ainfi
qae les remedes dont on s'étoit fervi pour le guerir. Je
trouvai donc dans le cœur un Polipe qui luy caufa une
fiévre* Lypirie, *qui luy donna la mort huit jours après
qu'il eut commencé de fe trouver mal. D'abord qu'il fe vit
malade, il prit congé de tous fes amis, qu'il fupplia de
prier Dieu pour luy ; & ayant fait appeller fes enfans, il
leur fit une exhortation preffante fur l'importance du falut,
il leur donna enfuite fa benediction ; & leur ayant enjoint
de prier le Seigneur pour luy, il défendit à fes domeftiques
de laiffer entrer deformais dans fa chambre perfonne que*

OOoo

son Confeſſeur: ce qu'on executa ponctuellement. Il nomma trois perſonnes pour avoir ſoin du Royaume après ſon decès, laiſſant au peuple la liberté de choiſir celuy des trois qui luy conviendroit le mieux. Le ſuffrage eſt heureuſement tombé ſur l'Archevêque de Quito, perſonnage de grande vertu que nous attendons inceſſamment, & qui regentera le Royaume juſques à ce que le Roy d'Eſpagne y ait pourvû.

Depuis vôtre départ de Lima j'ai fait quelques obſervations, & j'ai tâché de mettre en pratique ce que vous avez eu la bonté de m'apprendre.

Après vôtre départ le Ciel ne commença à ſe montrer que dans le mois de Mars; & dès que le Soleil parut, j'eus ſoin de prendre des hauteurs correſpondantes pour m'aſſurer de l'état de mon horloge, eſperant avoir quelque belle nuit, dans laquelle je pourrois obſerver quelque immerſion du premier Satellite de Jupiter; ce qui arriva.

Les Tables des mouvemens des Satellites de Jupiter que vous m'avez laiſſées, me ſont d'un tres-grand uſage; ſans elles je n'aurois jamais pû diſtinguer un Satellite d'avec l'autre. J'admire dans mes obſervations la juſteſſe de ces Tables, & on ne donnera jamais à celuy qui en eſt l'Auteur toutes les loüanges qu'il merite, nous ayant donné par cette belle découverte, les moyens de déterminer avec tant de préciſion la ſituation de tous les lieux de la terre.

Voicy donc toutes les obſervations que j'ai pû faire depuis vôtre départ.

OBSERVATIONS

Du premier Satellite de Jupiter *, faites à* Lima *capitale du Perou,*

Par Monsieur Alexandre Durand,

En l'année 1710.

xiv. *Mars.*

J'Obſervai le matin une Immerſion du premier Satellite dans l'ombre de *Jupiter* à   1ʰ   8′   32″
Le 29. du même mois le Ciel qui nous avoit été caché pluſieurs jours, ſe découvrit ſur les 10. heures du ſoir, & continua de même une partie de la nuit ; j'obſervai une Immerſion du premier Satellite à   11ʰ   29′   31″

vi. *Avril.*

Le matin du 6. je fus aſſez heureux pour avoir obſervé une Immerſion du premier Satellite de *Jupiter* à   1ʰ   24′   30″
Le Ciel ne parut plus icy juſques au 29. que je pris quelques correſpondances du Soleil pour regler mon horloge, laquelle je trouvai encore en bon état.
Le 30. au ſoir j'obſervai une Immerſion du premier Satellite dans l'ombre de *Jupiter* à   8ʰ   7′   38″

i. *Juin.*

Le matin du 22. de May j'avois fait une obſervation d'une émerſion du premier Satellite ; comme elle arriva fort proche du bord de *Jupiter*, cette Planette ſortant ſeulement de ſon oppoſition avec le Soleil, je ne l'ai pas crû fort juste ; ce qui a fait que je ne vous la communique pas.

Le premier de Juin, j'observai le soir une Emersion du premier Satellite hors de l'ombre de *Jupiter* à   6ʰ 50′ 4″

Le soir du 8. j'observai une autre Emersion du même Satellite à   8ʰ 42′ 49″

Je crois que je ne pourrai plus vous communiquer aucune autre observation de cette année ; vous sçavez par vôtre propre experience, qu'après le mois de Juin il ne faut plus esperer de voir le Soleil ni les Etoiles, & qu'un Astronome a icy bien des jours vuides.

On m'a promis de m'envoyer des montagnes une Couleuvre à deux têtes. D'abord que je l'aurai reçûë, je vous l'envoyerai par le premier Navire qui partira pour l'Europe.

J'ai reçû la grande pierre d'Aiman dont je vous avois parlé ; elle peze cent vingt livres. Je n'ai pas voulu la confier aux Vaisseaux qui partent pour la Conception, persuadé que vous retournerez d'Arica icy, & que vous ne passerez pas en Europe. Tous vos amis s'en flattent. Don Eugenio Alvarao, qui a été nommé par le Roy d'Espagne, Capitaine general de la mer, vous présente ses respects ; il a pris possession de sa Charge depuis deux jours. Tous vos autres amis m'ont chargé de vous faire leurs complimens. La mine dont je vous ai parlé dans mes précedentes, nous donne de bonnes esperances dans son commencement ; vous en verrez les suites si vous revenez, comme nous nous en flattons. J'aurois beaucoup d'autres choses à vous mander, que vous apprendrez à vôtre retour. Attendant cet heureux moment, je suis,

MON REVEREND PERE,

Vôtre tres-humble & tres-obéïssant
serviteur, Alexandre Durand.

De Lima, le 31. Juillet 1710.

REFLEXIONS

*Sur les Observations des Immersions & des Emersions
du premier Satellite de* Jupiter,

Faites par Monsieur Alexandre Durand,
Docteur en Medecine.

DEpuis que Monsieur Caſſini nous a donné la maniere de ſe ſervir des Eclipſes des Satellites de *Jupiter* pour la détermination des longitudes, le Globe de
la terre a commencé à prendre une autre figure que
celle que les anciens Geographes luy avoient donnée;
nous devons à ce grand homme cette découverte, & le
nouveau continent feroit encore dans nos Cartes dans
la même confuſion où il étoit, ſi je n'avois déterminé
par mes obſervations les longitudes & les latitudes de
ſes principaux points, comme on a déja vû.

La longitude de *Lima* qui dépendoit d'une de ces
obſervations, fut déterminée par le Sieur *Alexandre
Durand*, à qui j'avois montré l'Aſtronomie pendant le
ſejour que je fis à *Lima*, prévoyant bien que je ſerois
obligé de partir de cette Ville ſans pouvoir y faire aucune obſervation, le Ciel ayant toûjours été couvert
pendant le temps que j'y demeurai.

La premiere obſervation du ſieur *Durand*
fut une Immerſion du premier Satellite qui
arriva à *Lima* le matin du 14. de Mars 1710.
à 1^h 8' 32"

La même Immerſion dût arriver à Paris
par le calcul corrigé,   6. 26. 34.

Donc la difference des Meridiens entre
Paris & *Lima* eſt de   5. 18. 2.

La ſeconde fut une autre Immerſion du
même Satellite, qui arriva à *Lima* le 29. du
même mois, le ſoir à   11. 29. 31.

Par le calcul corrigé la même Immerſion dût arriver à Paris le 30. du même mois au matin, à   4ʰ 46′ 13″

Donc par cette obſervation la difference entre *Lima* & Paris eſt de   5. 16. 42.

La troiſiéme fut encore une Immerſion du premier Satellite, qui arriva à *Lima* le 6. du mois d'Avril au matin, à   1. 24. 30.

Par le calcul corrigé elle dût arriver à Paris à   6. 41. 44.

Donc la difference des Meridiens entre *Lima* & Paris eſt de   5. 17. 14.

La quatriéme obſervation fut de même une Immerſion du premier Satellite, qui arriva à *Lima* le 30. d'Avril au ſoir à   8. 7. 38.

Cette même Immerſion fut obſervée à Paris le 1. de May au matin à   1. 25. 0.

Donc par cette obſervation la difference des Meridiens entre *Lima* & Paris eſt de   5. 17. 22.

Après l'oppoſition de *Jupiter* avec le Soleil, Monſieur *Durand* obſerva encore quelques Emerſions du même Satellite ; la premiere fut le 22. du mois de May au matin, qu'il marque être douteuſe, parce que le Satellite étoit trop proche du bord de *Jupiter*, ce qui l'empêcha de déterminer exactement cette Emerſion ; cependant il dit qu'elle luy ſervit pour trouver les Emerſions qui devoient arriver après.

Il trouva que celle-cy étoit arrivée le 22. de May, le matin à   4ʰ 0′ 3″

Par le calcul corrigé elle dût arriver à Paris à   9. 15. 45.

Par cette obſervation la difference entre ces deux Villes ſeroit de   5. 15. 42.
moindres que celles qui ont été trouvées par les Immerſions

La ſeconde Emerſion qu'il obſerva, qu'il donne pour

plus affurée que la premiere, marque qu'elle arriva à *Lima* le 8. Juin au foir à   8ʰ 42′ 49″

La même Emerfion fut obfervée à Paris le 9. au matin à   1. 59. 13.

Par cette Emerfion obfervée à *Lima* & à Paris la difference des Meridiens qui en refulte eft de   5. 16. 24.

Je me fuis fervi pour déterminer la difference des Meridiens entre *Lima* & Paris, des deux obfervations qui furent faites dans les deux Villes, dont l'une eft l'Immerfion qui arriva le 1. May, qui donna pour la difference des Meridiens,   5. 17. 22.

Et la feconde, l'Emerfion obfervée encore à *Lima* & à Paris la nuit du 8. au 9. du mois de Juin, qui donna pour la difference des Meridiens,   5. 16. 24.

Ayant pris un milieu entre ces deux differences, on a la veritable difference entre Paris & *Lima*, de   5. 16. 38.

Si on reduit ce temps-là en degrez, minutes & fecondes, on aura la difference en longitude entre *Lima* & Paris, de   79ᵈ 9′ 30″

1710.
Août.

REFLEXIONS

Sur les Obfervations des Baffeffes de l'horifon de la mer, faites à Ylo.

L Es differentes baffeffes de l'horifon de la mer obfervées d'une même élevation au deffus de fa furface, font des preuves évidentes qu'on ne fçauroit déterminer par ces obfervations, comme nous l'a appris M. *Caffini*, la grandeur du diametre de la terre ; ce diametre dans cette hypothefe varieroit felon les variations de l'angle fous lequel nous voyons l'horifon de la mer, ce qui n'eft pas poffible.

Ces apparences trompeuses font produites par le rayon
vifuel qui fe termine à l'horifon, qui fe plie par une
refraction qui fuit la condenfation ou la rarefaction de
l'Atmofphere ; ce qui fait qu'il nous eft repréfenté tantôt
plus bas, tan ôt plus élevé.

J'obfervai la moindre baffeffe de l'horifon de la mer
de 4' 0". Le Ciel étant couvert de nuages, & les vents
au Sud-Sud-Oueft, & la plus grande de 6' 30", le Ciel
étan clair, & les vents au Sud-Sud-Eft, la difference entre ces deux baffeffes eft de 2' 30", & la moitié de 1' 15"
laquelle moitié étant ajoûtée à la moindre baffeffe, on a le
milieu de 5' 15".

Ayant enfuite fuppofé le demy-diametre de la terre
de 3271600. toifes, comme il refulte de la détermination de Monfieur *Caffini* ; je trouvai qu'à la hauteur de
30. pieds fur le niveau de la mer, hauteur où je faifois
mes obfervations ; la baffeffe veritable de l'horifon de la
mer doit être de 6' 36" plus grande de 1' 21" que la
moyenne baffeffe apparente : Excès qu'on ne doit attribuer qu'à la refraction, comme j'ai dit cy-deffus, qui
éleve le rayon vifuel apparent au deffus du veritable environ de la fixiéme partie de l'angle de la baffeffe moyenne.

On donnera dans la fuite la continuation de ce Journal, où l'on joindra celuy d'un voyage fait aux Ifles de
l'Amerique, & fur les côtes de la terre-ferme. Ce fecond
volume ne renfermera pas des chofes moins curieufes que
celuy-cy.

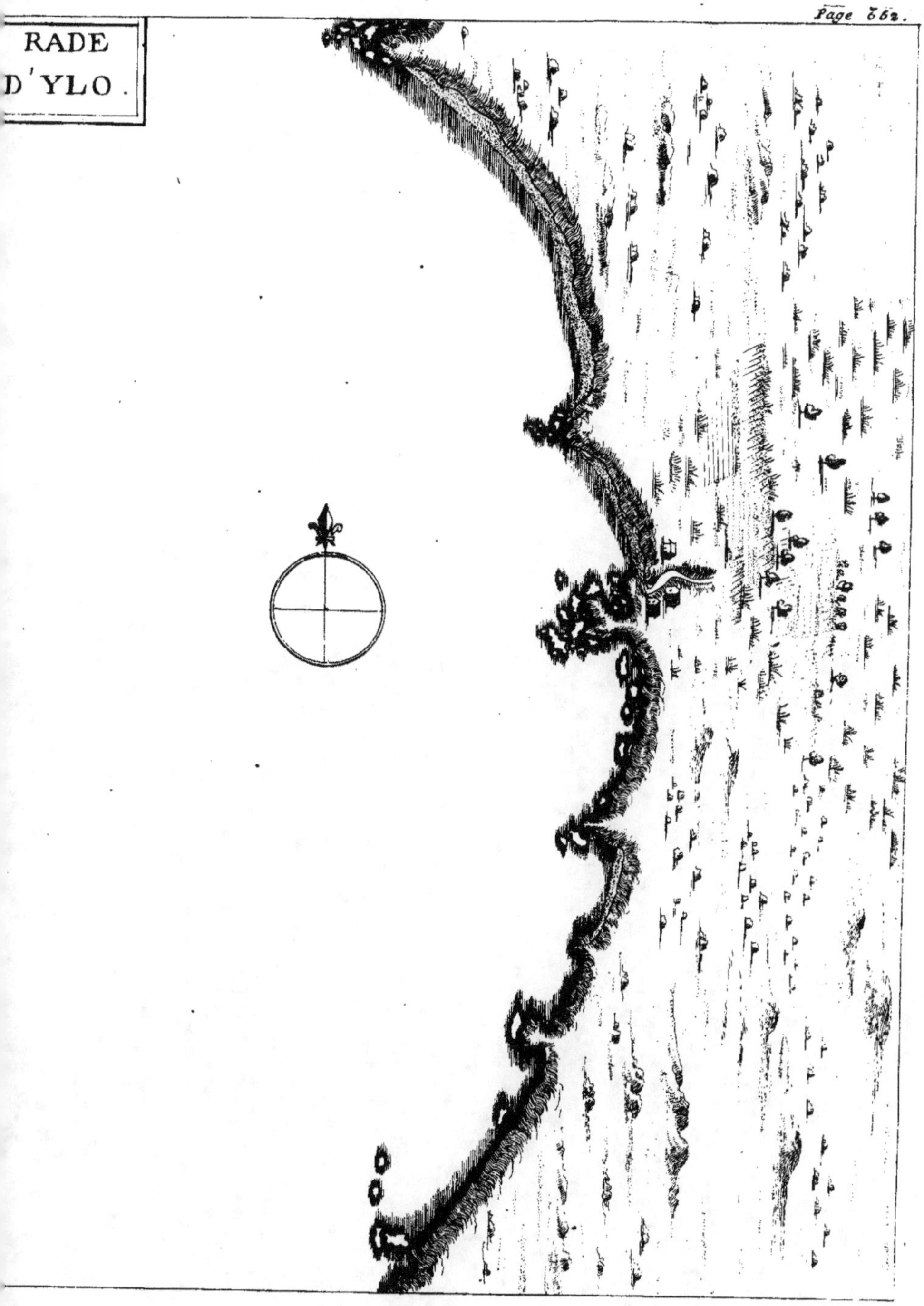

RADE
D'YLO.
Page 362.

L. Feuillée Mathe. et Botan. Reg. delin.   F. Giffart Sculp.

INTRODUCTION
AUX TABLES
DES MOUVEMENS
DU SOLEIL.

PPpp

INTRODUCTION
AUX TABLES
DES MOUVEMENS
DU SOLEIL

INTRODUCTION
AUX TABLES
DES MOUVEMENS DU SOLEIL.

LEs Tables précedentes font calculées au Meridien de l'Obfervatoire Royal de Paris pour les années & mois courans.

On compte dans chaque jour vingt-quatre heures , à commencer du midy précedent jufques au midy fuivant ; de forte que fi l'heure donnée eft après midy , il faut fe fervir des heures données du jour courant ; mais fi l'heure donnée eft du matin , il faut prendre le jour précedent , & ajoûter 12. à l'heure donnée.

I. Exemple.

On veut calculer le lieu du Soleil pour le 20. de May de l'année 1715. à deux heures après midy.

Il faut prendre le lieu du Soleil qui convient à l'année 1715. au 20. May , & à 2. heures

II. Exemple.

On veut calculer le lieu du Soleil pour le 28. Août de l'année 1715. à 5. heures 24. minutes du matin. Il faut retrancher un jour du 28. Août , & ajoûter 12. heures à 5. heures 34. minutes , & on cherchera le lieu du Soleil qui convient à l'année 1715. au 27. Août , & à 17. heures 34. minutes.

PPpp ij

CHAPITRE I.

De la Reduction des Tables d'un Meridien à l'autre.

Pour calculer le lieu ou la situation du Soleil pour le Meridien d'un lieu qui est éloigné de celuy de Paris, il est necessaire de connoître la difference entre le Meridien de l'Observatoire Royal de Paris, & le Meridien du lieu donné en heures & minutes. On cherchera cette difference dans la Table (de la page 697. & suiv.) & en cas que le lieu proposé ne se trouve pas dans cette Table, l'on prendra dans une Carte Geographique les degrez de la longitude de Paris, & ceux du lieu proposé, dont on reduira la difference en heures & minutes par le moyen de la Table de la page 17.

Si cette difference est occidentale, on l'ajoûtera à l'heure donnée; & si elle est orientale, on la retranchera de l'heure donnée.

I. EXEMPLE.

On veut calculer pour le Meridien de *Smirne* le lieu du Soleil pour le 20. May de l'année 1715. à 2ʰ 41' 20" après midy; on trouvera dans la Table de la difference des Meridiens (page 701.) vis-à-vis *Smirne* 1ʰ 39' 59", difference orientale entre l'Observatoire Royal de Paris & *Smirne*, qu'il faut retrancher de 2ʰ 41' 20", & il restera, la soustraction faite, 1ʰ 1' 21", & on calculera le lieu du Soleil pour le 20. May de l'année 1715. à 1ʰ 1' 21" après midy du Meridien de Paris.

II. EXEMPLE.

On veut calculer pour le Meridien de la *Conception*, Ville dans le Royaume de Chily en Amerique, la longitude du Soleil pour le 20. May de l'année 1715. à 1ʰ 30' 24" après midy. On trouvera dans la Table de la difference des Meridiens (page 698.) vis-à-vis de la *Conception* 5ʰ 2′ 10″ difference occidentale entre l'Obfervatoire Royal de Paris & la *Conception*, qu'il faut ajoûter à l'heure donnée 1ʰ 30′ 24″ à caufe que la *Conception* eft plus occidentale que l'Obfervatoire Royal de Paris. L'addition faite, on aura le temps pour lequel il faudra calculer le lieu du Soleil, le 20. May de l'année 1715. qui fera 6ʰ 32′ 34″ après midy.

CHAPITRE II.

De l'Equation des Jours.

LE lieu du Soleil eft calculé dans les Tables pour le temps moyen; c'eft pourquoi il eft neceffaire de reduire le temps donné ou apparent en temps moyen, ce qui fe fait par la Table de l'Equation du temps ou des jours. Il faut connoître pour cela la longitude veritable du Soleil au temps propofé, qu'on cherchera dans la connoiffance des temps, ou dans quelques éphemerides, lors qu'elle n'eft point encore calculee par les Tables. On prendra dans la Table (page 680.) dans la colomne qui eft au deffous du figne de la longitude du Soleil, vis-à-vis du degré donné, l'Equation du temps qu'il faut ajoûter au temps donné, lors qu'elle eft marquée additive, & retrancher lors qu'elle eft marquée fouftractive, pour avoir le temps moyen dont il faut fe fervir pour calculer le lieu du Soleil.

Lors qu'on a calculé le lieu du Soleil pour le temps moyen, il faut pour le reduire au temps vray, prendre avec la longitude du Soleil l'Equation du temps dans la Table (page 680.) qu'il faut retrancher du temps moyen, lorfque l'Equation eft additive, & ajoûter lors qu'elle eft fouftractive, & on aura le temps vray ou apparent.

EXEMPLE.

On cherche l'Equation des jours pour le 28. Février

de l'année 1710. à midy. On trouvera dans la connoiffance des temps le lieu du Soleil qui convient au temps
donné de ♓. 9ᵈ 33′ ou bien de 11ˢ 9ᵈ 33′. Prenez enfuite
dans la Table (page 681.) à la colomne qui eſt au deſſous
de ♓. vis-à-vis de 9. degrez, l'Equation du temps qui eſt
de 13′ 11″ dont on retranchera 6″ pour la partie proportionnelle qui convient à 33′, & on aura l'Equation du
temps qui couvient à ♓. 9ᵈ 33′ de 13′ 5″ additive, qu'il
faut par confequent ajouter au 28. Février 1710. pour
avoir le temps moyen le 28. Février 1710. à 0ᵈ 13′ 5″
on fe fervira de ce temps pour calculer le lieu du
Soleil.

Si l'on a calculé le lieu du Soleil pour le 28. Février
1710. à 0ʰ 13′ 5″ fans avoir égard à l'Equation du temps,
on aura le lieu du Soleil pour le temps moyen qu'on reduira au temps veritable, en prenant avec la longitude du
Soleil, qui eſt de 11ˢ 9ᵈ 33′ l'Equation du temps qu'on
trouvera dans la Table (page 681.) de 13′ 5″ additive,
& qu'il faut par confequent retrancher du temps moyen
pour avoir le temps vray le 28. Février 1710. à midy.

CHAPITRE III.

Des Epoques des moyens Mouvemens du Soleil.

ON a calculé dans la Tables des Epoques des moyens
mouvemens du Soleil (page 682.) la longitude
moyenne du Soleil , & le lieu de fon Apogée pour le
premier Janvier à midy , lorfque l'année eſt biffextile,
& pour le 31. Decembre à midy de l'année précedente,
lorfque l'année propofée eſt commune.

Dans ces Tables les Epoques font marquées pour les
centiémes années, en remontant jufques à 800. ans avant
la naiffance de Jefus-Chrift.

L'année O eſt celle dans laquelle on fuppofe qu'eſt né
Jefus-Chrift, que plufieurs Chronologiftes marquent I,
avant la naiffance de Jefus-Chrift, & que nous avons
marqué O, afin que la fomme des années avant & après

Jesus-Christ, donne l'intervalle qui est entre ces années, & que les nombres divisibles par , 4 , marquent les années bissextiles, tant avant qu'après Jesus-Christ.

Toutes les centiémes années sont bissextiles jusqu'à l'année 1700. qui est commune, suivant la correction Gregorienne. Le moyen mouvement qui convient à l'intervalle qui est entre l'année 1500. & l'année 1600. est moindre que celuy qui est entre les centiémes precedentes de la quantité du moyen mouvement qui convient à dix jours, à cause que par cette correction on a retranché dix jours le 5. Octobre de l'année 1582.

On a calculé les Epoques de ce siecle pour toutes les années jusques à l'année 1800. qui n'est point bissextile.

CHAPITRE IV.

Des moyens Mouvemens du Soleil.

ON a calculé dans la table de la page 685. les moyens mouvemens de la Longitude & de l'Apogée du Soleil, qui conviennent aux années jusques à 20000. On a marqué de suite trois centiémes années communes, & la quatre-centiéme bissextile, suivant la regle de la correction Gregorienne.

On a calculé aussi p. 686. & suivantes les moyens mouvemens du Soleil pour tous les jours de l'année. Aux mois de Janvier & de Février de chacune de ces tables il y a deux colomnes pour les jours du mois, dont la premiere sert pour trouver le moyen mouvement du jour proposé, lorsque l'année est bissextile, & la seconde lorsque l'année est commune.

Dans la table (p.690.) on a marqué les moyens mouvemens du Soleil qui conviennent aux minutes & aux secondes. A l'égard des minutes & des secondes il faut les prendre dans la même table, observant que le titre qui est vis-à-vis les minutes, marque si ce sont des minutes ou des secondes qui conviennent aux moyens mouvemens, & que le titre qui est vis-à-vis les secondes marque les secondes ou tierces du moyen mouvement.

CHAPITRE V.

Trouver le lieu moyen du Soleil pour les années après Jesus-Christ.

SI le temps proposé eſt depuis l'année 1700. juſques à l'année 1800. prenez les Epoques qui conviennent à l'année propoſée, auſquelles vous ajoûterez les moyens mouvemens qui conviennent aux jours du mois & aux heures données, & vous aurez les moyens mouvemens pour le temps donné.

I. EXEMPLE.

On cherche la longitude moyenne du Soleil pour le 23. Novembre de l'année 1709. à minuit.

Prenez dans la table des Epoques des moyens mouvemens du Soleil (page 682.) la longitude moyenne du Soleil pour l'année 1709, qui eſt de 9^s 9^d $56'$ $58''$; ajoûtez-y le moyen mouvement en longitude, qui convient au 23. Novembre que vous trouverez (page 689.) 10^s 22^d $18'$ $23''$, & celuy qui convient à 12. heures, qu'on trouvera (page 690.) de $29'$ $34''$, & vous aurez la longitude moyenne du Soleil pour le 23. Novembre 1709. à minuit de
$$8^s \quad 2^d \quad 44' \quad 55''$$

Longitude moyenne du Soleil pour l'année 1709. $\qquad 9^s \quad 9^d \quad 56' \quad 58''$

Moyen mouvement en longitude pour le 23. Novembre. $\qquad$ 10. 22. 18. 23.

Pour douze heures, $\qquad$ 0. 0. 29. 34.

Longitude moyenne du Soleil le 23. Novembre 1709. à 12^h $\qquad 8^s \quad 2^d \quad 44' \quad 55''$

Pour trouver le lieu moyen du Soleil pour les années qui ſont après Jeſus-Chriſt juſques au 5. Octobre de l'année 1582. auquel temps s'eſt fait la correction Gregorienne, il faut prendre dans la table des Epoques des moyens mouvemens, celles qui conviennent à la centiéme

tiéme année précedente, & y ajoûter le moyen mouvement qui convient aux années, mois, jours & heures
données.

A l'égard du temps qui eft depuis le 15. Octobre 1582.
jufqu'en 1600. il faut en retrancher dix jours, & chercher les moyens mouvemens qui conviennent au temps
ainfi corrigé.

Lorfque le temps propofé eft depuis l'année 1600. il
faut ajoûter à l'Epoque du moyen mouvement de l'année
1600. celuy qui convient aux centaines d'années, & aux
années de chaque fiecle.

II. EXEMPLE.

On cherche la longitude moyenne pour le 7. May de
l'année 133. après Jefus-Chrift à une heure du matin,
prenez dans la table (page 682.) la longitude moyenne
du Soleil, qui convient à l'année 100. après Jefus-Chrift.
Ajoûtez-y le moyen mouvement qui répond à 33. ans,
au 6. May, & à 13. heures. Vous aurez la longitude
moyenne du Soleil pour le 7. May de l'année 133. après
Jefus-Chrift à une heure du matin.

9^r 8^d $47'$ $4''$ Longitude moyenne du Soleil pour l'année 100. après Jefus-Chrift.

18. Moyen mouvement en longitude pour 33,
années.

4. 4. 11. 30. Pour le 6. May.
32. 2. Pour 13. heures.

_____

L 13. 30. 54. Longitude moyenne du Soleil le 7. May
de l'année 133. après Jefus-Chrift à
une heure du matin.

III. EXEMPLE.

On cherche la longitude moyenne du Soleil pour le 24.
Juin de l'année 1592. après Jefus-C. à 8^h du foir. Comme
cette année eft entre celle de la correction Gregorienne
& l'année 1600. retranchez 10. jours du 24. Juin, & prenez la longitude moyenne du Soleil pour l'année 1500,

QQqq

pour 92 ans, pour le 14. Juin, & pour huit heures qu'il faut ajouter enfemble, & on aura la longitude moyenne du Soleil pour le 24. Juin de l'année 1592. après Jefus-Chrift à 8. heures du foir.

9^f 19^d 26' 46" Longitude moyenne du Soleil pour l'année 1500.

    42.   2. Pour 92. ans.

5. 12. 37. 55. Pour le 14. Juin.

  19. 43. Pour 8. heures.

3. 3. 6. 26. Longitude moyenne du Soleil le 24. Juin de l'année 1592. après Jefus-Chrift à huit heures.

IV. EXEMPLE.

On cherche la longitude moyenne du Soleil pour le 15. Mars de l'année 1854. après Jefus-Chrift. Prenez dans la table (page 682.) la longitude moyenne du Soleil pour l'année 1600. & ajoûtez-y le moyen mouvement qui convient à 200. ans, à 52. années, & au 15. Mars, vous aurez la longitude moyenne du Soleil pour le temps donné.

9^f 10^d 21' 5" Longitude moyenne du Soleil pour l'année 1600.

11. 29. 33. 6. Moyen mouvement en longitude pour 200. ans.

11. 29. 55. 6. Pour 54. années.

 2. 12. 56. 16. Pour le 15. Mars.

11. 22. 45. 33. Longitude moyenne du Soleil pour le 15. Mars 1854.

CHAPITRE VI.

Trouver le lieu moyen du Soleil pour les années qui précedent la naiſſance de Jeſus-Chriſt.

LOrſque le temps propoſé eſt avant Jeſus-Chriſt, il faut chercher dans la table des Epoques des moyens mouvemens, celle qui convient à la centiéme année précedente, & y ajoûter le moyen mouvement qui convient au ſupplément des années cherchées juſques à 100.

I. EXEMPLE.

On cherche la longitude moyenne du Soleil pour le 16. Juillet de l'année 522. avant Jeſus-Chriſt à 6^h 17' du ſoir. Il faut prendre dans la table des Epoques des moyens mouvemens du Soleil (page 682.) la longitude moyenne pour l'année 600. avant Jeſus-Chriſt, qui eſt de 9^f 3^d 27' 13", & y ajoûter le moyen mouvement pour 78. années, qui eſt de 6' 4" pour le 16. Juillet qui eſt de 6^f 14^d 10' 21" pour 6. heures qui eſt 14' 47", & pour 17. minutes qui eſt de 42". La ſomme de ces moyens mouvemens joints enſemble donnera la longitude moyenne du Soleil pour le 16. Juillet de l'année 522. avant Jeſus-Chriſt à 6. heures 17. minutes du ſoir 3^f 17^d 59' 57"

9^f 3^d 27' 13" Longitude moyenne du Soleil pour l'année 600. avant Jeſus-Chriſt.

    6. 54. Moyen mouvement en longitude pour 78. années.

6. 14. 10. 21. Pour le 16. Juillet.

    14. 47. Pour 6. heures.

    42. Pour 17. minutes.

3. 17. 59. 57. Longitude moyenne du Soleil le 16. Juillet de l'année 522. avant Jeſus-Chriſt à 6^h 17'

CHAPITRE VII.

Trouver le vray lieu du Soleil.

Prenez dans la table des Epoques & des moyens mou-vemens du Soleil, la longitude moyenne du Soleil & son moyen mouvement pour les années, mois, jours & heures données que vous ajoûterez ensemble pour avoir le lieu ou la longitude moyenne du Soleil pour le temps proposé ; prenez aussi dans les mêmes tables le lieu de l'Apogée du Soleil & son mouvement pour e temps donné que vous ajoûtez ensemble pour avoir le lieu de l'Apogée pour le temps donné.

Retranchez le lieu de l'Apogée de la longitude moyenne du Soleil, & vous aurez la distance du Soleil à son Apogée, ou son anomalie moyenne avec laquelle il faut chercher (page 691.) les degrez, minutes & secon-des de l'équation du Soleil, qu'il faut, suivant les titres qui sont au haut & au bas de la table, ajoûter ou sous-traire de la longitude moyenne du Soleil, pour avoir le vray lieu du Soleil pour le temps moyen.

Pour avoir le vray lieu du Soleil pour le temps vray donné , il faut chercher avec le vray lieu du Soleil trouvé cy-dessus dans la table (page 680.) les minutes & secon-des de l'équation des jours. On prendra ensuite dans la table du mouvement horaire du Soleil (page 690.) les se-condes de degré qui conviennent à cette équation qu'il faut ajoûter au vray lieu du Soleil, lorsque cette équa-tion est additive, & retrancher lors qu'elle est soustrac-tive , & l'on aura le vray lieu du Soleil pour le vray temps donné.

REMARQUE

Pour trouver l'équation du Soleil, il faut, lorfque les fignes de l'Anomalie font au haut de la table, fe fervir des degrez qui font marquez à gauche dans la prem're colomne ; au contraire, lorfque les fignes de l'Anomalie font au bas de la table, il faut prendre les degrez qui font marquez à droite dans la derniere colomne.

Comme cette table n'eft calculée que de degré en degré, il faut prendre la partie proportionnelle qui convient aux minutes & fecondes de l'Anomalie moyenne, en faifant comme un degré ou 60. minutes eft aux minutes & fecondes de l'Anomalie donnée ; ainfi la différence marquée dans la table entre le degré propofé & le degré fuivant eft à la partie proportionnelle de l'équation qui convient aux minutes & fecondes de l'Anomalie.

On a marqué dans la table de l'équation du Soleil fon demy-diametre, qui répond à chaque degré de l'Anomalie moyenne.

I. Exemple.

On cherche le vray lieu du Soleil pour le 23. Novembre de l'année 1709. à 12. heures ou minuit.

Prenez dans la table (page 682.) la longitude moyenne du Soleil pour l'année 1709 qui eft 9ſ 9ᵈ 56' 58", prenez auffi le moyen mouvement en longitude pour le 23. Novembre que vous trouverez (page 689.) de 10ſ 22ᵈ 18' 23", pour 12. heures qui eft de 29' 34". Ajoûtez les enfemble, & vous aurez la longitude moyenne du Soleil pour le 23. Novembre de l'année 1709. à 12. heures de 8ſ 2ᵈ 44' 55".

Prenez dans les mêmes tables le lieu de l'Apogée du Soleil pour l'année 1709. qui eft de 3ſ 7ᵈ 35' 11", auquel il faut ajoûter le mouvement de l'Apogée qui convient au 23. Novembre qui eft de 55. fecondes, & vous aurez le lieu de l'Apogée du Soleil pour le temps propofé de 3ſ 7ᵈ 36' 6".

Retranchez le lieu de l'Apogée du Soleil de sa longitude moyenne trouvée cy-deſſus de 8^f 2^d 44' 55'', & vous aurez l'Anomalie du Soleil de 4^f 25^d 8' 49''. Cherchez dans la Table de l'Equation du Soleil (page 692.) celle qui convient à 4^f 25^d qui eſt de 1' 8'' 0''. Prenez la difference entre l'Equation qui répond à 4^f 25^d, & celle qui répond à 4^f 26^d qui eſt marquée dans la table de 1' 42'', & faites comme 1. degré ou 60' eſt aux minutes & ſecondes de l'Anomalie qui ont été trouvées cy-deſſus de 8' 49''. Ainſi 1' 42'' eſt à 15'' qu'il faut retrancher de 1^d 8' 0'', à cauſe que cette équation va en diminuant, & on aura l'équation du Soleil de 1^d 7' 45''. Retranchez cette équation de la longitude moyenne du Soleil, ſuivant le titre qui eſt au haut de la Table, & vous aurez le vray lieu du Soleil pour le temps moyen de 8^f 1^d 37' 10''.

Cherchez avec le vray lieu du Soleil (page 681.) l'équation du temps que vous trouverez de 12' 57'' ſouſtractive, & prenez (page 690.) le mouvement en longitude qui convient à 12' 57'' qui eſt de 32'' qu'il faut ſouſtraire du lieu du Soleil trouvé cy-deſſus, & on aura le vray lieu du Soleil pour le 23. Novembre de l'année 1709. à 12^h temps vray de 8^f 1^d 36' 38''.

9^f 9^d 56' 58''	Longitude moyenne du Soleil pour l'année 1709.	3^f 7^d 35' 11''	Lieu de l'Apogée du Soleil pour l'année 1709.
10. 22. 18. 23.	Pour le 23. Novembre.	55''	Mouvement de l'Apogée du Sol. le 23 Nov. 1709.
29. 34.	Pour 12. heures.		
8. 2. 44. 55.	Longitude moyenne du Soleil, le 23. Novembre 1709. à 12^h	3. 7. 36. 6.	Lieu de l'Apogée du Soleil, le 23. Novembre 1709.

3. 7. 36. 6. Lieu de l'Apogée du Soleil, le 23. Novembre 1709.

---

4. 25. 8. 49. Anomalie moyenne du Soleil.
   1 7. 45. Equation du Soleil à souftraire de la longitude moyenne.

---

8. 1. 37. 10. Vray lieu du Soleil pour le 23. Novembre 1709. à 12^h temps moyen.
      32″ Longitude qui convient à l'équation des jours, qui eft de 12′ 57″ souftractive.

---

8. 1. 36. 38. Vray lieu du Soleil pour le 23. Novembre 1709. à 12^h temps vray.

II. EXEMPLE.

On cherche le vray lieu du Soleil pour le 13. Février de l'année 1714. à 10^h 42′ du soir.

9^r 9^d 44′ 28″ Longitude moyenne du Soleil pour l'année 1714.	3^r 7^d 40′ 20″ Lieu de l'Apogée du Soleil pour l'année 1714.
1. 13. 22. 7. Pour le 13 Février.	8. Pour le 13. Février.
24. 38. Pour 10. heures.	
1. 43. Pour 42. minutes.	3. 7. 40. 28. Lieu de l'Apogée du Sol. le 13. Fév. 1714.

---

10. 23. 32. 56. Longitude moyenne du Soleil.
 3. 7. 40. 28. Lieu de l'Apogée du Soleil.

---

7. 15. 52. 28. Anomalie moyenne du Soleil.
   1. 24. 53. Equation du Soleil à ajoûter à la longitude moyenne.

---

10. 24. 57. 49. Vray lieu du Soleil le 13. Février 1714. à 10^h 42′ temps moyen.

36″ Longitude qui convient à l'équation du
temps qui eſt de 14′ 52″ additive.

10. 24. 58. 25. Vray lieu du Soleil le 13. Février 1714.
à 10ʰ 42″ temps vray.

III. EXEMPLE.

On cherche le vray lieu du Soleil pour le 28. Février
1717. à 0ʰ 18′ du ſoir.

9ˢ 10ᵈ 0′ 37″ Longitude moyenne du Soleil pour l'année 1717.	3ˢ 7ᵈ 43′ 25″ Lieu de l'Apogée du Soleil pour l'année 1717.
1. 28. 9. 11. Pour le 28. Février.	10. Pour le 28. Février.
44. Pour 18. minutes.	3. 7. 43. 35. Lieu de l'Apogée du Soleil le 28. Fév. 1717.

11. 8. 10. 32. Longitude moyenne du Soleil.
3. 7. 43. 35. Lieu de l'Apogée.

8. 0. 26. 57. Anomalie moyenne.
1. 0. 7. Equation du Soleil à ajoûter à la longitude moyenne.

11. 9. 10. 39. Vray lieu du Soleil le 28. Février 1717.
à 0ʰ 18′ temps moyen.
32. Longitude qui convient à l'équation du
temps, qui eſt de 13. 13. additive.

11. 9. 11. 11. Vray lieu du Soleil le 28. Février 1717.
à 0ʰ 18′ temps vray.

TABLES

TABLES

DES MOUVEMENS

DU SOLEIL.

TABLE
de l'Equation du Temps.

Longitude veritable du Soleil.

Deg.	O. ♈ (min. sec. — Equ. ad.)	Différence	I. ♉ (m. c. — Equ. sous)	Différence	II. ♊ (m. c. — Equ. sous)	Différence	III. ♋ (m. c. — Equ. ad.)	Différence	IV. ♌ (m. c. — Equ. ad.)	Différence	V. ♍ (m. c. — Equ. ad.)	Différence
0	7 42	19	1 8	13	3 56	3	1 3	14	5 45	2	2 9	15
1	7 23	19	1 21	13	3 53	3	1 17	14	5 47	1	1 54	16
2	7 4	19	1 34	13	3 50	4	1 31	14	5 48	1	1 38	16
3	6 45	19	1 47	12	3 46	5	1 44	13	5 49	1	1 22	17
4	6 26	19	1 59	12	3 41	7	1 57	13	5 50	0	1 5	18
5	6 7	18	2 11	11	3 34	7	2 10	13	5 50	1	0 47	19
6	5 49	20	2 22	10	3 27	7	2 23	13	5 49	2	0 28	19
7	5 29	19	2 32	10	3 20	8	2 36	13	5 47	3	0 9	19
8	5 10	19	2 42	10	3 12	8	2 48	12	5 44	4	(soustr.) 0 10	19
9	4 51	19	2 52	10	3 4	8	3 0	12	5 40	5	0 29	19
10	4 32	20	3 2	10	2 56	9	3 12	12	5 35	5	0 48	19
11	4 12	19	3 12	9	2 47	11	3 23	11	5 30	5	1 7	19
12	3 53	19	3 21	7	2 36	10	3 34	11	5 25	6	1 26	20
13	3 34	18	3 28	6	2 26	10	3 45	11	5 19	6	1 46	20
14	3 16	19	3 34	6	2 16	10	3 56	11	5 13	7	2 6	20
15	2 57	18	3 40	5	2 6	11	4 6	10	5 6	8	2 26	21
16	2 39	18	3 45	4	1 55	11	4 16	10	4 58	9	2 47	21
17	2 21	18	3 49	4	1 44	12	4 26	10	4 49	9	3 8	21
18	2 3	17	3 53	4	1 32	12	4 36	10	4 40	9	3 29	22
19	1 46	17	3 57	3	1 20	12	4 45	9	4 31	10	3 51	22
20	1 29	17	4 0	3	1 8	12	4 53	8	4 21	11	4 13	22
21	1 12	17	4 3	2	0 56	12	5 1	8	4 10	12	4 35	22
22	0 55	17	4 5	2	0 44	13	5 8	7	3 58	12	4 57	22
23	0 38	16	4 7	1	0 31	13	5 15	7	3 46	13	5 19	22
24	0 22	16	4 8	2	0 18	14	5 21	6	3 33	13	5 41	21
25	0 6	17	4 6	2	0 4	13	5 26	5	3 20	13	6 2	21
26	(soustract.) 0 11	16	4 4	2	(Additif) 0 9	13	5 31	5	3 6	14	6 23	21
27	0 27	15	4 2	2	0 22	13	5 35	4	2 52	14	6 44	20
28	0 42	13	4 0	2	0 35	13	5 39	4	2 38	14	7 4	20
29	0 55	13	3 58	2	0 49	14	5 42	3	2 24	15	7 24	20
30	1 8		3 56		1 3		5 45		2 9		7 44	

TABLE
de l'Equation du Temps.

	Longitude veritable du Soleil.											
	VI. ♎	Difference.	VII. ♏	Difference.	VIII ♐	Difference.	IX. ♑	Difference.	X. ♒	Difference.	XI. ♓	Difference.
eg.	min.sec. Equ.souf.		min.sec. Equ.souf.		min.sec. Equ.sens.		min.sec. Equ.souf.		min.sec. Equ.add		min.sec. Equ.add	
0	7 44	20	15 33	8	13 27	18	1 1	30	11 41	17	14 30	7
1	8 4	20	15 41	7	13 9	19	0 31	29	11 58	16	14 23	8
2	8 24	20	15 48	6	12 50	19	0 2	30	12 14	15	14 15	8
3	8 44	20	15 54	5	12 31	19	0 28 *Equ.add*	30	12 29	15	14 7	9
4	9 3	19	15 59	4	12 12	20	0 58	30	12 44	14	13 58	9
5	9 22	19	16 3	4	11 52	20	1 28	29	12 58	13	13 49	9
6	9 41	19	16 7	3	11 32	20	1 57	29	13 11	12	13 40	9
7	10 0	19	16 10	1	11 12	21	2 26	29	13 23	12	13 31	9
8	10 19	19	16 11	1	10 51	21	2 55	28	13 35	11	13 21	10
9	10 38	18	16 12	0	10 30	22	3 23	28	13 46	10	13 11	10
10	10 56	19	16 12	0	10 8	23	3 51	28	13 56	10	13 1	10
11	11 15	19	16 12	1	9 45	24	4 19	28	14 6	8	12 50	11
12	11 34	18	16 11	2	9 21	25	4 47	28	14 14	9	12 38	12
13	11 52	18	16 9	3	8 56	26	5 15	28	14 23	6	12 26	12
14	12 10	18	16 6	4	8 30	27	5 42	27	14 29	5	12 13	13
15	12 28	17	16 2	5	8 3	27	6 9	27	14 34	5	12 0	13
16	12 45	16	15 57	6	7 36	26	6 36	27	14 39	5	11 47	13
17	13 1	15	15 51	6	7 10	27	7 2	26	14 43	4	11 32	15
18	13 16	15	15 45	7	6 43	26	7 27	25	14 46	3	11 16	16
19	13 31	14	15 38	7	6 17	27	7 51	24	14 49	3	10 59	17
20	13 45	13	15 31	8	5 50	27	8 14	23	14 51	2	10 41	18
21	13 58	13	15 23	9	5 23	27	8 38	24	14 52	1	10 23	18
22	14 11	12	15 14	10	4 56	27	9 1	23	14 53	1	10 6	17
23	14 23	12	15 4	11	4 28	28	9 24	23	14 53	0	9 47	19
24	14 35	10	14 53	12	4 0	28	9 46	22	14 53	0	9 29	18
25	14 45	10	14 41	13	3 32	28	10 7	21	14 52	1	9 11	18
26	14 55	10	14 28	14	3 3	29	10 27	20	14 49	3	8 53	18
27	15 5	10	14 14	15	2 33	30	10 46	19	14 45	4	8 35	18
28	15 15	9	13 59	16	2 3	30	11 5	19	14 41	4	8 18	17
29	15 24	9	13 43	16	1 32	31	11 23	18	14 36	5	8 0	18
30	15 33		13 27		1 1		11 41		14 30	6	7 42	18

TABLE
des Epoques des moyens Mouvemens du Soleil.

Années Juliennes avant Jesus-Ch.

Années	sig.	deg	min.	sec	f.	d.	m.	f.
B 800	9	1	55	50	1	24	33	2
B 700	9	2	41	32	1	26	15	57
B 600	9	3	27	13	1	27	58	52
B 500	9	4	12	55	1	29	41	47
B 400	9	4	58	37	2	1	24	42
B 300	9	5	44	18	2	3	7	37
B 200	9	6	30	0	2	4	50	32
B 100	9	7	15	41	2	6	33	27
B 0	9	8	1	23	2	8	16	22

Années Julien. après Jesus-Christ.

Années	sig.	deg	min.	sec	f.	d.	m.	f.
B 100	9	8	47	4	2	9	59	17
B 200	9	9	32	46	2	11	42	12
B 300	9	10	18	28	2	13	25	7
B 400	9	11	4	9	2	15	8	2
B 500	9	11	49	51	2	16	50	57
B 600	9	12	35	32	2	18	33	52
B 700	9	13	21	14	2	20	16	47
B 800	9	14	6	55	2	21	59	42
B 900	9	14	52	37	2	23	42	37
B 1000	9	15	38	19	2	25	25	32
B 1100	9	16	14	0	2	27	8	27
B 1200	9	17	9	42	2	28	51	22
B 1300	9	17	55	23	3	0	34	17
B 1400	9	18	41	5	3	2	17	12
B 1500	9	19	26	46	3	4	0	7

Années Gregor. après Jesus-Christ.

Années	sig.	deg	min.	sec	f.	d.	m.	f.
B 1600	9	10	21	5	3	5	43	0
C 1700	9	10	7	38	3	7	25	55
C 1701	9	9	53	18	3	7	26	57
C 1702	9	9	38	59	3	7	27	58
C 1703	9	9	24	39	3	7	29	0
B 1704	9	10	9	28	3	7	30	2

Années Gregor. après Jesus-Christ.

Années	sig.	deg	min.	sec	f.	d.	m.	f.
1705	9	9	55	8	3	7	31	4
1706	9	9	40	48	3	7	32	6
1707	9	9	26	29	3	7	33	8
B 1708	9	10	11	17	3	7	34	9
1709	9	9	56	58	3	7	35	11
1710	9	9	42	38	3	7	36	13
1711	9	9	28	18	3	7	37	15
B 1712	9	10	13	7	3	7	38	16
1713	9	9	58	47	3	7	39	18
1714	9	9	44	28	3	7	40	20
1715	9	9	30	8	3	7	41	22
B 1716	9	10	14	57	3	7	42	23
1717	9	10	0	37	3	7	43	25
1718	9	9	46	17	3	7	44	27
1719	9	9	31	58	3	7	45	29
B 1720	9	10	16	46	3	7	46	30
1721	9	10	2	27	3	7	47	32
1722	9	9	48	7	3	7	48	34
1723	9	9	33	47	3	7	49	36
B 1724	9	10	18	36	3	7	50	37
1725	9	10	4	16	3	7	51	39
1726	9	9	49	57	3	7	52	41
1727	9	9	35	37	3	7	53	43
B 1728	9	10	20	26	3	7	54	44
1729	9	10	6	6	3	7	55	46
1730	9	9	51	46	3	7	56	48
1731	9	9	37	27	3	7	57	50
B 1732	9	10	22	15	3	7	58	51
1733	9	10	7	56	3	7	59	53
1734	9	9	53	36	3	8	0	55
1735	9	9	39	16	3	8	1	57
1736	9	10	24	57	3	8	2	58

TABLE
des Epoques des moyens Mouvemens du Soleil.

Années Gregor. après Jesus-Christ.

Années.	Long. moyenne.				Lieu de l'Apogée			
	ſ.	d.	m.	ſ.	ſ.	d.	m.	ſ.
1737	9	10	9	46	3	8	4	0
1738	9	9	55	26	3	8	5	1
1739	9	9	41	6	3	8	6	3
B1740	9	10	25	55	3	8	7	5
1741	9	10	11	35	3	8	8	7
1742	9	9	57	15	3	8	9	9
1743	9	9	42	56	3	8	10	11
B1744	9	10	27	44	3	8	11	12
1745	9	10	13	25	3	8	12	14
1746	9	9	59	5	3	8	13	15
1747	9	9	44	45	3	8	14	17
B1748	9	10	29	34	3	8	15	19
1749	9	10	15	14	3	8	16	21
1750	9	10	0	55	3	8	17	23
1751	9	9	46	35	3	8	18	25
B1752	9	10	31	24	3	8	19	26
1753	9	10	17	4	3	8	20	28
1754	9	10	2	44	3	8	21	30
1755	9	9	48	25	3	8	22	32
B1756	9	10	33	13	3	8	23	33
1757	9	10	18	53	3	8	24	35
1758	9	10	4	34	3	8	25	36
1759	9	9	50	14	3	8	26	38
B1760	9	10	35	3	3	8	27	40
1761	9	10	20	43	3	8	28	42
1762	9	10	6	23	3	8	29	43
1763	9	9	52	4	3	8	30	45
B1764	9	10	36	52	3	8	31	47
1765	9	10	22	33	3	8	32	49
1766	9	10	8	13	3	8	33	50
1767	9	9	53	34	3	8	34	52
B1768	9	10	38	42	3	8	35	54

Années Gregor. après Jesus-Christ

Années.	Long. moyenne				Lieu de l'Apogée.			
	ſ.	d.	m.	ſ.	ſ.	d.	m.	ſ.
1769	9	10	24	23	3	8	36	55
1770	9	10	10	3	3	8	37	57
1771	9	9	55	43	3	8	38	59
B1772	9	10	40	32	3	8	40	1
1773	9	10	26	12	3	8	41	3
1774	9	10	11	53	3	8	42	5
1775	9	9	57	33	3	8	43	7
B1776	9	10	42	22	3	8	44	8
1777	9	10	28	2	3	8	45	10
1778	9	10	13	42	3	8	46	12
1779	9	9	59	23	3	8	47	14
B1780	9	10	44	11	3	8	48	15
1781	9	10	29	52	3	8	49	17
1782	9	10	15	32	3	8	50	19
1783	9	10	1	12	3	8	51	21
B1784	9	10	46	1	3	8	52	22
1785	9	10	31	41	3	8	53	24
1786	9	10	17	22	3	8	54	26
1787	9	10	3	2	3	8	55	28
B1788	9	10	47	51	3	8	56	29
1789	9	10	33	31	3	8	57	31
1790	9	10	19	12	3	8	58	33
1791	9	10	4	52	3	8	59	34
B1792	9	10	49	41	3	9	0	36
1793	9	10	35	21	3	9	1	38
1794	9	10	21	1	3	9	2	40
1795	9	10	6	42	3	9	3	42
B1796	9	10	51	30	3	9	4	43
1797	9	10	37	11	3	9	5	45
1798	9	10	22	51	3	9	6	47
1799	9	10	8	31	3	9	7	48
1800	9	9	54	12	3	9	8	50

TABLE
des moyens Mouvemens du Soleil.

Années.	Longitude s.	d.	m.	s.	Apogée d.	m.	s.
1	11	29	45	40	0	1	2
2	11	29	31	21	0	2	3
3	11	29	17	1	0	3	5
B. 4	0	0	1	50	0	4	7
5	11	29	47	30	0	5	9
6	11	29	33	10	0	6	11
7	11	29	18	51	0	7	13
B. 8	0	0	3	39	0	8	14
9	11	29	49	20	0	9	16
10	11	29	35	0	0	10	18
11	11	29	20	40	0	11	20
B. 12	0	0	5	29	0	12	21
13	11	29	51	9	0	13	23
14	11	29	36	50	0	14	35
15	11	29	22	30	0	15	27
B. 16	0	0	7	19	0	16	28
17	11	29	52	59	0	17	30
18	11	29	38	39	0	18	32
19	11	29	24	20	0	19	34
B. 20	0	0	9	8	0	20	35
21	11	29	54	49	0	21	37
22	11	29	40	29	0	22	39
23	11	29	26	9	0	23	41
B. 24	0	0	10	58	0	24	42
25	11	29	56	38	0	25	44
26	11	19	42	19	0	26	46
27	11	29	27	59	0	27	48
B. 28	0	0	12	48	0	28	49
29	11	29	58	28	0	29	51
30	11	29	44	8	0	30	53

Années.	Longitude s.	d.	m.	s.	Apogée d.	m.	s.
31	11	29	29	49	0	31	55
P. 32	0	0	14	37	0	32	56
33	0	0	0	18	0	33	58
34	11	29	45	58	0	35	0
35	11	29	31	38	0	36	2
B. 36	0	0	16	27	0	37	3
37	0	0	2	7	0	38	5
38	11	29	47	48	0	39	6
39	11	29	33	28	0	40	8
B. 40	0	0	18	17	0	41	10
41	0	0	3	57	0	42	12
42	11	29	49	37	0	43	14
43	11	29	35	18	0	44	15
B. 44	0	0	20	6	0	45	17
45	0	0	5	47	0	46	19
46	11	29	51	27	0	47	20
47	11	29	37	7	0	48	22
B. 48	0	0	21	56	0	49	24
39	0	0	7	36	0	50	26
50	11	29	53	17	0	51	28
51	11	29	38	57	0	52	30
B. 52	0	0	23	46	0	53	31
53	0	0	9	26	0	54	34
54	11	29	55	6	0	55	35
55	11	29	40	47	0	56	37
B. 56	0	0	25	35	0	57	38
57	0	0	11	16	0	58	40
58	11	29	56	56	0	59	42
59	11	29	42	36	1	0	43
B. 60	0	0	27	25	1	1	45

TABLE
des moyens Mouvemens du Soleil.

Années	Longitude (s. d. m. s.)				Apogée (d. m. s.)		
61	0	0	13	5	1	2	47
62	11	29	58	46	1	3	48
63	11	29	44	26	1	4	50
B. 64	0	0	29	15	1	5	52
65	0	0	14	55	1	6	53
66	0	0	0	35	1	7	55
67	11	29	46	16	1	8	57
Biff. 68	0	0	31	4	1	9	59
69	0	0	16	45	1	11	0
70	0	0	2	26	1	12	2
71	11	29	48	6	1	13	4
Biff. 72	0	0	32	54	1	14	6
73	0	0	18	34	1	15	8
74	0	0	4	15	1	16	10
75	11	29	49	55	1	17	12
Biff. 76	0	0	34	44	1	18	13
77	0	0	20	24	1	19	15
78	0	0	6	4	1	20	16
79	11	29	51	45	1	21	18
Biff. 80	0	0	36	33	1	22	20
81	0	0	22	14	1	23	22
82	0	0	7	54	1	24	24
83	11	29	53	34	1	25	25
Biff. 84	0	0	38	23	1	26	27
85	0	0	24	3	1	27	29
86	0	0	9	44	1	28	30
87	11	29	55	24	1	29	32
Biff. 88	0	0	40	13	1	30	34
89	0	0	25	53	1	31	36
90	0	0	11	33	1	32	38

Années	Longitude (s. d. m. s.)				Apogée (s. d. m. s.)			
91	11	29	57	14	0	1	33	40
Biff. 92	0	0	42	2	0	1	34	41
93	0	0	27	43	0	1	35	43
94	0	0	13	23	0	1	36	45
95	11	29	59	3	0	1	37	47
Biff. 96	0	0	43	52	0	1	38	48
97	0	0	29	32	0	1	39	50
98	0	0	15	13	0	1	40	52
99	0	0	0	53	0	1	41	53
B. 100	0	0	45	42	0	1	42	55
C. 100	11	29	46	33	0	1	42	55
C. 200	11	29	33	6	0	3	25	50
C. 300	11	29	16	40	0	5	8	45
B. 400	0	0	5	21	0	6	51	40
C. 500	11	29	51	55	0	8	34	35
C. 600	11	29	38	28	0	10	17	30
C. 700	11	29	25	1	0	12	0	25
B. 800	0	0	10	43	0	13	43	50
C. 900	11	29	57	16	0	15	26	15
C 1000	11	29	43	49	0	17	9	9
B. 2000	0	0	26	47	1	4	18	18
C 3000	0	0	10	36	1	21	27	27
B. 4000	0	0	53	33	2	8	36	36
C 5000	0	0	37	22	2	25	45	45
B. 6000	0	1	20	20	3	12	54	54
C 7000	0	1	4	9	4	0	4	3
B. 8000	0	1	47	6	4	17	13	12
C 9000	0	1	30	55	5	4	22	21
B. 10000	0	2	13	53	5	21	31	40
B. 20000	0	4	27	46	11	13	3	0

TABLE
des moyens Mouvemens du Soleil.

Janvier.

Bissextile. jours.	commune. jours.	Longitude. s.	d.	m.	s.	Ap. l.
1	0	0	0	0	0	
2	1	0	0	59	8	
3	2	0	1	58	17	
4	3	0	2	57	25	
5	4	0	3	56	33	
6	5	0	4	55	42	1
7	6	0	5	54	50	
8	7	0	6	53	58	
9	8	0	7	53	7	
10	9	0	8	52	15	
11	10	0	9	51	23	2
12	11	0	10	50	32	
13	12	0	11	49	40	
14	13	0	12	48	48	
15	14	0	13	47	57	
16	15	0	14	47	5	3
17	16	0	15	46	13	
18	17	0	16	45	22	
19	18	0	17	44	30	
20	19	0	18	43	38	
21	20	0	19	42	47	4
22	21	0	20	41	55	
23	22	0	21	41	3	
24	23	0	22	40	12	
25	24	0	23	39	20	
26	25	0	24	38	28	5
27	26	0	25	37	36	
28	27	0	26	36	45	
29	28	0	27	35	53	
30	29	0	28	35	2	
31	30	0	29	34	10	
	31	1	0	33	18	

Février.

Bissextile. jours.	commune. jours.	Longitude. s.	d.	m.	s.	Ap. s.
1		1	0	33	18	
2	1	1	1	32	27	
3	2	1	2	31	35	
4	3	1	3	30	43	
5	4	1	4	29	52	
6	5	1	5	29	0	6
7	6	1	6	28	8	
8	7	1	7	27	17	
9	8	1	8	26	25	
10	9	1	9	25	33	
11	10	1	10	24	42	7
12	11	1	11	23	50	
13	12	1	12	22	58	
14	13	1	13	22	7	
15	14	1	14	21	15	
16	15	1	15	20	23	8
17	16	1	16	19	32	
18	17	1	17	18	40	
19	18	1	18	17	48	
20	19	1	19	16	56	
21	20	1	20	16	5	9
22	21	1	21	15	13	
23	22	1	22	14	22	
24	23	1	23	13	30	
25	24	1	24	12	38	
26	25	1	25	11	47	10
27	26	1	26	10	55	
28	27	1	27	10	3	
29	28	1	28	9	11	

Mars.

jours.	Longitude. s.	d.	m.	s.	Ap. s.
1	1	29	8	19	10
2	2	0	7	28	
3	2	1	6	37	
4	2	2	5	45	
5	2	3	4	53	11
6	2	4	4	1	
7	2	5	3	10	
8	2	6	2	18	
9	2	7	1	26	
10	2	8	0	35	12
11	2	8	59	43	
12	2	9	58	51	
13	2	10	58	0	
14	2	11	57	8	
15	2	12	56	16	13
16	2	13	55	25	
17	2	14	54	33	
18	2	15	53	41	
19	2	16	52	50	
20	2	17	51	58	14
21	2	18	51	6	
22	2	19	50	14	
23	2	20	49	23	
24	2	21	48	31	
25	2	22	47	40	15
26	2	23	46	48	
27	2	24	45	56	
28	2	25	45	5	
29	2	26	44	13	
30	2	27	43	21	
31	2	28	42	30	

TABLE

TABLE
des moyens Mouvemens du Soleil.

Avril jours	f.	d.	m.	f.	Ap. f.	May jours	f.	d.	m.	f.	Ap. f.	Juin jours	f.	d.	m.	f.	Ap. f.
1	2	29	41	38	16	1	3	29	15	48	21	1	4	29	49	6	26
2	3	0	40	47		2	4	0	14	56		2	5	0	48	15	
3	3	1	39	55		3	4	1	14	5		3	5	1	47	23	
4	3	2	39	3		4	4	2	13	13		4	5	2	46	31	
5	3	3	38	11	16	5	4	3	12	21	21	5	5	3	45	39	26
6	3	4	37	20		6	4	4	11	30		6	5	4	44	47	
7	3	5	36	28		7	4	5	10	38		7	5	5	43	56	
8	3	6	35	36		8	4	6	9	46		8	5	6	43	4	
9	3	7	34	45		9	4	7	8	55		9	5	7	42	13	
10	3	8	33	53	17	10	4	8	8	3	22	10	5	8	41	21	27
11	3	9	33	1		11	4	9	7	11		11	5	9	40	30	
12	3	10	32	10		12	4	10	6	20		12	5	10	39	38	
13	3	11	31	18		13	4	11	5	28		13	5	11	38	46	
14	3	12	30	26		14	4	12	4	37		14	5	12	37	55	
15	3	13	29	34	18	15	4	13	3	45	23	15	5	13	37	3	28
16	3	14	28	43		16	4	14	2	53		16	5	14	36	11	
17	3	15	27	51		17	4	15	2	1		17	5	15	35	20	
18	3	16	27	0		18	4	16	1	10		18	5	16	34	28	
19	3	17	26	0		19	4	17	0	18		19	5	17	33	36	
20	3	18	25	16	19	20	4	17	59	26	24	20	5	18	32	45	29
21	3	19	24	25		21	4	18	58	34		21	5	19	31	53	
22	3	20	23	33		22	4	19	57	43		22	5	20	31	1	
23	3	21	22	41		23	4	20	56	51		23	5	21	30	10	
24	3	22	21	50		24	4	21	59	0		24	5	22	29	18	
25	3	23	20	50	20	25	4	22	55	8	25	25	5	23	28	26	30
26	3	24	20	6		26	4	23	54	16		26	5	24	27	35	
27	3	25	19	15		27	4	24	53	25		27	5	25	26	43	
28	3	26	18	23		28	4	25	52	33		28	5	26	25	51	
29	3	27	17	31		29	4	26	51	41		29	5	27	25	0	
30	3	28	16	40		30	4	27	50	50		30	5	28	24	8	
						31	4	28	49	58							

TABLE
des moyens Mouvemens du Soleil.

jours.	Juillet. Longitude s.	d.	m.	s.	Ap s.	jours.	Aoust. Longitude s.	d.	m.	s.	Ap s.	jours.	Septembre. Longitude s.	d.	m.	s.	Ap s.
1	5	29	23	16	31	1	6	29	56	34	36	1	8	0	29	53	42
2	6	0	22	24		2	7	0	55	42		2	8	1	29	1	
3	6	1	21	33		3	7	1	54	51		3	8	2	28	9	
4	6	2	20	41		4	7	2	53	59		4	8	3	27	18	
5	6	3	19	49	31	5	7	3	53	7	37	5	8	4	26	26	42
6	6	4	18	58		6	7	4	52	15		6	8	5	25	34	
7	6	5	18	6		7	7	5	51	24		7	8	6	24	43	
8	6	6	17	14		8	7	6	50	52		8	8	7	23	51	
9	6	7	16	22		9	7	7	49	40		9	8	8	22	59	
10	6	8	15	31	32	10	7	8	48	48	38	10	8	9	22	8	43
11	6	9	14	39		11	7	9	47	57		11	8	10	21	16	
12	6	10	13	47		12	7	10	47	5		12	8	11	20	24	
13	6	11	12	56		13	7	11	46	13		13	8	12	19	33	
14	6	12	12	4		14	7	12	45	21		14	8	13	18	41	
15	6	13	11	12	33	15	7	13	44	30	39	15	8	14	17	49	44
16	6	14	10	21		16	7	14	43	38		16	8	15	16	58	
17	6	15	9	29		17	7	15	42	46		17	8	16	16	6	
18	6	16	8	37		18	7	16	41	55		18	8	17	15	14	
19	6	17	7	45		19	7	17	41	3		19	8	18	14	23	
20	6	18	6	54	34	20	7	18	40	11	40	20	8	19	13	31	45
21	6	19	6	2		21	7	19	39	19		21	8	20	12	39	
22	6	20	5	11		22	7	20	38	28		22	8	21	11	47	
23	6	21	4	19		23	7	21	37	36		23	8	22	10	56	
24	6	22	3	28		24	7	22	36	44		24	8	23	10	4	
25	6	23	2	36	35	25	7	23	35	53	41	25	8	24	9	12	46
26	6	24	1	44		26	7	24	35	1		26	8	25	8	21	
27	6	25	0	52		27	7	25	34	10		27	8	26	7	29	
28	6	26	0	0		28	7	26	33	18		28	8	27	6	37	
29	6	26	59	9		29	7	27	32	26		29	1	28	5	45	
30	6	27	58	17		30	7	28	31	36		30	8	29	4	54	
31	6	28	57	26		31	7	29	30	45							

TABLE
des moyens Mouvemens du Soleil.

Octobre jours	s.	d.	m.	s.	Ap. s.	Novembre jours	s.	d.	m.	s.	Ap. s.	Decembre jours	s.	d.	m.	s.	s.
1	9	0	4	3	47	1	10	0	37	20	52	1	11	0	11	31	57
2	9	1	3	11		2	10	1	36	29		2	11	1	10	39	
3	9	2	2	19		3	10	2	35	37		3	11	2	9	47	
4	9	3	1	28		4	10	3	34	46		4	11	3	8	56	
5	9	4	0	36	47	5	10	4	33	54	52	5	11	4	8	4	57
6	9	4	59	44		6	10	5	33	2		6	11	5	7	12	
7	9	5	58	53		7	10	6	32	10		7	11	6	6	21	
8	9	6	58	1		8	10	7	31	19		8	11	7	5	29	
9	9	7	57	9		9	10	8	30	27		9	11	8	4	37	
10	9	8	56	19	48	10	10	9	29	35	53	10	11	9	3	46	58
11	9	9	55	26		11	10	10	28	44		11	11	10	2	54	
12	9	10	54	34		12	10	11	27	52		12	11	11	2	12	
13	9	11	53	42		13	10	12	27	0		13	11	12	1	10	
14	9	12	52	50		14	10	13	26	8		14	11	13	0	18	
15	9	13	51	58	49	15	10	14	25	17	54	15	11	13	19	27	59
16	9	14	51	7		16	10	15	24	25		16	11	14	58	35	
17	9	15	50	15		17	10	16	23	34		17	11	15	57	44	
18	9	16	49	23		18	10	17	22	42		18	11	16	56	52	
19	9	17	48	31		19	10	18	21	50		19	11	17	56	0	
20	9	18	47	40	50	20	10	19	20	59	55	20	11	18	55	9	60
21	9	19	46	48		21	10	20	20	7		21	11	19	54	17	
22	9	20	45	57		22	10	21	19	15		22	11	20	53	25	
23	9	21	45	5		23	10	22	18	23		23	11	21	52	33	
24	9	22	44	13		24	10	23	17	32		24	11	22	51	40	
25	9	23	43	21	51	25	10	24	16	40	56	25	11	23	50	52	61
26	9	24	42	30		26	10	25	15	48		26	11	24	49	58	
27	9	25	41	38		27	10	26	14	57		27	11	25	49	7	
28	9	26	40	46		28	10	27	14	5		28	11	26	48	15	
29	9	27	39	55		29	10	28	13	13		29	11	27	47	24	
30	9	28	39	3		30	10	29	12	22		30	11	28	46	33	
31	9	29	38	12								31	11	29	45	41	62

TABLE
des moyens Mouvemens du Soleil.

Pour les Heures,   *Minutes*   *& Secondes.*

Heur	Longitude. min.	sec.
1	2	28
2	4	56
3	7	24
4	9	51
5	12	19
6	14	47
7	17	15
8	19	43
9	22	11
10	24	38
11	27	6
12	29	34
13	32	2
14	34	30
15	36	58
16	39	25
17	41	53
18	44	21
19	46	49
20	49	17
21	5,1	45
22	54	13
23	56	40
24	59	8

min. (s.)	Longitude. min. (m)	sec. (s.)
1	0	2
2	0	5
3	0	7
4	0	10
5	0	12
6	0	15
7	0	17
8	0	20
9	0	22
10	0	25
11	0	27
12	0	30
13	0	32
14	0	34
15	0	37
16	0	39
17	0	42
18	0	44
19	0	47
20	0	49
21	0	52
22	0	54
23	0	57
24	0	59
25	1	2
26	1	4
27	1	7
28	1	9
29	1	11
30	1	14

min. (s.)	Longitude. m. (s.)	s. (t.)
31	1	16
32	1	19
33	1	21
34	1	24
35	1	26
36	1	29
37	1	31
38	1	34
39	1	36
40	1	39
41	1	41
42	1	43
43	1	46
44	1	48
45	1	51
46	1	53
47	1	56
48	1	58
49	2	1
50	2	3
51	2	6
52	2	8
53	2	11
54	2	13
55	2	16
56	2	18
57	2	20
58	2	23
59	2	25
60	2	28

TABLE
de l'Equation du Soleil & de son-demi-diametre.

Anomalie moyenne du Soleil.

Degrez	O Signes — Equation soustractive (m. s.)	Difference	demi-di. du Soleil (m. s.)	I. Signes — Equation soustractive (d. m. s.)	Difference	demi-di. du Soleil (m.)	II. Signes — Equation soustractive (d. m. s.)	Difference	demi-d. du Sol. (m. s.)	Degrez
0	0 0		15 50	0 57 36		15 52	1 40 22		15 58	30
1	2 0	2 0	15 50	0 59 20	1 44	15 52	1 41 23	1 1	15 58	29
2	4 0	2 0	15 50	1 1 3	1 43	15 52	1 42 22	0 59	15 58	28
3	6 0	2 0	15 50	1 2 46	1 43	15 52	1 43 20	0 58	15 58	27
4	8 0	2 0	15 50	1 4 27	1 41	15 52	1 44 16	56	15 59	26
5	10 0	2 0	15 50	1 6 7	1 40	15 53	1 45 10	54	15 59	25
6	11 59	1 59	15 50	1 7 46	1 39	15 53	1 46 2	52	15 59	24
7	13 59	2 0	15 50	1 9 24	1 38	15 53	1 46 52	50	16 60	23
8	15 59	2 0	15 50	1 11 0	1 36	15 53	1 47 40	48	16 0	22
9	17 58	1 59	15 50	1 12 35	1 35	15 53	1 48 26	46	16 0	21
0	19 57	1 59	15 50	1 14 9	1 34	15 54	1 49 11	45	16 0	20
11	21 56	1 59	15 50	1 15 42	1 33	15 54	1 49 53	42	16 0	19
12	23 55	1 59	15 50	1 17 14	1 32	15 54	1 50 34	41	16 1	18
13	25 53	1 58	15 50	1 18 44	1 30	15 54	1 51 13	39	16 1	17
14	27 50	1 57	15 50	1 20 12	1 28	15 54	1 51 49	36	16 1	16
15	29 46	1 56	15 51	1 21 40	1 28	15 54	1 52 24	35	16 1	15
16	31 42	1 56	15 51	1 23 6	1 26	15 54	1 52 56	32	16 2	14
17	33 38	1 56	15 51	1 24 30	1 24	15 55	1 53 26	30	16 2	13
18	35 33	1 55	15 51	1 25 52	1 22	15 55	1 53 55	29	16 2	12
19	37 28	1 55	15 51	1 27 13	1 21	15 55	1 54 21	26	16 2	11
20	39 22	1 54	15 51	1 28 33	1 20	15 55	1 54 46	25	16 3	10
21	41 15	1 53	15 51	1 29 51	1 18	15 55	1 55 8	22	16 3	9
22	43 8	1 53	15 51	1 31 8	1 17	15 56	1 55 28	20	16 3	8
23	45 0	1 52	15 51	1 32 23	1 15	15 56	1 55 46	18	16 3	7
24	46 50	1 50	15 51	1 33 37	1 14	15 56	1 56 2	16	16 4	6
25	48 39	1 49	15 51	1 34 49	1 12	15 56	1 56 15	13	16 4	5
26	50 28	1 49	15 51	1 35 59	1 10	15 57	1 56 27	12	16 4	4
27	52 16	1 48	15 51	1 37 7	1 8	15 57	1 56 37	10	16 4	3
28	54 4	1 48	15 52	1 38 14	1 7	15 57	1 56 44	7	16 5	2
29	55 51	1 47	15 52	1 39 19	1 5	15 57	1 56 49	5	16 5	1
30	57 36	1 45	15 52	1 40 22	1 3	15 58	1 56 52	3	16 5	0
	Equation additive.		demi-d. du Soleil	Equation additive.		demi-d. du Sol.	Equation additive.		demi d. du Sol.	Degrez
	XI. Signes.			X. Signes.			IX. Signes.			

Anomalie moyenne du Soleil.

TABLE
de l'Equation du Soleil & de son demi-diametre.

Anomalie moyenne du Soleil.

Degrez	III. Signes — Equation soustractive (d. m. f.)	Difference	demi-d. du Sol. (m. f.)	IV. Signes — Equation soustractive (d. m. f.)	Difference	demi-d. lu Sol. (m. f.)	V. Signes — Equation (m. f.)	Difference	demi-d. du Sol. (m. f.)	Degrez
0	1 56 52		16 5	1 42 5		16 14	59 19		16 20	30
1	1 56 52	1	16 5	1 41 4	1 1	16 14	57 31	1 48	16 20	29
2	1 56 52	1	16 6	1 40 1	1 3	16 14	55 42	1 49	16 20	28
3	1 56 49	3	16 5	1 38 57	1 4	16 15	53 52	1 50	16 21	27
4	1 56 44	5	16 6	1 37 50	1 7	16 15	52 1	1 51	16 21	26
5	1 56 36	8	16 7	1 36 41	1 9	16 15	50 10	1 51	16 21	25
6	1 56 26	10	16 7	1 35 30	1 11	16 15	48 17	1 53	16 21	24
7	1 56 14	12	16 7	1 34 18	1 12	16 16	46 23	1 54	16 21	23
8	1 56 0	14	16 7	1 33 4	1 14	16 16	44 29	1 54	16 21	22
9	1 55 44	16	16 8	1 31 48	1 16	16 16	42 33	1 56	16 21	21
10	1 55 26	18	16 8	1 30 31	1 17	16 16	40 37	1 56	16 21	20
11	1 55 6	20	16 8	1 29 12	1 19	16 16	38 40	1 57	16 21	19
12	1 54 43	23	16 9	1 27 51	1 21	16 17	36 43	1 57	16 21	18
13	1 54 18	25	16 9	1 26 29	1 22	16 17	34 44	1 59	16 22	17
14	1 53 52	26	16 9	1 25 5	1 24	16 17	32 45	1 59	16 22	16
15	1 53 23	29	16 10	1 23 39	1 26	16 17	30 45	2 0	16 22	15
16	1 52 52	31	16 10	1 22 12	1 27	16 18	28 45	2 0	16 22	14
17	1 52 19	33	16 10	1 20 43	1 29	16 18	26 44	2 1	16 22	13
18	1 51 44	35	16 11	1 19 12	1 31	16 18	24 43	2 2	66 22	12
19	1 51 7	37	16 11	1 17 40	1 32	16 18	22 41	2 2	16 22	11
20	1 50 28	39	16 11	1 16 7	1 33	16 19	20 38	2 3	16 22	10
21	1 49 47	41	16 12	1 14 32	1 35	16 19	18 35	2 3	16 22	9
22	1 49 4	43	16 12	1 12 56	1 36	16 19	16 32	2 3	16 22	8
23	1 48 19	45	16 12	1 11 19	1 37	16 19	14 29	2 3	16 23	7
24	1 47 31	48	16 12	1 9 40	1 39	16 19	12 26	2 3	16 23	6
25	1 46 41	50	16 13	1 8 0	1 40	16 20	10 22	2 4	16 23	5
26	1 45 50	51	16 13	1 6 18	1 42	16 20	8 18	2 4	16 23	4
27	1 44 57	53	16 13	1 4 35	1 43	16 20	6 14	2 4	16 23	3
28	1 44 2	55	16 13	1 2 51	1 44	16 20	4 9	2 5	16 23	2
29	1 43 5	57	16 14	1 1 6	1 45	16 20	2 5	2 4	16 23	1
30	1 42 5	1 0	16 14	0 59 19	1 47	16 20	0 0	2 5	16 23	0
	Equation additive.		demi d. lu Sol.	Equation additive.		demi-d. du Sol.	Equation additive.		demi-d. du Sol.	Degrez.

VIII. Signes.   **VII. Signes.**   **VI. Signes.**

Anomalie moyenne du Soleil.

TABLE
des Declinaiſons du Soleil pour chaque degré de l'Ecliptique.

Longitude.

Deg.	♈ ♎ declinaiſon. d. m. ſ.			Difference.	♉ ♏ declinaiſon. d. m. ſ.			Difference.	♊ ♐ declinaiſon. d. m. ſ.			Difference.		D·g.
0	0	0	0		11	29	33		20	11	15				30
1	0	23	55	23 55	11	50	36	21 3	20	23	49	12	34		29
2	0	47	49	23 54	12	11	26	20 50	20	35	59	12	10		28
3	1	11	42	23 53	12	32	5	20 39	20	47	38	11	49		27
4	1	35	34	23 52	12	52	31	20 26	20	59	13	11	25		26
5	1	59	25	23 51	13	12	44	20·13	21	10	14	11	1		25
6	2	23	14	23 49	13	32	45	20 1	21	20	53	10	39		24
7	2	47	1	23 47	13	52	32	19 47	21	31	7	10	14		23
8	3	10	45	23 44	14	12	5	19 33	21	40	58	9	58		22
9	3	34	26	23 41	14	31	24	19 19	21	50	24	9	26		21
10	3	58	4	23 38	14	50	28	19 4	21	59	25	9	1		20
11	4	21	38	23 34	15	9	17	18 49	22	8	2	8	37		19
12	4	45	9	23 31	15	27	51	18 34	22	16	14	8	12		18
13	5	8	34	23 25	15	46	9	18 18	22	24	0	7	46		17
14	5	31	55	23 21	16	4	12	18 3	22	31	21	7	21		16
15	5	55	11	23 16	16	21	57	17 45	22	38	16	6	55		15
16	6	18	21	23 10	16	39	26	17 29	22	44	46	6	30		14
17	6	41	26	23 5	16	56	37	17 11	22	50	49	6	3		13
18	7	4	24	22 58	17	13	31	16 54	22	56	26	5	37		12
19	7	27	15	22 51	17	30	7	16 36	23	1	36	5	10		11
20	7	49	59	22 24	17	46	25	16 18	23	6	20	4	44		10
21	8	12	36	22 37	18	2	24	15 59	23	10	38	4	18		9
22	8	35	6	22 30	18	18	3	15 39	23	14	29	3	51		8
23	8	57	27	22 21	18	33	24	15 21	23	17	52	3	23		7
24	9	19	39	22 12	18	48	25	15 1	23	20	49	2	57		6
25	9	41	43	22 4	19	3	5	14 40	23	23	19	2	30		5
26	10	3	37	21 54	19	17	26	14 21	23	25	22	2	13		4
27	10	25	21	21 44	19	31	25	13 59	23	26	57	1	35		3
28	10	46	56	21 35	19	45	3	13 38	23	28	5	1	8		2
29	11	8	20	21 24	19	58	10	13 17	23	28	46	0	41		1
30	11	29	33	21 13	20	11	15	12 55	23	29	0	0	14		0
	d. m. ſ.				d. m, ſ.				d. m. ſ.					Deg.
	declinaiſon.				declinaiſon.				declinaiſon					
	♓ ♍				♒ ♌				♑ ♋					

Longitude.

TABLE

DES REFRACTIONS

& des Parallaxes du Soleil.

TABLE de l'Acceleration des Etoiles fixes sur le moyen mouvement du Soleil.

hauteur.	Refraction.	Difference.	Parallaxe.	Hauteurs.	Refraction.	Difference.	Parallaxe.	Hauteurs.	Refraction.	Difference.	Parallaxe.	Revol. fixes.	
Deg.	m. s.	m. s.	s.	g.	m. s.	s.	s.	g.	s.	s.	s.	jours	h. m. s.
0	32 20		10									1	0 3 56
1	27 56	4 24		31	1 38	4		61	33	1		2	0 7 52
2	21 4	6 52		32	1 34	4		62	31	2		3	0 11 48
3	16 6	4 58		33	1 30	4		63	30	1		4	0 15 44
4	12 48	3 18		34	1 27	3		64	28	2		5	0 19 39
5	10 32	2 16		35	1 23	4		65	27	1		6	0 23 35
6	8 55	1 37		36	1 20	3		66	26	1		7	0 27 31
7	7 44	1 11		37	1 18	2		67	25	1	4	8	0 31 27
8	6 47	0 57		38	1 15	3		68	24	1		9	0 35 23
9	6 4	43		39	1 12	3		69	22	2		10	0 39 19
10	5 28	36		40	1 10	2		70	21	1		11	0 43 15
11	4 58	30		41	1 7	3		71	20	1		12	0 47 11
12	4 32	26		42	1 5	2		72	19	1	3	13	0 51 7
13	4 12	20		43	1 3	2		73	18	1		14	0 55 3
14	3 54	18		44	1 1	2		74	17	1		15	0 58 58
15	3 36	18		45	0 59	2	7	75	16	1		16	1 2 54
16	3 24	12		46	0 58	1		76	14	2		17	1 6 50
17	3 11	13	9	47	0 56	2		77	13	1		18	1 10 46
18	3 0	11		48	0 54	2		78	12	1	2	19	1 14 42
19	2 49	11		49	0 52	2		79	11	1		20	1 18 38
20	2 39	10		50	0 50	2		80	10	1		21	1 22 34
21	2 31	8		51	0 49	1		81	9	1		22	1 26 30
22	2 25	6		52	0 47	2		82	8	1		23	1 30 26
23	2 18	7		53	0 45	2		83	7	1		24	1 34 22
24	2 12	6		54	0 43	2	6	84	6	1	1	25	1 38 17
25	2 6	6		55	0 41	2		85	5	1		26	1 42 13
26	2 0	6		56	0 40	1		86	4	1		27	1 46 9
27	1 55	5		57	0 38	2		87	3	1		28	1 50 5
28	1 51	4		58	0 37	1		88	2	1		29	1 54 1
29	1 46	5		59	0 35	2		89	1	1		30	1 57 57
30	1 42	4	8	60	0 34	1	5	90	0	0	0		

TABLE

TABLE
Pour reduire le Temps en parties de l'Equateur.

Heures.	Degrez.
1	15
2	30
3	45
4	60
5	75
6	90
7	105
8	120
9	135
10	150
11	165
12	180
13	195
14	210
15	225
16	240
17	255
18	270
19	285
20	300
21	315
22	330
23	345
24	360

Min. secon. Tier.	Deg. min. sec.	Min. sec. tier.
1	0	15
2	0	30
3	0	45
4	1	0
5	1	15
6	1	30
7	1	45
8	2	0
9	2	15
10	2	30
11	2	45
12	3	0
13	3	15
14	3	30
15	3	45
16	4	0
17	4	15
18	4	30
19	4	45
20	5	0
21	5	15
22	5	30
23	5	45
24	6	0
25	6	15
26	6	30
27	6	45
28	7	0
29	7	15
30	7	30

Min. secon. tierc.	Deg. min. sec.	Min. sec. tier.
31	7	45
32	8	0
33	8	15
34	8	30
35	8	45
36	9	0
37	9	15
38	9	30
39	9	45
40	10	0
41	10	15
42	10	30
43	10	45
44	11	0
45	11	15
46	11	30
47	11	45
48	12	0
49	12	15
50	12	30
51	12	45
52	13	0
53	13	15
54	13	30
55	13	45
56	14	0
57	14	15
58	14	30
59	14	45
60	15	0

TABLE
Pour reduire en Temps les parties de l'Equateur.

Deg.	Heu.	Min.
min.	*min.*	*sec.*
sec.	*sec.*	*tier.*
1	0	4
2	0	8
3	0	12
4	0	16
5	0	20
6	0	24
7	0	28
8	0	32
9	0	36
10	0	40
11	0	44
12	0	48
13	0	52
14	0	56
15	0	60
16	1	4
17	1	8
18	1	12
19	1	16
20	1	20
21	1	24
22	1	28
23	1	32
24	1	36
25	1	40
26	1	44
27	1	48
28	1	52
29	1	56
30	2	0

Deg.	Heu.	Min.
min.	*min.*	*sec.*
sec.	*sec.*	*tier.*
31	2	4
32	2	8
33	2	12
34	2	16
25	2	20
36	2	24
37	2	28
38	2	32
39	2	36
40	2	40
41	2	44
42	2	48
43	2	52
44	2	56
45	3	0
46	3	4
47	3	8
48	3	12
49	3	16
50	3	20
51	3	24
52	3	28
53	3	32
54	3	36
55	3	40
56	3	44
57	3	48
58	3	52
59	3	56
60	4	0

Degrez.	Heures.	Minutes.
70	4	40
80	5	20
90	6	0
100	6	40
110	7	20
120	8	0
130	8	40
140	9	20
150	10	0
160	10	40
170	11	20
180	12	0
190	12	40
200	13	20
210	14	0
220	14	40
230	15	20
240	16	0
250	16	40
260	17	20
270	18	0
280	18	40
290	19	20
300	20	0
310	20	40
320	21	20
330	22	0
340	22	40
350	23	20
360	24	0

TABLE

DE LA DIFFERENCE DES MERIDIENS

EN HEURES ET MINUTES,

Entre l'Obſervatoire Royal de Paris, & les principaux Lieux
de la Terre, avec leur latitude, ou hauteur
de Pole.

Les Latitudes & les Differences des Meridiens où il y a des Croix, ont été déterminées par des Observations Aſtronomiques que l'Auteur de ce Journal a faites en differents voyages dans les meſmes lieux.

Noms des Lieux.	Difference des Meridiens en						hauteur de Pole ou latitude en			
	h.	m.	ſ.	d.	m.	ſ.	d.	m.	ſ.	
Abbeville,	0	1	52 oc.	0	28	0 oc.	50	7	0	ſep.
Agde,	0	17	1 or.	1	8	15 or.	43	19	0	ſep.
Agra, *du Mogol*,	4	57	36 or.	74	24	0 or.	26	43	0	ſep.
Aix, *en Provence*,	0	12	28 or.	3	7	0 or.	43	31	20	ſep.
Albi,	0	0	48 oc.	0	12	0 oc.	43	31	0	ſep.
Alexandrie d'*Egypte*	1	51	36 or.	27	54	0 or.	31	11	0	ſep.
Alexandrette, *en Sirie*,	2	16	0 or.	34	0	0 or.	36	32	0	ſep.
Alençon,	0	9	0 oc.	2	15	0 oc.	48	39	0	ſep.
Alep, *en Sirie*,	2	20	0 or.	35	0	0 or.	36	0	0	ſep.
Almerie, *en Eſpagne*,†							36	51	18	ſep.
Amiens,	0	0	8 oc.	0	2	0 oc.	49	54	0	ſep.
Amſterdam,	0	9	20 or.	2	20	0 or.	52	23	0	ſep.
Angers,	0	11	36 oc.	2	54	0 oc.	47	27	0	ſep.
Anvers,	0	7	40 or.	1	55	0 or.	51	14	0	ſep.
Antibes,	0	19	11 or.	4	48	0 or.	43	34	0	ſep.
Arica, *Perou.*	†4	54	4 oc.	73	31	0 oc.	18	26	38	mer.

Noms des Lieux	Différence des Meridiens en				en				hauteurs de Pole ou latitude			
	h.	m.	s.		d.	m.	s.		d.	m.	s.	
Arras,	0	1	36	or.	0	24	0	or.	50	18	0	sep.
Arles,	0	9	24	or.	2	21	0	or.	43	40	0	sep.
Avignon, †	0	9	44	or.	2	26	0	or.	43	57	0	sep.
Auxerre,	0	4	40	or.	1	10	0	or.	47	46	20	sep.
Barcelone,	0	4	20	oc.	1	5	0	oc.	41	26	0	sep.
Basle,	0	21	0	or.	5	15	0	or.	47	40	0	sep.
Bayonne,	0	15	15	oc.	3	49	0	oc.	43	30	0	sep.
Beziers,	0	3	27	or.	0	51	50	or.	43	20	0	sep.
Beauvais,	0	1	0	oc.	0	15	0	oc.	49	26	0	sep.
Berlin,	0	44	29	or.	11	7	15	or.	52	53	0	sep.
Besançon,	0	14	48	or.	3	42	0	or.	47	20	0	sep.
Boca-Chica, *Ameri.* †	5	11	30	oc.	77	52	30	oc.	10	20	25	sep.
Buenos-Aires, †									34	34	38	mer.
Boulogne, *Italie.*	0	37	8	or.	9	17	0	or.	44	30	0	sep.
Boulogne, *Picardie.*	0	2	36	oc.	0	39	0	oc.	50	42	0	sep.
Bourdeaux,	0	12	20	oc.	3	5	0	oc.	44	50	0	sep.
Bourges,	0	0	16	or.	0	4	0	or.	47	5	0	sep.
Breslau, *en Silesie.*	0	59	10	or.	14	47	30	or.	51	3	0	sep.
Brest,	0	27	36	oc.	6	54	0	oc.	48	23	0	sep.
Bruges,	0	3	8	or.	0	47	0	or.	51	11	30	sep.
Bruxelles,	0	7	40	or.	1	55	0	or.	50	51	0	sep.
Cadis,	0	32	40	oc.	8	10	0	oc.	36	37	0	sep.
Caen,	0	10	56	oc.	2	44	0	oc.	49	11	0	sep.
le Caire, *Egypte.*	1	58	20	or.	29	35	0	or.	30	2	0	sep.
Calais,	0	2	10	oc.	0	32	0	oc.	50	57	0	sep.
Cambrai,	0	3	36	oc.	0	54	0	or.	50	10	0	sep.
Candie, *dans le mesme Royaume.* †	1	31	52	or.	22	58	0	or.	35	18	45	sep.
Caienne, *Amerique.*	3	42	0	oc.	55	30	0	oc.	4	56	0	sep.
Canée, *en Candie,* †	1	27	30	or.	21	52	30	or.	35	28	45	sep.
Carthagene, *Espag.* †									37	36	7	sep.
Carthagene, *Amer.* †	5	11	20	oc.	77	50	0	oc.	10	30	25	sep.
Caye-S.-Louis, à S. Domingo, †	5	2	20	oc.	75	35	0	oc.	18	18	5	sep.

Noms des Lieux.	Difference des Lieux en h. m. f.			Difference des Lieux en d. m. f.			hauteurs de Pole ou latitude. d. m. f.			
Chartres,	0	3 20 oc.		0	50 0 oc.		48	27	0 sep.	
Cap de Bonne Esperance,	1	10 58 or.		17	45 0 or.		34	15	0 mer	
Cap-Verd, *Afrique.*	1	18 0 oc.		19	30 0 oc.		14	43	0 sep.	
Cherbourg,	0	16 8 oc.		4	2 0 oc.		49	38	0 sep.	
Clermont, *Auvergne.*	0	3 16 or.		0	49 0 or.		45	42	0 sep.	
Conception, *Chily, Amerique.*	† 5	2 10 oc.		75	32 30 oc.		36	42	53 mer	
Cologne,	0	19 0 or.		4	45 0 or.		50	50	0 sep.	
Constantinople,	† 1	46 14 or.		26	33 0 or.		41	4	0 sep.	
Copenhague,	0	41 41 or.		10	25 0 or.		55	41	0 sep.	
Coquimbo, *Chily, Amerique.*	† 4	54 23 oc.		73	35 45 oc.		29	54	10 mer	
Cracovie,	1	12 0 or.		18	0 0 or.		50	10	0 sep.	
Dantzic,	1	7 0 or.		16	45 0 or.		54	22	0 sep.	
Dieppe,	0	4 44 oc.		1	11 0 oc.		49	57	0 sep.	
Dijon,	0	10 0 or.		2	30 0 or.		47	20	0 sep.	
Dunxerque,	0	0 3 or.		0	1 0 or.		51	1	0 sep.	
Edimbour,	0	20 0 oc.		5	0 0 oc.		56	15	0 sep.	
Embrun,	0	16 0 or.		4	0 0 or.		44	35	0 sep.	
Ferrare, *Italie.*	0	37 44 or.		9	26 0 or.		44	54	0 sep.	
la Fleche,	0	9 52 oc.		2	28 0 oc.		47	42	0 sep.	
Florence,	0	35 58 or.		9	0 0 or.		43	46	0 sep.	
Francfort,	0	25 0 or.		6	15 0 or.		50	4	0 sep.	
Gand,	0	5 8 or.		1	17 0 or.		51	3	0 sep.	
Genes,	0	25 3 or.		6	16 0 or.		44	25	0 sep.	
Geneve,	0	16 0 or.		4	0 0 or.		46	12	0 sep.	
Goa, *Indes.*	4	45 40 or.		71	25 0 or.		15	31	0 sep.	
Grenoble,	0	12 48 or.		3	12 0 or.		45	11	0 sep.	
Greonovich, *Angleterre,* *Obf.*	0	9 10 oc.		2	17 30 oc.		51	29	0 sep.	
la Haye,	0	9 16 or.		2	19 0 or.		52	4	0 sep.	
Jerufalem,	2	14 0 or.		33	30 0 or.		31	50	0 sep.	
Ifle de Fer,	1	26 0 oc.		21	30 0 oc.		28	5	0 sep.	

Noms des Lieux.	Difference des Meridiens.							hauteurs de Pole ou latitude.			
	en h. m. ſ.				en d. m. ſ.				d. m. ſ.		
Iſle des Etats , Amerique. †									54	44	0 mer
Iſpaham , Perſe.	3	22	0	or.	50	30	0	or.	32	25	0 ſep.
Kebec , Canada.	4	48	52	oc.	72	13	0	oc.	46	55	0 ſep.
Langres ,	0	12	6	oc.	3	1	30 oc.		47	50	50 ſep.
Liege ,	0	13	0	or.	3	15	0	or.	50	36	0 ſep.
Lima , Perou. †	5	16	38	oc.	79	9	30	oc.	12	1	15 mer.
Lion ,	0	9	39	or.	2	25	0	or.	45	45	0 ſep.
Lipſic ,	0	42	0	or.	10	30	0	or.	51	19	0 ſep.
Liſieux ,	0	8	20	oc.	2	5	0	oc.	49	14	0 ſep.
Liſle , Flandres.	0	30	0	or.	0	45	0	or.	50	40	0 ſep.
Lisbonne ,	0	51	51	oc.	12	57	45	oc.	38	45	0 ſep.
Livourne ,	0	32	8	or.	8	2	0	or.	43	33	0 ſep.
Londres , Angleterre.	0	9	41	oc.	2	28	0	oc.	51	31	0 ſep.
Louveau , Siam.	6	34	46	or.	98	41	30	or.	14	42	30 ſep.
Macao , Chine.	7	23	13	or.	110	48	0	or.	22	12	0 ſep.
Madrid ,	0	22	0	oc.	5	30	0	oc.	40	26	0 ſep.
Malaca , Indes.	6	39	0	or.	99	45	0	or.	2	12	0 ſep.
Marly ,	0	0	57	oc.	0	14	15	oc.	48	51	35 ſep.
S. Malo ,	0	18	0	oc.	4	30	0	oc.	48	38	0 ſep.
Malte , †	0	48	40	or.	12	10	0	or.	35	54	26 ſep.
Mahon , Minorque. †									39	53	45 ſep.
le Mans ,	0	9	0	oc.	2	15	0	oc.	48	4	0 ſep.
Ste-Marthe , Amer. †	5	4	24	oc.	76	6	0	oc.	11	19	55 ſep.
Marſeille , †	0	12	28	or.	3	7	0	or.	43	19	4 ſep.
Martinique , Amerique , †	4	13	15	oc.	63	18	45	oc.	14	43	9 ſep.
Mayence ,	0	22	40	or.	5	40	0	or.	50	2	0 ſep.
Mexique , Amerique.	7	4	0	oc.	106	0	0	oc.	20	0	0 ſep.
Milan ,	0	26	20	or.	6	35	0	or.	45	20	0 ſep.
Mille , Archipelle. †	1	30	40	or.	22	40	0	or.	36	41	0 ſep.
Modene ,	0	35	30	or.	8	52	30	or.	44	30	0 ſep.
Monte-Video , Amerique. †									34	52	0 mer

Noms des Lieux.	Difference des Meridiens. en h. m. h.				en d. m. ſ.				haut. de Pole. ou latitude. d. m. ſ.			
Montpellier,	0	6	10	or.	1	32	0	or.	43	37	0	ſep.
Moufcu,	2	28	0	or.	37	0	0	or.	57	18	0	ſep.
Munic,	0	37	20	or.	9	20	0	or.	48	2	0	ſep.
Nancy,	0	16	48	or.	3	57	0	or.	48	42	0	ſep.
Nantes,	0	15	30	oc.	3	52	0	oc.	47	13	0	ſep.
Naples,	0	49	20	or.	12	20	0	or.	41	5	0	ſep.
Narbonne,	0	2	44	or.	0	41	0	or.	43	11	0	ſep.
Nice,	0	20	16	or.	5	4	0	or.	43	41	30	ſep.
Nimes,	0	8	4	or.	2	1	0	or.	43	51	0	ſep.
Nuremberg,	0	34	56	or.	8	44	0	or.	49	26	0	ſep.
Olinde, *Brefil.*	3	30	0	oc.	37	30	0	oc.	8	13	0	ſep.
Orleans,	0	1	43	oc.	0	26	0	oc.	47	54	0	ſep.
Oftende,	0	2	4	or.	0	31	0	or.	51	10	40	ſep.
Oxfort,	0	14	16	oc.	3	34	0	oc.	51	45	0	ſep.
Paris, *à l'Obſervatoire.*	0	0	0		0	0	0		48	50	0	ſep.
Palme, *Golfe dans l'Iſle de Sardaigne.* †									38	59	24	ſep.
Pau,	0	9	56	oc.	2	29	0	oc.	43	15	0	ſep.
Pekin, *Chine,*	7	37	6	or.	114	16	0	or.	39	54	0	ſep.
Perpignan,	0	2	14	or.	0	33	30	or.	42	41	0	ſep.
S. Pierre, Iſle. †									39	9	8	ſep.
Piſe,	0	32	4	or.	8	1	0	or.	43	42	0	ſep.
Poitiers,	0	8	40	oc.	2	10	0	oc.	46	34	0	ſep.
Porto-Bello, *Ameri-que.* †	5	28	40	oc.	82	10	0	oc.	9	33	5	ſep.
Porto-Cabeillo, *Ame-rique.* †	4	39	28	oc.	69	52	0	oc.	10	30	50	ſep.
Quanton, *Chine.*	7	22	52	or.	114	53	0	or.	23	8	0	ſep.
Rennes,	0	16	20	oc.	4	15	0	oc.	48	3	0	ſep.
Rheims,	0	7	0	or.	1	45	0	or.	49	18	0	ſep.
Rodes,	0	0	56	or.	0	14	0	or.	44	20	40	ſep.
Rome,	0	41	20	or.	10	20	0	or.	41	54	0	ſep.
la Rochelle,	0	13	33	oc.	3	23	0	oc.	46	10	0	ſep.
Roterdam,	0	10	0	or.	2	30	0	or.	51	56	0	ſep.

Noms des Lieux.	Difference des Meridiens.								haut. de Pole ou latitude.			
	en				en							
	h.	m.	f.		d.	m.	f.		d.	m.	f.	
Roüen,	o	5	o	oc.	1	15	o	oc.	49	27	o	sep.
la Roquette, *Espag.* †									36	50	29	sep.
Sens,	o	4	o	or.	o	55	o	or.	48	4	o	sep.
Sienne, *Italie.*	o	36	o	or.	9	o	o	or.	43	22	o	sep.
Siam, *Indes.*	6	34	o	or.	98	30	o	or.	14	18	o	sep.
Smirne, *Asie.* †	1	39	59	or.	24	59	45	or.	38	28	7	sep.
Strasbourg,	o	22	o	or.	5	45	o	or.	48	35	o	sep.
Stolkom,	1	5	o	or.	16	15	o	or.	59	30	o	sep.
Surate,	3	40	o	or.	68	55	o	or.	21	10	o	sep.
S. Thomas, Isle, *Ame-rique.* †	4	27	32	oc.	66	53	o	oc.	18	21	55	sep.
Thessalonique, †	1	23	12	or.	20	48	o	or.	40	41	10	sep.
Toulouse,	o	3	40	oc.	o	55	o	oc.	43	37	o	sep.
Toulon, †	o	14	22	or.	3	35	o	or.	43	7	o	sep.
Tours,	o	6	40	oc.	1	40	o	oc.	47	23	o	sep.
Tripoly, *Barbarie.* †	o	43	1	or.	10	45	15	or.	32	53	40	sep.
Troye, *Champagne.*	o	7	o	or.	1	45	o	or.	48	15	o	sep.
Turin,	o	20	40	or.	5	10	o	or.	44	50	o	sep.
Valparaiso, *Chily.* †	4	58	37	oc.	74	39	15	oc.	33	o	19	sep.
Versailles,	o	o	52	oc.	o	13	o	oc.	48	48	17	sep.
Varsovie,	1	17	o	or.	19	15	o	or.	52	14	o	sep.
Venise,	o	41	20	or.	10	20	o	or.	45	35	o	sep.
Vienne, *Autriche.*	o	58	10	or.	14	32	o	or.	48	14	o	sep.
Ylo, *Perou.* †	4	54	12	oc.	73	33	o	oc.	17	36	15	mi.

HISTOIRE

HISTOIRE
DES PLANTES
MEDECINALES

Qui font le plus en ufage aux Royaumes de l'Amerique
Meridionale, du Perou & du Chily,

Compofée fur les lieux par ordre du Roy, dans les années
1709. 1710. & 1711.

VVuu

AVIS AU LECTEUR.

JE ne rapporte icy que l'Histoire de quelques-unes des Plantes que j'ay caracterisées, & l'usage qu'en font les habitans des pays que j'ay parcourus dans ce dernier voyage, dans lequel je ne m'attachai qu'aux Plantes les plus usuelles, qui servent aux Indiens pour se soulager dans leurs maladies. J'ay représenté dans chaque Planche une Füille simplement avec ses nervures, afin d'en mieux donner à connoître sa construction, & j'ai imité le contour des autres sans m'écarter des veritables traits de l'Original. J'ay fait la même chose pour les Fleurs & les Fruits ; & s'il se rencontre quelque difference entre la copie & l'original , elle ne consiste que dans la grandeur qui n'a pas pû estre représentée dans les Planches dans toute son étenduë à cause de leur petitesse. J'ay cependant observé dans les desseins que j'ay donné au Graveur, qu'il a parfaitement bien imitez , une proportion qui conserve dans les Planches leurs mesmes configurations.

HISTOIRE
DES
PLANTES MEDECINALES.

PLANCHE I.

Gramen Bromoides catharticum, vulgò *Guilno*.

LEs affemblages des femences qui fuivent fi exactement les loix que la Nature leur a impofées, & qui
par une Mécanique admirable, & au-delà de nos con-
noiffances, forment des compofez qui fervent aux hommes non feulement à conferver leur fanté, mais encore
à la rétablir, lors qu'ils l'ont perduë; ne font-ils pas des
prefens dignes de l'Ouvrier qui les a produites ? & cette
même grandeur ne paroît-elle pas encore dans l'ufage
qu'en font les peuples les plus impolis & les plus ftu-
pides ? Car, quoy qu'ils n'ayent aucune connoiffance
des Sciences & des Arts, ils n'ignorent pas cependant

VVuu ij

ce qui leur eſt neceſſaire pour conſerver ce chef-d'œuvre à qui Dieu dans ſa formation donna ſon image & ſa reſſemblance pour en marquer ſa nobleſſe. Ces peuples, dis-je, conduits plûtôt par un inſtinct naturel que par une connoiſſance acquiſe, ont le ſecret de ſe ſervir de ces compoſez, & d'en faire des remedes convenables, à trouver du ſoulagement, & même leur guériſon dans leurs maladies, & les playes les plus rebelles.

La Plante que je vais décrire, eſt un de ces précieux aſſemblages, elle eſt un des meilleurs purgatifs & des plus en uſage chez les Chiléens, peuples au Sud du nouveau continent. On le donne en tout âge, & on n'a égard qu'à la doſe qu'on augmente ou qu'on diminuë, ſelon les années du ſujet pour lequel on l'a préparé.

Les Indiens qui ont deſſein de ſe purger, mettent infuſer pendant une nuit une quantité de la racine de *Guilno*, convenable à leur âge. Le lendemain matin ils font boüillir un peu de temps cette infuſion, & la paſſant enſuite par un linge, s'ils en ont, ou en ôtant ſeulement les racines, s'ils en manquent, ils boivent un grand verre de cette infuſion le plus chaudement qu'ils peuvent, & en attendent l'effet en ſe tranquilliſant dans leurs lits. Cette boiſſon n'a rien de dégoutant, differente en cela du Sené.

La racine de cette Plante eſt charnuë, couverte de pluſieurs écailles, obſcure, & garnie de quelques petites fibres qui ont juſques à un pied de longueur. Le dedans de cette racine eſt d'un vert jaunâtre, & d'un goût fort piquant.

Les feüilles naiſſent au collet, elles ſont preſque ſemblables dans leur figure à celles de nos bleds; mais elles ſont beaucoup plus longues. Les moyennes ont juſques à trois pieds de longueur ſur quatre lignes de largeur; elles entourent de leur baſe toute la tige, ſont doubles depuis leur naiſſance juſques à un quart de leur longueur, où elles s'ouvrent par un angle aigu, & forment enſuite un plan traverſé dans ſa longueur d'une côte qui forme ſur le revers de chaque feüille un angle obtus. Cette même côte eſt ſillonnée au deſſous, & ſe joint à l'extrémité de

la feüille avec deux nervures qui terminent les bords de
la feüille, qui font d'un verd plus clair que le plan de
la feüille qui eft d'un verd naiffant.

La tige ou tuyau eft terminée par une panicule dont
chaque brin foûtient un ou plufieurs épis, compofez
chacun de plufieurs paquets difpofez fur les deux cô:ez
de la rape; chaque paquet eft à deux bales, qui renferment un grain ou femence long, rond d'un côté, & fil-
loné de l'autre, renfermant une farine fort blanche.

Cette Plante fe trouve dans les lieux humides; j'obfervai celle-cy fur le bord d'un marais dans le Royaume de
Chily à 36. degré 46. minutes de hauteur du *Pole Auftral*.

PLANCHE II.

Tithymalus perennis, *Portulacæ folio*, vulgò *Pichua*.

P Army les Loix que l'*Inca Pachacutec*; nom qui figni-
fie en nôtre langue, *Reformateur du monde*, donna à
ces peuples, après qu'il fut monté fur le Trône, celle
de la connoiffance des Plantes fut une des principales;
il ordonna même qu'on ne donneroit le nom de Medecin à aucun de fes fujets, qu'il ne fût pleinement inftruit
de toutes les qualitez des Plantes, tant nuifibles que falu-
taires. Cette Loy ayant été rigoureufement obfervée pendant les regnes des *Incas*, tous les peuples de ce vafte
Empire s'appliquerent ferieufement à cette admirable
connoiffance, laquelle ayant paffé de pere en fils après
la deftruction de l'Empire des *Incas*, que les Efpagnols
réduifirent fous l'obéïffance de l'Empereur Charles V.
s'eft confervée jufques aujourd'huy. On trouve parmy ces
peuples des Indes certains qui en appliquant fur une plaïe
la feüille d'une feule Plante, la guériffent dans peu de
jours; & par le fuc d'une autre, purgent un malade fans
qu'il s'apperçoive d'avoir pris aucun remede, à caufe que
ces remedes n'ont rien de rebutant.

Les peuples de *Chily* employent encore pour fe purger les trois Plantes fuivantes; celle que je décris icy eft

appellée par eux *Pichua*, femelle, à cause qu'ils y reconnoissent moins de force dans l'usage qu'ils en font, que dans la troisiéme. Tantôt ils se servent du lait de cette Plante, tantôt de toute la tige ; se servant du lait, ils en mettent quelques goutes dans un boüillon, & c'est-là toute la préparation de cette Medecine ; s'ils se servent de la tige, ils la font boüillir dans de l'eau commune, & ils en prennent le matin un grand verre.

Cette Plante a sa racine oblique, ronde, couverte d'une écorce blanchâtre, sur laquelle on voit de petits tubercules, à côté de chacun desquels sort ordinairement une petite fibre assez longue de la même couleur que la racine. La racine a dans son centre un nerf blanc & ligneux.

La tige s'éleve à la hauteur d'un pied, elle a deux lignes d'épaisseur, est ronde, chargée pareillement de petits tubercules, & divisée vers son milieu en plusieurs rameaux, à l'origine desquels naissent trois feüilles en triangle, d'un verd blanchâtre, semblable à celuy de toute la tige. Ces feüilles sont sans queüe, leur longueur est environ d'un poûce, & leur largeur de demy ; leur pointe est émoussée, elles sont lisses, plates, & il ne paroît sur leur plan que la seule côte qui les traverse dans leur longueur.

Les fleurs sont d'une seule piece, découpées sur leur bord en cinq lobes arrondis, portées sur un petit pedicule fort court, qui prend son origine aux aisselles des feüilles ; elles sont noires & larges environ de deux lignes & demie. Du centre de ces fleurs naît une petite queüe de trois ou quatre lignes de longueur, qui soûtient à son extrémité un pistile couronné de trois pointes, composé de trois cellules qui forment dans leurs jonctions des angles rentrans, & renferment chacune une petite graine noire & ronde.

Ces Plantes naissent ordinairement dans le sable & dans les lieux secs ; je trouvay celle-cy sur le bord de la mer dans le Royaume de *Chily*.

PLANCHE III.

Tithymalus foliis trinerviis & cordatis.

JE trouvai dans les mêmes endroits une autre espece de Titimale, appellé *Pichua* par les Indiens, de même que celuy que je viens de décrire, qui a les mêmes qualitez, & qui n'en differe que par la construction d s feüilles & des fleurs. La racine de celuy-cy suit les mêmes dispositions que l'autre, à cela près qu'elle n'a dans la longueur ni fibres ni tubercules, mais qu'elle est couverte d'une écorce de semblable couleur, renfermant un corps qui a encore à son centre un nerf ligneux.

Ses feüilles naissent en rayon sur la tige, elles sont sans queüe; leur longueur & leur grandeur sont peu differentes de celles que j'ay décrites; mais elles ont sur leur partie superieure un angle rentrant, qui donne à ces feüilles la veritable forme d'un cœur. Outre la côte qui les traverse dans leur longueur, elles en ont encore deux autres qui renferment celle-cy, naissant sur la même base, qui vont se terminer à la partie superieure des deux oreilletes du cœur.

Les fleurs sont encore d'une seule piece, larges d'un demy poûce, découpées en cinq parties, d'un beau blanc, & traversées dans leur longueur d'une petite côte. Le fruit est le même, & renferme aussi trois semences.

La troisiéme espece de *Pichua*, dont je ne donne pas icy la figure, est un genre de Plante bien different de celuy-cy, & les Indiens ne luy ont donné le nom de *Pichua mâle*, que parce qu'elle purge avec violence par le haut & par le bas, qu'elle naît ordinairement dans les mêmes endroits, & que la tige, la racine & les feüiles ont les mêmes couleurs, mais non pas la même figure.

PLANCHE IV.

Hemerocallis floribus purpurafcentibus , ftriatis.
vulgò *Ligtu.*

LA racine de cette Plante s'enfonce obliquement , elle
a dans fa longueur quelques nœuds garnis d'un petit
poil court ; elle eſt ronde , épaiſſe de trois lignes , & couverte d'une écorce blanchâtre.

Sa tige s'éleve obliquement à la hauteur d'un pied ,
ſuivant la même direction de la racine ; elle eſt aîlée ,
couverte d'un écorce d'un rouge brun , ronde , couronnée
de ſix à ſept feüilles , d'entre leſquelles ſortent autant
de branches qui portent pluſieurs fleurs à leurs ſommets.

Les feüilles qui naiſſent le long de la tige y ſont diſpoſées en tout ſens , elles embraſſent par leurs baſes la
moitié de cette tige ; leur longueur eſt d'environ deux
poûces trois quarts , & leur largeur de cinq lignes ; elles
ſont d'un vert gay, terminées en pointe , & traverſées dans
leur longueur de pluſieurs petites côtes qui ont toutes
leur origine ſur la baſe , & elles vont ſe terminer à l'extrémité de la feüille.

Les fleurs ſont portées ſur l'embrion du fruit au bout
d'un pedicule d'un beau verd. Cet embrion eſt relevé
dans ſa longueur de cinq côtes , & ſoûtient une fleur
d'un beau rouge , qui ſe diviſe en ſix parties , deux deſquelles ſont rayées par des bandes blanches qui forment avec la côte de la même couleur qui les traverſe
dans leur longuenr , des angles aigus. Celles-cy ſont plus
étroites & plus pointuës que les quatre autres , qui ont
depuis l'angle qui en fait la ſeparation , un poûce dix lignes de longueur , & neuf lignes de largeur : je n'en vis
pas le fruit , ayant été obligé de partir avant ſa maturité.

Cette Plante ſe trouve le long des ruiſſeaux ; je remarquai celle-cy le long de la riviere qui paſſe par le milieu
de la Ville de la *Conception* dans le Royaume de *Chily.*

PLANCHE

PLANCHE V.

Hemerocallis floribus purpurascentibus, maculatis,
vulgò *Pelegrina.*

L A fleur de cette Plante meritoit par sa beauté d'a-
voir une place dans les jardins des *Incas*, & peut-
être la luy aurions-nous vûë dans sa saison, si nous eus-
sions vécu de leur temps. Les parterres des jardins de ces
grands Rois avoient cet avantage au-dessus des autres,
qu'un Printemps continuel sembloit y entretenir les Plantes dans toute leur beauté; car d'abord qu'elles commen-
çoient à secher, & que la nature paroissoit prendre quelque
repos, on substituoit à la place de celles-cy des nouvelles Plantes formées d'or & d'argent que l'art avoit parfaitement bien imitées, qui marquoient la grandeur &
la magnificence de ces Souverains. Les arbres faits de ces
précieux métaux y formoient de longues allées. Les
champs remplis de *Mays*, dont les tiges, les fleurs, &
les épis, les pointes desquels étoient d'or, & tout le
reste d'argent, le tout artistement soudé ensemble, étoient
autant de merveilles que les siecles à venir ne verront
jamais, & il ne manquoit plus aux *Incas* que la connoissance du vray Dieu que nous adorons, pour les rendre
les Princes les plus parfaits de tous les humains.

L'*Hemerocalle* que je décris icy a sa racine en botte de
navets. Chaque navet a environ deux poûces de longueur & quatre lignes d'épaisseur vers son milieu, couvert d'une écorce mince, & blanchâtre, renfermant un
parenchime blanc, qui a dans son centre un nerf blanc
& ligneux.

La tige a environ trois quarts de pied de longueur,
& une ligne & demie d'épaisseur, elle est d'un beau verd,
& terminée par un embrion de fruit canelé dans sa longueur, qui porte à son sommet une fleur divisée en six
parties jusques vers sa base, trois desquelles ont vers leur
sommet leurs bords repliez en dedans, & sont terminées

X X x x

par une pointe fort aiguë d'un verd jaunâtre. Leur milieu
est d'un beau rouge cramoisi , entouré d'un rouge couleur de rose, qui s'étend jusques sur leur bord. Leur longueur est de deux poûces , & leur largeur vers leurs re-
plis est de treize lignes. Les trois autres parties ont une
figure differente, elles sont plates, pointuës, leur milieu
vers leur extrémité est de la même couleur; à cela près
qu'elles ont dans cette partie plusieurs taches d'un rouge
foncé, semées regulierement sur leur plan. Ce rouge se
convertit en jaune depuis leur milieu jusques à leur di-
vision, & cette partie est également parsemée de taches
d'un rouge pâle. La largeur de ces trois parties n'est
que de six lignes. Du centre de cette fleur partent six
étamines couleur de rose, chargées d'un sommet de couleur de chair. L'embrion du fruit est à six loges , remplies chacune de semence,

Les feüilles de cette Plante naissent sans ordre le long
de la tige, elles l'embrassent à moitié par leurs bases;
& lors qu'elles sont passées, elles laissent en tombant le
long de la tige un petit creux qui marque l'endroit où
elles étoient attachées. Les moyennes ont un poûce &
demy de longueur sur quatre lignes de largeur ; elles
sont terminées en pointe, traversées dans leur longueur
par une côte qui passe par leur milieu, & par quelques
nervures qui prennent leur origine à leurs bases. La
couleur des feüilles est d'un beau verd.

Les Espagnols du Perou ont donné le nom de *Pelegrina* à cette fleur , qui veut dire fleur exquise. Elle se
trouve sur une montagne au Nord de Lima, à une lieuë
de distance de cette Ville.

PLANCHE VI.

*Hemerocallis scandens, floribus purpureis ,
vulgò Salsilla.*

LA racine de cette *Hemerocalle* ne differe pas de la
Salse-pareille. Les Chiléens luy attribuent les mêmes qualitez , & s'en servent dans les mêmes maladies
ausquelles ils employent la Salse-pareille ; ce qu'ils ont
appris par les expériences qu'ils en font tous les jours.
Cette racine est couverte d'une écorce fort obscure,
blanche en dedans, ligneuse, & entre dans la terre fort
obliquement.

La tige est fort longue , épaisse d'une ligne & demie ;
elle monte ordinairement sur les arbres en spirale de
gauche à droite, comme tous les autres volubiles ; à quoy
le Graveur a manqué en la dessinant , l'ayant représentée
de droite à gauche. Les plantes disposées de cette maniere sont tres-rares ; & je n'en ay vû qu'une seule , qui
étoit une plante à poix, qui montoit de droite à gauche.
Cette tige est ronde, d'un verd gay, luisant, & terminée par quatre feüilles , qui ont un petit pedicule commun , d'entre lesquelles sortent plusieurs petites branches en forme de bouquet, chargées de quelques fleurs
rouges , portées sur un embrion de fruit triangulaire.
Ces fleurs sont divisées en six parties , trois desquelles
ont neuf lignes de longueur & quatre de largeur , terminées en arc ; les trois autres sont beaucoup moindres, &
même differentes entre elles. Leur couleur vers leur base
est d'un rouge clair, & celle de leur sommet est égale à
celle des trois autres parties.

Les feüilles sont alternes le long de la tige, ont une
queuë de deux lignes de longueur , & épaisse de demy
ligne. La longueur des moyennes feüilles est environ de
trois poûces, & leur largeur de cinq lignes ; elles sont terminées par une pointe fort aiguë, lisses, d'un beau verd,
& traversées dans leur longueur d'une côte, qui a deux ner-

vures de chaque côté, qui prennent leur origine au bout
de la queuë, & vont se terminer au dessous de la pointe.

Outre l'usage que font les Indiens de cette Plante,
dont j'ai déja parlé au commencement de cette Description, ils s'en servent encore dans les douleurs d'estomac,
la faisant infuser à froid pendant la nuit dans de l'eau
commune ; ils se servent ensuite de cette infusion pour
leur boisson, & se trouvent soulagez de leurs douleurs.

Je trouvai cette Plante sur le penchant d'une montagne, dans le Royaume de *Chily*, à 36ᵈ 30' de hauteur
du Pole Austral.

P L A N C H E   V I I.

Salsa foliis radiatis, floribus subluteis.

CEtte Plante est assez connuë en Europe dans l'usage
qu'on en fait pour les maladies veneriennes ; sa racine est longue, chargée de quelque chevelu, & obscure.

Sa tige épaisse de deux lignes vers le collet, & fort
longue, est chargée d'espace en espace de six à huit
feüilles, disposées en rayon, partant d'un point du dessus
de cette même tige. Les moyennes feüilles ont quatre
poûces de longueur sur trois lignes de large, pointuës
de deux bouts, traversées dans leur longueur de plusieurs
petites côtes, beaucoup plus claires que n'est le plan des
feüilles qui forment des petits sillons, qu'on découvre
lors qu'on les regarde par leur travers. Sur le même nœud
sur lequel les feüilles prennent leur origine, il y naît
quatre piquants fort aigus, solides, d'une ligne de longueur, d'un verd naissant, semblable à celuy des feüilles.
Les branches de cette Plante qui deviennent aussi longues
que la tige, naissent aux aisselles des feüilles, & elles sont
chargées d'un pareil nombre de feüilles, disposées dans
le même ordre. Ces branches & la tige se terminent par
un épy de fleurs, assez clair-semées, d'un jaune pâle,
composées de six petales égales, disposées en rond autour

d'un piſtile triangulaire, environné de ſix étaminee. Ce piſtile renferme trois graines, qui dans leur maturité ſont taillées en cœur, couvertes d'une peau noire, & blanches en dedans.

Je trouvai cette Plante ſur une montagne du Royaume de *Chily*, à 36ᵈ 50′ de hauteur du Pole Auſtral.

PLANCHE VIII.

Bermudiana cærulea, Phalangii ramoſi facit,
vulgò *Illeu.*

LEs racines de cette Plante ſont des fibres cheveluës, qui ſortent d'une eſpece de tête, d'où part une tige qui s'éleve à la hauteur de deux pieds, épaiſſe d'une ligne au collet, ronde, d'un beau verd, & qui ſe diviſe en pluſieurs branches depuis ſa partie moyenne juſques en haut, qui ſe ſubdiviſent en pluſieurs autres, leſquelles portent chacune une fleur violette, agréable à la vuë.

Cette fleur portée ſur un embrion de fruit eſt à ſix petales preſque ovales, dont le grand diametre eſt de ſix lignes, & le petit de deux, d'une belle couleur violette, accompagnées de ſix étamines d'une même couleur, à ſommet jaune. Lorſque ces petales commencent à ſe faner, elles ſe replient; & s'embraſſant les unes les autres, s'entortillent enſemble, & forment entre elles une figure ſemblable à une colomne torſe, travaillée à jour.

Les feüilles embraſſent par leurs baſes toute la tige; elles ont à leur origine deux lignes & demy de largeur, relevées dans leur longueur, qui eſt environ de quatre poûces, par pluſieurs fibres, qui rendent ces feüilles comme canelées; elles ſont fort aiguës, & d'un beau verd.

Cette Plante ſe trouve dans les montagnes du Royaume de *Chily*, à 37. degrez de hauteur du Pole Auſtral.

PLANCHE IX.

Onagra Laurifolia, flore amplo, pentapetalo.

CEt arbriffeau s'éleve droit à la hauteur de deux toifes, fa tige eft environ de deux poûces d'épaiffeur
à fon collet, & recouverte de trois écorces, dont l'exterieure eft grisâtre, la moyenne grife en dehors, blanche en dedans, & la troifiéme eft toute blanche; celle-
cy couvre immediatement un corps ligneux, verd clair,
le centre duquel eft fiftuleux, & rempli d'une moëlle
verte, de deux lignes environ de diametre.

Les fleurs font jaunes, d'un pouce & demy de diametre,
compofées de cinq petales difpofées en rond, & taillées
en cœur, divifées dans leur longueur par un trait droit,
qui part de la pointe de ce cœur, & va fe terminer à
l'angle rentrant de ce trait, qui eft d'un jaune plus foncé
que le refte de la feüille. De ce même trait en partent
plufieurs autres de la même couleur, étendus & difpofées en barbillons de plume. Ces petales naiffent par
leur pointe des échancrures d'un calice verd, découpé
en étoile, dont la bafe eft un embrion à cinq faces, long
environ de demy poûce, porté fur un pedicule qui fort
toûjours de l'aiffelle d'une feüille; il eft long de deux
poûces, chargé d'une ou de deux feüilles. Cet embrion
devient un fruit piramidal, long d'un poûce, divifé en
cinq loges, remplies chacune de plufieurs femences me-
nuës. Ce fruit eft repréfenté à la figure A, où l'on voit
l'arrangement des graines, & B repréfente la figure des
mêmes graines.

Les feüilles naiffent le long de la tige, fans ordre,
fans queuë, pointuës par les deux bouts, partagées dans
leur longueur d'une côte arrondie des deux côtez, d'où
partent plufieurs nervures qui s'étendent obliquement
jufques fur leurs bords. Ses nervures fe fubdivifent en
plufieurs autres plus petites, qui forment une efpece de
refeau. Les moyennes feüilles ont environ quatre poûces

de longueur fur quinze lignes de largeur vers le milieu.
Le deſſus eſt d'un verd foncé, & le revers d'un verd clair;
elles ſont rudes au toucher. Ces feüilles vûës avec un
microſcope paroiſſent parſemées d'un leger duvet.

Il y a une autre eſpece d'*Onagra*, qu'on appelle Femelle, à laquelle on attribuë les mêmes vertus que je
viens de décrire. Ses feüilles ont la même figure, mais
elles ſont beaucoup plus petites. Les fleurs ont auſſi la
même couleur, beaucoup plus petites, compoſées de
cinq petales, portées de même ſur un embrion de fruit.
L'écorce qui couvre le tronc & les branches eſt rouge.

Les Indiens font une eſtime fort ſinguliere de ces
deux arbriſſeaux; ſes feüilles pilées & appliquées en
forme de cataplaſme ſont reſolutives, emollientes, &
adouciſſantes, qualitez eſſentielles des remedes propres
à diſſiper & fondre les tumeurs les plus inveterées, &
les bubons, maladies aſſez communes dans ce pays.

Ces arbriſſeaux naiſſent le long des ruiſſeaux; je trouvai ceux-cy dans la plaine de *Lima*, le long d'un ruiſ-
ſeau qui reçoit ſes eaux de la riviere.

PLANCHE X.

*Nicotiana minor, folio Cordiformi, tubo floris
prælongo.*

LA racine de cette Plante eſt oblique, fibreuſe, couverte d'une écorce griſâtre, renfermant un corps ligneux & blanc, qui a à ſon centre une moël'e jaunâtre.
Sa longueur eſt environ de huit poûces ſur quatre lignes
& demie d'épaiſſeur vers le collet.

La tige s'éleve à la hauteur de trois pieds & demy,
& ſe diviſe vers ſon extrémité en pluſieurs branches, qui
prennent leur origine aux aſſelles des feüilles; elle eſt
ronde, couverte d'un petit velu blanc qui la repréſente
d'un verd griſâtre, & la rend velouée.

Les feüilles ſont alternes le long de la tige, taillées
en cœur; les moyennes ont quatre poûces dix lignes de

longueur fur fix poûces une ligne de largeur, portées fur
une queuë longue d'un poûce trois quarts, & épaiſſe de
deux lignes. La côte qui les traverſe dans leur longueur
eſt groſſe & arrondie fur le revers, d'un verd fort clair;
elle donne fur les côtez des nervures qui s'étendent vers
le contour des feüilles en forme d'arc, ſubdiviſées en
d'autres plus petites. Ces feüilles, ainſi que la tige, ſont
chargées d'un duvet qui les fait paroître blanchâtres,
quoy qu'elles ſoient d'un beau verd.

Les fleurs ſont des tuyaux longs d'un poûce, renflez
vers le haut, qui ſe diviſent & ſe découpent tres-lege-
ment fur ſes bords en neuf pieces recourbées en deſſous.
La couleur de ces fleurs eſt d'un jaune verdâtre. On voit
dans leurs tuyaux fix étamines jaunes, chargées d'un
ſommet verd. Leur calice eſt un autre petit tuyau découpé fur le haut en cinq pointes; du fond de ce calice s'éleve un piſtile en forme de poire, lequel s'engage
dans le trou qui eſt au bas de la fleur. Il devient enſuite
un fruit, qui dans ſa maturité eſt rempli de pluſieurs
ſemences ſi petites, que je fus obligé de les deſſiner au
microſcope; elles ſont rangées ſelon l'ordre qui eſt repréſenté dans la figure A, qui eſt celle du fruit.

Je trouvai cette Plante dans la vallée de *Lima*.

PLANCHE XI.

Granadilla folio tricuſpidi, obtuſo & oculato.

CEtte Plante a ſa racine oblique, chargée de quelques fibres, couverte d'une écorce obſcure renfermant un corps ligneux, épaiſſe de fix lignes près du
collet.

La tige eſt fort longue, épaiſſe au collet de deux lignes, d'un verd brun, un peu ovale, montant ordinairement le long des arbres, non pas en éliſſe, mais en
droite ligne, & s'attachant par ſes vrilles.

Ses feüilles prennent leur origine au bout d'un pedicule de trois quarts de poûce de longueur, & demy ligne
d'épaiſſeur,

d'épaiſſeur, elles ont leur partie inferieure en arc , & la
ſuperieure découpée en trois quartiers arrondis , dont
le moyen eſt le plus grand. De la baſe de chaque feüille
part trois principales nervures, qui aboutiſſent chacune
à l'extrémité de chaque quartier. Ces nervures ſont diviſées en d'autres plus petites & laterales, dont les plus
grandes ſe diviſent encore par leur extrémité en deux
autres plus petites qui forment un angle aigu. Ces feüilles
ſont d'un verd foncé , luiſant en deſſus, & verd clair au
deſſous. Leurs deux ſurfaces ſont chargées de quelques
taches , leſquelles vûës au microſcope paroiſſent autant
de petits cercles jaunes, avec un point central en forme
de houpe découpée en cinq parties, d'un verd brun.

Des aiſſelles de chaque feüille part une vrille , & le
plus ſouvent une fleur ſoûtenuë d'un pedicule environ
d'un poûce de longueur, terminé par un calice évaſé en
étoile , & découpé juſques vers ſon centre , d'un verd
griſâtre. Des échancrures du calice naiſſent cinq petales
blanchâtres , plus courtes que les découpures du calice.
Ces petales ſont ſurmontées par une couronne frangée ,
violette, de cinq quarts de poûce de diametre , dont les
brins qui la compoſent ont leurs pointes d'un tres-beau
jaune. Cinq étamines à ſommets jaunes environnent un piſtile en colomne, terminé par trois corps taillez en clouds;
ce piſtile devient un fruit un peu ovale ; ce fruit dans
ſa maturité eſt rond un peu ovale , dont le grand diametre a dix lignes, & le moindre huit, charnu , rempli
d'un ſuc douceâtre , & de petites graines attachées au
Placenta , & ſituées autour des parois de ce fruit.

Je trouvai cette Plante dans un jardin de *Malambo* ,
fauxbourg au Nord de *Lima* ; je n'en ai vû de cette eſpece que dans ce ſeul endroit.

PLANCHE XII.

Granadilla pomifera , Tiliæ folio.

SA racine se divise en plusieurs bras obliques ; sa tige
épaisse environ de demy poûce se divise aussi en plusieurs branches fort déliées , qui montent & s'attachent
aux arbres par des vrilles, dont leur origine est toûjours
sur le nœud & aux aisselles des feüilles ; celles-cy ont
une queuë longue environ de deux poûces, ronde, d'un
beau verd, soûtenant une feüille en cœur , longue environ de cinq poûces, & large de quatre , traversée dans
sa longueur d'une côte arrondie en dessous, & sillonnée
en dessus. Il part de chaque côté de cette côte plusieurs
nervures qui s'étendent vers le contour de la feüille ,
subdivisées en plusieurs petits nerfs qui forment une
espece de reseau agréable sur le plan de la feüille, qui est
mince, & d'un verd gay des deux côtez.

Les fleurs ne different de celles des plantes de la même
espece qu'en ce que leurs couronnes frangées , qui sont
d'un beau rouge cramoisi , se trouvent toûjours coupées
d'un cercle blanc , qui interrompt cette couronne cra-
moisie.

Le fruit qui reste après que la fleur est passée, est
rond ; son diametre est de deux poûces & demy , rempli
d'une substance aqueuse, douceâtre , d'un goût agréable,
mélangée d'une infinité de petites graines enfermées dans
une peau environ de deux lignes d'épaisseur , blanche
en dedans , & mêlée en dehors dans sa maturité de rouge
cramoisi & de jaune.

On trouve de ces plantes dans les jardins & dans plusieurs autres endroits de la vallée de *Lima.*

PLANCHE XIII.

Polygala cærulea, angustis & densioribus foliis,
vulgo *Clin-Clin.*

CEtte Plante a le port & la hauteur du *Polygala vul-garis C. B. Pin.* 215. duquel elle ne differe que par ses feüilles, qui sont plus courtes, plus étroites, moins aiguës, & plus serrées les unes contre les autres ; les fleurs de cette Plante sont violettes.

Les Indiens ont donné à cette Plante le nom de *Clin-Clin* ; ils s'en servent comme d'un puissant diuretique, en l'infusant pendant une nuit dans de l'eau commune ; ils la boivent ensuite le matin, ils l'employent encore pour les douleurs de côté.

Je trouvai cette Plante sur les montagnes du Royaume de *Chily*, à 37. degrez de hauteur du Pole Austral.

PLANCHE XIV.

Solanum Chenopodioides, acinis albescentibus.

LA racine de cette Plante est semblable à celle de la Morelle ; elle pousse une tige environ de trois pieds, garnie de quelques branches qui sortent des aisselles des feüilles. Ces feüilles sont pour la plûpart de deux poûces & demy de longueur ; elles sont découpées à peu près comme celles du *Chenopodium folio sinuato candicante, Inst. R. Herb.* 506. Leur dessus est d'un verd gay, & le dessous est blanchâtre, parsemées d'un tres-petit velu blanc, & rudes au toucher. Leur pedicule est long environ de demy poûce ; les fleurs naissent en bouquets sur un pedicule commun comme dans les autres especes, divisé vers son extrémité en plusieurs autres pedicules qui soûtiennent chacun une fleur blanche de la grandeur & de la figure de celles de la Morelle, aussi-bien que ses

fruits qui n'en different que par leur couleur blanchâtre.

Les Indiens n'ont connu les vertus & les qualitez de
cette Plante que depuis l'arrivée des Negres dans leur
pays. Ils étoient sujets à une certaine maladie, qui leur
ravissoit la vie dans leurs plus beaux jours. Cette maladie consistoit en une fiévre qui cause des inflammations
& des dévoyemens par le bas, si frequens, qu'ils font
faire une extension extraordinaire à l'*Anus*: ces maladies
font tres-dangereuses pour le sexe, & il en mouroit une
grande quantité avant qu'on eût découvert ce remede.
Pour abattre cette inflammation, & arrêter le dévoye-
ment, les Indiens pilent le bout des branches, ils en ex-
priment le suc, dans lequel ils mettent un peu d'alun,
de l'eau-roze, & un jaune d'œuf. Ils font prendre de ce
mélange au malade, qui se trouve bien-tôt soulagé,
exempt de fiévre, & des autres accidens qui accompagnent l'inflammation de l'*Anus*.

Ces peuples se servent encore du suc de cette Plante
pour les maladies des yeux. D'abord qu'ils y sentent
quelque douleur, ou qu'ils s'apperçoivent que leur vûe
s'affoiblit, ils les en bassinent. Ce suc appaise les douleurs, & dissipe les nuages qui les rendoient auparavant troubles.

Je trouvai cette Plante dans les montagnes de *Valparaiso*, Ville dans le Royaume de *Chily*, à 33. degrez de
hauteur du Sud.

P L A N C H E X V.

Solanum foliis Quernis.

LA racine de cette Plante est épaisse environ de trois
quarts de poûce, chargée de plusieurs tubercules, au
dessous desquels naissent de grosses fibres traslantes en forme de bras, chargées d'autres fibres moindres, s'éten-
dantes parallelement à ce.les-cy, qui ont quelque chevelu.
Cette racine & ses fibres sont couvertes d'une écorce

grisâtre, qui renferme un corps ligneux , & d'un blanc
fale.

Sa tige s'éleve environ à cinq pieds de hauteur ; à la
diftance de trois poûces du collet elle commence à fe
divifer en plufieurs branches , qui forment entre elles
une efpece de petit arbriffeau rond , & fort agréable. Elle
eft couverte d'une écorce verd clair , renfermant un
corps ligneux & blanchâtre , ayant à fon centre une petite moëlle d'un blanc fale. Ses branches font toutes à
trois faces , divifées en plufieurs rameaux , chargez de
feüilles alternes , diftantes les unes des autres environ
d'un poûce. La longueur d'une feüille moyenne eft environ d'un poûce & un tiers fur demy poûce de largeur ,
découpée à peu près fur les côtez comme celles du Chêne
ordinaire , épaiffe , d'un beau verd , & traverfée dans
fa longueur d'une côte arrondie fur les deux côtez qui
donne des nervures qui s'étendent vers la poi te des
mêmes découpûres. Chaque rameau eft terminé par un
bouquet compofé de dix à douze fleurs violettes ,
chacune defquelles fort d'un calice découpé en cinq
pointes vertes , porté fur un pedicule environ de quatre
lignes de longueur. La fleur qui naît dans ce calice eft
une rofette d'un beau violet , découpée en cinq parties ,
dont le diametre eft de fept lignes ; chaque partie eft
terminée par une pointe fort aiguë. Du milieu de la rofette partent cinq étamines jaunes difpofées en étoile. Il
paffe par le trou du centre de la même rofette un piftile
qui devient , lorfque la fleur eft paffée , un fruit rond ,
mou , plein d'un fuc douceâtre , dans le creux duquel
fe trouvent plufieurs petites femences un peu applaties.

Je trouvai cette Plante dans les montagnes de *Valparaifo* , Ville du Royaume de *Chily* , à 33. degrez de
hauteur du Sud.

PLANCHE XVI.

Alkekengi amplo flore, violaceo.

CEtte Plante est admirable pour la rétention d'urine, & soulage vivement ceux qui sont sujets à la gravelle. On écrase pour la composition du remede quatre ou cinq fruits de cette Plante dans de l'eau commune, ou dans du vin blanc, qu'on donne à boire au malade, & le succès est étonnant : c'est l'usage qu'en font ordinairement les Indiens.

Sa racine est droite, blanche, longue environ de cinq poûces, & épaisse de sept lignes ; elle se divise au collet presque toûjours en deux parties unies ensemble, chargées de chevelu, & de quelques fibres assez grosses.

Sa tige s'éleve à la hauteur de trois à quatre pieds ; elle a sa surface creusée dans sa longueur, à cinq demy-canaux à côtes émoussées, carrabinée en dedans, lisse en dehors, & d'un verd gay.

Les queuës qui soûtiennent les feüilles prennent leur origine dans les canelures ; elles ont jusques à trois poûces & demy de longueur, plates en leur naissance, larges de trois lignes, & épaisses de deux, & d'une couleur violette. Les feüilles moyennes ont sept poûces & demy de longueur sur cinq poûces de large ; elles sont d'un beau verd, moins lisses que la tige, pointuës à leur extrémité, dentelées dans leur contour, partagées d'un bout à l'autre par une côte arrondie sur le dos, verd clair, de laquelle partent plusieurs nervures branchuës, qui vont se terminer aux denticules.

Le long de la tige & aux aisselles de quelques-unes de ces feüilles sortent quelques petites branches chargées & accompagnées de feüilles beaucoup plus petites que celles de la tige. Ces branches se terminent ordinairement par une fleur, dont le pedicule est long de trois quarts de poûce ; cette fleur est beaucoup plus grande que celle des autres especes, elle est d'un beau violet, découpée en parties égales, & ondées. Le centre de cette fleur est marquée d'une grande étoile blanche, chargée de cinq taches violettes; les étamines qui sont au nombre de cinq, sont chargées des sommets jaunes. Cette fleur est soutenuë par un calice en godet, du fond duquel s'éleve un pistile qui s'emboëte dans le trou de la fleur. Lorsque la fleur est passée, ce pistile devient un fruit A, mou, d'un verd clair & luisant, rond, rempli de petites graines B, un peu applaties, longues environ d'une ligne sur demy ligne de large, & renfermé dans une vessie membraneuse C, qui n'est autre chose que le calice dilaté.

Je découvris avec le microscope, sur les feüilles de cette Plante, un petit animal noir, dont la figure étoit entierement semblable à une de nos Cigales, je le représentai au naturel en D. Examinant les mouvemens de ce petit animal, je m'apperçus qu'il tâchoit de se cacher sous un petit velu étendu sur le plan des feüilles, élevant de temps en temps sa petite tête, qui marquoit la crainte où il étoit qu'on n'en voulût à sa vie, & l'inclination naturelle que chaque animal a pour la conservation de son individu. Je connus par ses mouvemens que la composition des organes de ces animaux dans leur petitesse a du rapport avec celle des plus grands, & j'admirai en même temps l'habileté & la puissance de l'Ouvrier qui les a créez. Sa tête est applatie sur sa partie superieure, terminée en pointe, & cette pointe est située au milieu de deux Apophises, sur lesquels deux cornes noires, fort longues, & extrémement pointuës, sont appuyées, & leur servent de base. Leur tête s'élargit ensuite, & elle a sur chaque côté un œil fort élevé, sans paupieres, semblables à ceux des écrevisses. Sa poitrine, en forme de cuirasse, est separée du ventre par une ceinture noire. Le ventre est plus long que tout le reste du corps, rond, large vers son milieu, terminé en pointe, ayant sur ses deux côtez deux cornes pointuës & noires comme tout le reste du corps. Il a trois jambes de chaque côté, semblables à celles de nos Sauterelles; ses jambes sont écailleuses, & par consequent creusées, articulées & garnies en dedans de ligamens & de fibres, dont la contraction produit la flexion angulaire de trois parties dont ses jambes sont composées. Les aîles prennent leur origine sur les deux épaules, elles s'étendent en long au-delà de la queuë, lors qu'elles sont pliées ; elles sont composées d'une membrane extrémement mince & delicate, soûtenuë par des fibres qui s'étendent sur tout leur plan. Il y a apparence que ces animaux se nourrissent sur les feüilles de cette plante, & qu'ils y font leur demeure, puis qu'ils ne l'abandonnent jamais.

PLANCHE XVII.

Epipactis floribus uno versu dispositis, vulgò *Nnil.*

LA racine de cette Plante est composée de plusieurs navets disposez en botte, Je les ai trouvez jusques au nombre de dix ; on les trouve encore en plus petit nombre. La longueur moyenne de ces navets est de trois poûces, & leur épaisseur de six lignes. Ils sont couverts d'une petite peau fort mince qui enveloppe une substance blanche, aqueuse, d'un goût douceâtre, & piquant.

La tige s'éleve ordinairement jusques à un pied & demy de hauteur, sa grosseur est de deux lignes & demie, d'un beau verd, remplie d'une substance qui a le même goût que celuy des racines. Elle prend directement son origine sur la botte des navets, au milieu de quelques feuilles qui l'entourent par leurs bases, dont les moyennes ont cinq poûces de longueur sur quatre lignes de largeur; celles qui accompagnent la tige sont fort courtes, & forment des especes de gaines disposées alternativement.

La fleur est blanche, la coëffe qui est composée de trois petites feüilles qui forment un cuilleron, est retroussée ; la feüille inferieure est divisée en trois parties, dont la moyenne est la plus grande ; les deux laterales s'étendent en forme d'aîles. Cette fleur est posée sur un

embrion

embrion de fruit, & cet embrion part d'une petite feuille pliée en goutiere, & terminée en pointe.

Les Indiens usent de cette Plante dans les rétentions d'urine ; & lors qu'ils sont incommodez de la gravelle, ils boivent l'eau dans laquelle cette Plante a infusé pendant une nuit. Cette même infusion est encore excellente pour chasser les ventositez.

Cette Plante croît sur les montagnes & sur les lieux secs & arides du Royaume de *Chily* ; je trouvai celles-cy à 37. degrez de hauteur du Pole Austral.

PLANCHE XVIII.

Epipactis flore albo, vulgò *Gavila*.

CEtte espece d'*Epipactis* differe de la précedente, premierement par la tige qui est haute de trois pieds. Secondement par ses feuilles qui sont traversées dans leurs longueurs de cinq nervures subdivisées de maniere qu'elles forment une espece de reseau. Troisiémement, par ses fleurs qui sont blanches, à la reserve de la petale **A** qui est jaune, & pointillée de verd.

L'usage de cette Plante est le même que celuy de l'*Epipactis floribus uno versu dispositis*, & elle se trouve dans les mêmes endroits où je trouvai celles-cy.

PLANCHE XIX.

Epipactis flore virescente & variegato, vulgò *Piquichen.*

LEs racines de cette Plante sont presque semblables à celles de l'*Epipactis floribus uno versu dispositis* ; leur disposition est la même, & ne different qu'en grosseur & en longueur, elles renferment de même une substance blanchâtre, aqueuse, d'un goût douceâtre & piquant.

La tige de celle-cy s'éleve à la hauteur de trois pieds,

& elle est épaisse de six lignes vers le collet, d'un verd
blanchâtre, & remplie d'une substance espongieuse.

Les feuilles ont encore la même figure & composition
que celle dont je viens de parler, mais elles sont de beaucoup plus longues ; celles qui naissent au collet embrassent toute la tige par leurs bases, & celles qui sont sur
sa longueur sont courtes, pointuës & en maniere de
gaine.

Les fleurs en épy, portées sur un embrion de fruit,
sont composées de trois petales blanches, qui partent
du milieu de trois feuilles d'un verd clair, longues de
dix lignes & demie, sur deux lignes deux tiers de large,
terminées en pointe, & traversées d'un bout à l'autre de
cinq petites nervures rouges. Ces trois petales sont differentes, les deux qui sont à la partie superieure de la
fleur ont neuf lignes un tiers de longueur, sur trois lignes deux tiers de large, traversées dans leur longueur
de plusieurs lignes rouges, & terminées en pointe émous-
fée. La troisiéme qui est à la partie inferieure de la fleur,
n'a que huit lignes de longueur sur six lignes de largeur.
Le haut de cette petale est replié en dessous, bordé de
petites lignes vertes qui ressemblent à une petite frange ;
& de sa base partent plusieurs autres lignes ondées de la
même couleur, qui viennent se terminer assez près de la
frange. Cette Fleur a à son centre deux petits trous disposez comme sont le *Larinx* & le *Pharinx*, de la sepa-
ration desquels part une étamine large & blanche, qui a
une ligne jaune dans son milieu, qui la traverse dans sa
longueur, accompagnée de chaque côté de plusieurs autres lignes vertes ; cette étamine est terminée par un
double cœur. Lorsque cette Fleur est passée, le fruit devient un magasin long de quatorze lignes, & large de
quatre, divisé en trois cellules remplies de tres-petites
graines.

Je trouvai cette Plante sur le penchant d'une montagne dans le Royaume de *Chily*, à 36. degrez 30. minutes de hauteur du Pole Austral.

PLANCHE XX.

Epipactis amplo flore luteo, vu'gò *Gavilu.*

CEtte Plante ne differe de l'Helleborine que par ses racines qui font à navets difpofez en botte, dont leur longueur eft environ de quatre poùces, & leur épaiffeur de cinq lignes; d'où il s'éleve une tige haute de deux pieds, épaiffe à fa naiffance de fix lignes, d'un verd gay, aqueufe & douceâtre, garnie de quelques feuilles en gaine, & alternes. Celles qui environnent la bafe de cette tige reffemblent affez bien à celles du Lys; leur longueur eft de fept poûces fur un poûce un quart de largeur, elles font d'un verd clair à leur naiffance, qui fe convertit enfuite en un tres-beau verd.

Les Fleurs font alternes, & naiffent à l'extrémité de la tige, portées chacune fur un embrion de graine qui fort de l'aiffelle d'une petite feuille; ces Fleurs font jaunes, & femblables à celles de l'Helleborine, mais beaucoup plus grandes.

Les femmes Indiennes nouvellement accouchées mêlent le fuc de cette Plante avec du boüillon, elles boivent ce mélange pour faire venir leur lait plus abondamment.

Ces Plantes croiffent dans des lieux un peu humides; je n'en ai trouvé que dans le Royaume de *Chily,* à 37. degrez de hauteur du Pole Auftral.

PLANCHE XXI.

Rapuntii facie, foliis finuatis, flore ampliffimo, fanguineo & ftriato.

CEtte Plante a fa racine chargée de fibres cheveluës, longue environ de neuf pouces, épaiffe au collet de trois, blanchâtre, & terminée en pointe.

Sa tige eſt haute environ de deux pieds ſur deux lignes d'épaiſſeur vers ſa baſe ; ſa couleur eſt d'un aſſez beau verd, parſemé d'un velu blanchâtre. Le dedans de cette tige eſt verdâtre & aqueux.

Ses feuilles s'y rangent alternativement, & l'embraſſent en partie par leurs baſes ; les plus grandes ont trois pouces & demy de longueur ſur un pouce de largeur, leur contour eſt découpé en dix ou douze ſegmens, arrondis par leurs bouts ; la côte qui les partage eſt arrondie en deſſous, & donne pluſieurs rameaux branchus, qui parcourent obliquement le plan de ces feuilles qui ſont d'un beau verd, & parſemées d'un duvet blanchâtre.

Des aiſſelles de ces feuilles ſortent pluſieurs petites feuilles entieres, aſſez ſemblables à celles de la *Linaire*, ainſi que celles qui accompagnent le haut de la tige. Des aiſſelles de ces dernieres partent quelques Fleurs ſoûtenuës chacune ſur un pedicule d'un poûce ou deux de longueur. Ces Fleurs ſont d'un beau rouge, irregulieres ; elles commencent par un tuyau, qui s'évaſant de plus en plus de bas en haut, ſe découpe en cinq parties principales, plus larges vers leurs extrémitez, où elles ſont échancrées en deux par un angle rentrant. De ces cinq petales la ſuperieure eſt la plus ample, chargée d'une grande tache jaune, ſur laquelle regnent trois principales nervures, dont les deux laterales vont aboutir aux angles ſaillans, & la moyenne à l'angle rentrant. Ces nervures ſont rouges, & diviſées des deux côtez en pluſieurs autres nervures diſpoſées en barbillons de plume. On remarque ſur les quatre autres découpures de cette Fleur la même diſpoſition des nervures, à l'exception de la tache jaune qui ne s'y rencontre point. Le calice eſt un tuyau verd à cinq angles, & terminé par cinq pointes. Le bouton de la Fleur qui ſort du calice eſt d'abord tout jaune, & ne rougit qu'à meſure qu'il ſe déploye ; la partie inferieure du tuyau eſt d'un beau bleu, qui peu-à-peu ſe change en un rouge clair juſques à l'évaſement de la Fleur. La longueur de ce tuyau eſt de deux poûces, & celle des découpures a neuf lignes.

Cette Plante a fur fa tige une huile gommeufe. Je ne
pûs fçavoir quel eft l'ufage qu'en font les Indiens, ni le
nom qu'ils luy donnent. Elle croît dans les lieux humides. Je la trouvai près d'un ruiffeau dans le Royaume de
Chily, à 37. degrez de hauteur du Pole Auftral.

PLANCHE XXII.

Bignonia flore luteo , foliis radiatis & elegantiffimè diffectis.

L A beauté de cette Plante me porta à la deffiner. Sa
racine eft épaiffe un peu au deffous du collet environ
d'un poûce & un tiers ; elle eft divifée en deux & en
quatre bras ; les uns s'étendent obliquement dans la terre,
& les autres font prefque paralléles à fa furface. Leur
figure eft ronde, & femblable à nos petites raves , leur
longueur eft environ d'un pied, & fe termine en pointe.
Cette racine eft couverte de trois différentes écorces ; la
premiere ou la fuperficielle eft fort mince , & d'une couleur brune ; la feconde ou la moyenne eft d'une égale
épaiffeur, mais elle eft jaunâtre ; & la troifiéme a deux
tiers de ligne d'épaiffeur , blanche & caffante. Celle-cy
renferme une fubftance aqueufe , d'un blanc fale , dont
le goût eft douceâtre & piquant.

La tige de cette Plante, à la hauteur environ de trois
poûces, eft chargée de plufieurs queuës de feuilles , du
milieu defquelles elle s'éleve, & va fe terminer en un
bouquet de Fleurs ; fon épaiffeur au collet eft de quatre
lignes.

Le pedicule de chaque Fleur, hors celle de la pointe
de la tige, naît aux aiffelles d'une petite feuille , & porte
à fon fommet un calice divifé en cinq pointes profon-
dement découpées, & d'un beau verd ; d'où il fort une
Fleur d'un jaune pâle, de la grandeur & de la figure du
Jafmin de Virginie, appellé *Bignonia Americana Fraxini
folio , flore amplo, phœnicio. Inft. R. Herb.* 164. L'ouverture anterieure de cette Fleur eft tachée de points rouges, particulierement vers la bafe de la découpure infe-

rieure & des deux laterales. Des parois internes du tuyau
de cette Fleur partent cinq étamines , chargées de leurs
sommets jaunes. Ce tuyau est épais de deux lignes vers
sa base, & a son évasement de six lignes & demie, &
toute sa longueur est de deux poûces.

Les queuës des feuilles ont depuis deux poûces jusques à dix de longueur, & deux lignes d'épaisseur ; elles
ont trois écorces qui gardent entre elles les mêmes proportions qui se rencontrent aux trois écorces qui couvrent les racines , excepté que l'écorce exterieure est
d'un beau verd. Chaque queuë porte en son extrémité
une feuille à main ouverte, profondément découpée en
sept & en neuf parties, dont chacune est encore découpée ; mais non pas si profondément , & chaque découpure est dentelée en dents inégales. Les sept ou les neuf
parties de chaque feuille ont une côte qui les traverse
dans leur longueur, arrondie sur leur revers, ou au dessous , & sillonnée au dessus. De ces côtes partent plusieurs nervures qui s'étendent jusques au sommet des
subdivisions , & sur celles-cy en naissent d'autres plus
petites qui s'étendent vers la dentelure. La partie du milieu de ces feuilles a trois poûces & demy de longueur,
& les laterales sont longues à proportion, d'un beau verd,
égal au dessus & au dessous.

Je trouvai cette Plante le long d'un vallon, à 17. degrez 40. minutes de hauteur du Pole Austral , dans un
sable fort menu, & extrémement sec, au pied de hautes
montagnes sur lesquelles il avoit commencé à pleuvoir
depuis quelques jours ; mais cette pluye ne coule jamais
dans la plaine.

PLANCHE XXIII.

Oxys roseo flore, erectior, vulgò Cullé.

CEtte Plante est annuelle, elle a le port & la hauteur de l'*Oxys Americana, lutea, erectior. Inst. R. Herb.* 88. auquel elle ressemble assez bien dans toutes ses parties, à l'exception de ses Fleurs qui sont portées sur des branches plus longues, & sont d'un rouge pâle. Sur chaque découpure de cette Fleur se remarquent six lignes qui ne s'étendent pas au-delà de la moitié de leur longueur, ces lignes sont d'un rouge plus foncé.

Cette Plante est rafraîchissante ; les Indiens s'en servent pour teindre en differentes couleurs, en la mêlant avec d'autres plantes ; elle se trouve dans les lieux humides, le long d'un fossé, dans le Royaume de *Chily*, à 37. degrez de hauteur du Pole Austral.

PLANCHE XXIV.

Oxys amplissimo flore luteo.

LA racine de cette Plante est assez singuliere ; elle est épaisse proche du collet environ d'un poûce, longue de deux, terminée en pointe, chargée de quelque chevelu, charnuë, & couverte d'une écorce d'un gris obscur.

Sa tige élevée sur le collet environ d'un demy-poûce, se divise en plusieurs branches qui naissent sur une espece de tête au milieu de plusieurs queuë de feuilles. Ces branches sont longues environ de trois quarts de pied, & épaisses de demy-ligne, rondes, d'un verd clair, & chargées d'un duvet blanc. Les queuës qui naissent sur la tête de la tige ont environ deux pouces de longueur sur demy ligne d'épaisseur, chargées à leur sommet de trois feuilles, formant chacune un cœur parfai-

tement bien figuré. Les pedicules des Fleurs prennent
leur origine aux aiſſelles des feuilles ; les moyens ont
environ un pouce & demy de longueur ſur demy-ligne
de largeur, & portent ſur leur ſommet un calice à cinq
pointes, du fond duquel s'éleve un piſtile qui s'emboëte
dans le trou qui eſt au centre d'une Fleur jaune, ſemblable à celle des autres eſpeces dont elle ne differe que
par ſa grandeur. Du contour du trou partent quinze
petites lignes partagées de trois en trois, qui s'étendent
ſur chaque partie de la Fleur juſques à un tiers de leur
longueur au-delà du trou. Le piſtile devient un fruit
membraneux, diviſé en cinq loges remplies de petites
ſemences.

Les décoctions & les tiſanes faites de cette Plante
ſont aperitives ; celles des feuilles ſont aigres, rafraî-
chiſſantes, diminuënt la fermentation du ſang, & tem-
pérent la bile.

Cette Plante ſe trouve dans les vaſtes plaines qui ſont
au Nord de la riviere de la *Plata*, dans le *Paraguay*, à
34ᵈ 53′ de hauteur du Pole Auſtral.

PLANCHE XXV.

Oxys luteo flore, radice craſſiſſima.

CEtte *Oxys* differe de la précedente par la couleur
de ſes feuilles qui ſont violettes en deſſous, & d'un
verd gay en deſſus, & par la groſſeur de ſa racine, épaiſſe
d'un poûce, gerſée, & couverte de deux écorces, dont
l'exterieure eſt d'un gris brun & fort mince, & l'interieure eſt rouge, aqueuſe, d'un goût âpre, & de deux
lignes d'épaiſſeur, renfermant un corps dont les inſertions du Paranchime, qui partent du centre de la racine,
ſont blanches, & les fibres qui diviſent ces inſertions
qui partent du même centre, ſont rouges ; ce corps eſt
aqueux, du même goût que la ſeconde écorce qui le
couvre. Cette racine ſe diviſe & ſe ſubdiviſe par le haut
en pluſieurs groſſes branches, du ſommet deſquelles
partent

partent les queues des feuilles & les tiges. Les queues
des feuilles ont trois pouces de longueur , chargez de
trois feuilles en cœur , dont le deſſous eſt d'un beau
violet , & le deſſus d'un verd gay ; les tiges ſe diviſent
en pluſieurs pedicules , qui ſoûtiennent chacun à leur
extrémité une Fleur jaune diviſée en cinq parties , traverſées chacune dans ſa longueur de quelques lignes
rouges qui ſe terminent à un tiers de leur longueur , au
deſſous de leurs ſommitez.

Je trouvai cette Plante dans les montagnes du *Perou* ,
à deux lieues du bord de la mer , & à 17ᵈ 40' de latitude
du Pole Auſtral.

PLANCHE XXVI.

Melongena Laurifolia, fructu turbinato, variegato.

LEs tiges de cette Plante ſe couchent d'abord ſur la
terre, où elles donnent d'eſpace en eſpace des tou-
pets de racines fibreuſes & chevelües ; elles s'élevent enſuite à la hauteur de deux pieds & demy , & ſe diviſent
en pluſieurs branches alternes : ces tiges ont juſques à
quatre lignes d'épaiſſeur , leur couleur eſt d'un verd
clair. Les grandes feuilles qui les accompagnent , & de
l'aiſſelle deſquelles ſortent les branches , ont juſques à
ſix pouces de longueur , ſans y comprendre leur pedicule qui en a deux , ſur une ligne d'épaiſſeur ; elles ſont
pointües par les deux bouts , d'un beau verd , parſemées
d'un duvet blanchâtre , traverſées dans leur longueur
d'une côte arrondie ſur le revers , qui donne de chaque
côté des nervures qui s'étendent en arc vers le contour
des feuilles ſubdiviſées en pluſieurs autres , formant entre elles une eſpece de reſeau ; celles qui accompagnent
les branches ſont de la même figure & ſtructure , de differentes grandeurs , mais toutes plus petites que les premieres.

Les pedicules communs qui ſoûtiennent les Fleurs ſe
bifourchent vers leur extrémité , & en donnent de plus

A A A aa

petits qui se terminent chacun par un calice découpé en cinq parties égales ; la Fleur est semblable à celle des autres, & a neuf lignes de largeur ; le champ en est blanc, mais il est chargé d'une étoile violette ; ses étamines sont jaunes, & entourent un pistile qui devient un fruit long de cinq pouces pour l'ordinaire, sur trois pouces d'épaisseur terminé en pointe. Ce fruit est couvert d'une peau rayée d'un rouge cramoisy ; le fruit étant meur, renferme une chair jaunâtre, semblable à celle de nos melons ; elle en a le même gout, elle est piquée vers son centre de plusieurs petites graines lenticulaires, larges d'une ligne. La lettre A représente la moitié de ce fruit coupé en long.

On cultive soigneusement cette Plante dans les jardins ; ses fruits sont rafraîchissants. Les Indiens les mangent par délice ; leur gout ni leur chair ne different pas de celle de nos melons. Il est pourtant dangereux d'en trop manger, parce qu'ils causent des fiévres assez difficiles à guérir. Etant à *Lima* je mangeai plusieurs de ces fruits que l'on appelle *Pepo* dans cette Ville.

PLANCHE XXVII.

Caryophillata foliis alatis, flore amplo coccineo, vulgò Quellgon.

LA racine de cette Plante est épaisse de cinq lignes à son collet ; elle est lisse, couverte d'une écorce grisâtre, renfermant un corps blanc ; elle se divise en plusieurs bras, dont les uns entrent perpendiculairement dans la terre, & les autres obliquement.

Du collet de cette Plante partent plusieurs tiges du milieu des feuilles, qui prennent leur origine au même endroit. Ces tiges s'élevent environ à la hauteur d'un pied & demy, & ont une ligne d'épaisseur ; elles sont rondes & d'un beau verd ; elles ont dans leur longueur quelques branches qui naissent chacune aux aisselles d'une feuille denticulée, pointue des deux bouts, entierement differente de celles dont l'origine est directement au collet. Celles-cy , à un pouce & demy au-delà de leur naiſſance, ont une côte chargée de feuilles entreſemées de plus petites de differente grandeur, toutes traverſées dans leur longueur d'une côte arrondie ſur le revers, & plate au dedans , laquelle donne de chaque côté quelques nervures qui s'étendent ſur leur plan, & ſe terminent ſur leur contour ; elles ſont ſubdiviſées en pluſieurs autres, formant un reſeau ſur le plan des feuilles. Cette côte avec ſon pedicule dans les feuilles moyennes , a environ dix pouces de longueur. La feuille qui la termine eſt la plus longue & la plus grande ; elle eſt dentelée ſur ſon contour de même que toutes les autres, & découpée en ſept parties. La côte qui la traverſe dans ſa longueur eſt ſillonnée en dedans , & arrondie ſur ſon revers ; ſon plan & celuy des autres feuilles qui luy ſont inferieures, eſt parſemé d'un petit duvet blanc, qui rend leur couleur d'un verd un peu clair, & elles ſont toutes rudes au toucher.

Les Fleurs ſont portées au ſommet d'un pedicule, dont la longueur eſt environ d'un pouce, & ſon épaiſſeur de demy ligne ; elles ſont compoſées de cinq petales d'un beau rouge de ſang , diſpoſées en roſe, dont la naiſſance eſt aux échancrures du piſtile. Leur longueur eſt de ſix lignes, & leur largeur de quatre, ayant chacune à leur partie ſuperieure un angle rentrant. Leurs étamines ſont ſans nombre, chargées chacune d'un ſommet jaune. Le calice eſt découpé en dix parties , cinq grandes & cinq petites, diſpoſées alternativement.

Le piſtile B qui s'éleve du milieu du calice, devient un fruit chevelu , qui eſt une tête arrondie, compoſée de pluſieurs ſemences , dont chacune eſt terminée par une queüe qui eſt repréſentée au ſommet de la ſemence A.

La décoction de cette Plante eſt aperitive & reſolutive ; les Indiennes s'en ſervent lors qu'elles ne ſont pas reglées.

Je trouvai cette Plante ſur le penchant d'une montagne, dans le Royaume de *Chily* , à 37. degrez de hauteur du Pole Auſtral.

A A A aa ij

PLANCHE XXVIII.

Viola arborescens, Origani acuto folio.

-

LA difference que je trouvai entre les Violettes de l'Europe & celle-cy , me donna occasion de la dessiner ; sa racine est droite, obscure & fibreuse.

Sa tige est ronde , d'un beau verd , droite, & s'éleve environ à la hauteur d'un pied & demy ; elle a une ligne & demie d'épaisseur ; elle est chargée de feuilles alternes , taillées en fer de pique , assez semblables à celles de l'*Origan*. Ces feuilles sont éloignées les unes des autres environ d'un demy poûce. Leur queüe a trois lignes de longueur sur un tiers de ligne d'épaisseur. Les côtes qui traversent ces feuilles en leur longueur sont chargées de chaque côté de quelques nervures qui font avec elles des angles fort aigus, & vont se terminer en s'étendant vers leur contour ; celles-cy sont divisées en plusieurs autres petites qui traversent leur plan. Les feuilles ont leur contour en dents de scie , terminées en pointe, & d'un verd gay ; vers le bas de la tige de cette Plante sortent quelques branches chargées de feuilles semblables aux a utres.

La Fleur qui est d'un beau violet est portée dans un calice au sommet d'un pedicule , qui prend son origine aux aisselles des feuilles, dont la longueur est environ de deux poûces , & son épaisseur d'un tiers de ligne. La Fleur est composée de cinq petales, dont les deux superieures s'élevent en maniere d'étendart ; les deux laterales font comme deux aîles placées au dessous ; & la cinquiéme ou inferieure , qui est la plus grande, finit par une espece de terine fort courte & jaunàtre. Le calice est découpé en cinq parties jusques à sa base , qui embrassent le jeune fruit relevé de trois angles qui s'ouvrent par sa pointe en trois quartiers , dans lequel on voit de petites semences attachées à ses parois , semblables par leurs figures à un œuf de poule.

L'infusion de cette Plante est aperitive ; ses Fleurs n'ont aucune odeur. Je n'ai vû cette Plante que le long d'une riviere dans le Royaume de *Chily*, à 37. degrez de hauteur du Pole Austral.

Je trouvai sur les feuilles de cette Plante de petites chenilles A , presque imperceptibles à la vûë ; j'en dessinai une au microscope. Tout le dos étoit noir , & le ventre étoit blanc ; elle avoit sur le devant six petits pieds , & quatre sur le derriere. Sa tête étoit semblable à celle d'un élephant , aux côtez de laquelle on voyoit deux petits yeux noirs entourez d'un cercle jaune. Son mouvement étoit assez singulier , elle se dressoit presque perpendiculairement sur les quatre pieds de derriere ; & jettant son corps en avant , elle tomboit sur ses pieds de devant ; & d'abord qu'elle les avoit appuyez, elle traînoit la partie posterieure de son corps, & commençoit à figurer une anse ; & se redressant insensiblement , elle continuoit à parcourir de la même maniere une branche ou une feuille.

PLANCHE XXIX.

Rapuntium spicatum , foliis acutis , vulgò *Tupa.*

CE *Rapuntium* a sa racine droite divisée en bras étendus obliquement , chargez de quelque chevelu ; sa longueur est environ d'un pied & demy , épaisse au collet de quatre lignes ; son écorce est d'un blanc sale , & couvre un corps fort blanc & rond.

Sa tige est droite, à cinq faces regulieres, d'un verd fort clair ; elle est rude , creuse en dedans , & s'éleve à la hauteur d'un homme. Son épaisseur au collet est environ de quatre lignes , & elle est terminée par un épy de Fleurs. Le pedicule de chaque Fleur prend son origine aux aisselles des feuilles qui sont de couleur rouge ; ce pedicule de la même couleur a environ huit lignes de longueur sur une ligne d'épaisseur ; il soutient un calice découpé en cinq parties , d'un rouge beaucoup plus

obſcur que le pedicule. Du fond de ce calice fort une
Fleur d'une ſeule piece , d'un rouge de ſang , longue
de deux poûces, & large à ſa naiſſance de deux lignes,
où elle a deux petites fentes en long , paralleles & longues de deux lignes. Elle ſe retrécit enſuite ; puis s'élargit vers la partie ſuperieure, qui eſt ordinairement recourbée & ouverte auſſi en long par deux autres fentes paralleles qui vont ſe terminer vers ſa pointe. Cette
piece embraſſe à ſa naiſſance une gaine rouge, appuyée
ſur le ſommet d'un piſtile ; cette gaine a un poûce &
demy de longueur ſur une ligne & demy d'épaiſſeur, du
centre de laquelle part un piſtile qui la deborde par un
ſommet rayé de blanc & de noir. La Fleur étant paſſée ,
le calice devient un fruit preſque rond , diviſé en trois
loges , garnies chacune d'un Placenta chargé de petites
ſemences repréſentées en A de couleur brune.

Les feuilles embraſſent la tige par leurs baſes , & ne
s'en detachent qu'à deux poûces & demy. Depuis leur
detachement juſques à leur ſommet , elles ont environ
ſept poûces & un tiers de longueur, & trois poûces de
large ; elles ſont traverſées dans leur longueur d'une
grande côte arrondie ſur le revers , donnant de chaque
côté des nervures qui s'étendent ſur le plan des feuilles,
ſubdiviſées en pluſieurs autres , & qui forment entre elles
un reſeau fort agréable. Le contour des feuilles eſt en petites dents de ſcie imperceptibles ; ce que je n'ay pas
repréſenté dans le deſſein. Leur plan eſt parſemé d'un
petit duvet velouté, blanc, qui le repréſente d'un verd
blanchâtre, & elles ſont terminées en pointe.

Toute cette Plante eſt un poiſon des plus prompts ;
ſa racine rend un lait mortel , de même que la tige ;
l'odeur de ſes Fleurs excite de cruels vomiſſemens.
Lors qu'on les manie, il faut bien ſe donner de garde
de les écraſer entre les doigts ; car ſi on ſe frotoit enſuite les yeux, & que ce lait vinſt à les toucher, on per-
droit infailliblement la vûë , ainſi qu'on l'a remarqué
par expérience.

Je trouvai cette Plante ſur les montagnes du Royaume de *Chily* , à la hauteur de 37. degrez du Sud.

PLANCHE XXX.

Panke Anapodophylli folio.

LA racine de cette Plante est fort longue , droite , garnie de quelques fibres , couverte d'une écorce obscure, qui renferme un corps blanc, solide, & épaisse environ de quatre poûces. Outre les fibres de cette racine on voit encore sur sa superficie plusieurs filamens qui ne sont autre chose que les fibres des pedicules des feuilles & des fruits qui s'y sont desséchez.

Les feuilles de cette plante prennent leur origine au collet ; leurs queües ont six poûces & demy de longueur, & demy poûce d'épaisseur , rondes , garnies de petites pointes flexibles, d'un verd clair, couvertes d'une écorce verte, renfermant un corps blanc, aqueux, d'un goût douceâtre, qui devient noir dès qu'on l'a coupé. Ces feuilles sont ouvertes en évantail , longues environ de dix pouces, & larges de même, découpées en cinq parties principales, recoupées chacune en deux autres parties. De la base de chaque feuille partent cinq côtes, dont les trois du milieu se divisent en deux à trois poûces au-delà de leurs bases , par un angle aigu , & elles vont se terminer à la pointe de chaque subdivision. Chaque côte est chargée à ses côtez de quelques nervures divisées en plusieurs branches, qui forment un réseau sur le plan des feuilles. Les côtes sont grosses & arrondies sur le revers. Toute la feuille a son contour en dents de scie, & elle est parfaitement bien représentée dans le dessein, de même que le sont toutes les Plantes renfermées dans ce volume. Ces feuilles sont d'un verd clair , parsemées d'un petit duvet blanchâtre sur le revers , ou dessous, qui rend cette partie d'un verd beaucoup plus clair que le dessus.

Du milieu des feuilles de cette Plante sort un pedicule de demy pouce d'épaisseur , long de six poûces, rond, d'un verd gay, garny de pointes semblables à celles des queües des feuilles.

Je n'ai pû obferver la ftructure de la Fleur & du Fruit de cette Plante ; mais il y a bien de l'apparence qu'ils naiffent fur la grappe, qui eft icy repréfentée, laquelle fort d'entre les feuilles.

Cette Plante eft rafraîchiffante. On prend la dé-coction de fes feuilles, dans les chaleurs, pour fe ra-fraîchir, on mange encore les queues des feuilles cruës, après en avoir ôté l'écorce ; j'en ai goûté, & ai trouvé leur goût douceâtre, & affez agréable. Les Teinturiers fe fervent de fa racine pour teindre en noir, après l'avoir coupée par petites tranches, & fait boüillir avec une certaine terre noire. Les Tanneurs préparent leurs peaux avec les mêmes racines, les mettant boüillir dans l'eau les unes avec les autres ; alors elles fe dilatent & s'épaiffiffent deux & trois fois plus qu'elles ne font naturellement.

Cette Plante fe trouve dans les lieux aquatiques & marécageux ; je trouvai celle-cy le long d'une riviere dans le Royaume de Chily, à 36. degrez 30. minutes de hauteur du Pole Auftral.

PLANCHE XXXI.

Llaupanke ampliffimo Sonchi folio.

L A racine de cette Plante eft épaiffe au collet environ de trois quarts de poûce, divifée dans fa longueur en deux ou trois tubercules charneux, dont l'inferieur eft alongé, terminé en pointe, un peu oblique, chargez les uns & les autres de quelques fibres chevelues, & cou-vertes d'une écorce d'un verd blanchâtre, renfermant un corps d'un beau blanc, lequel vû au microfcope, paroît compofé d'affemblages de petits corpufcules luifans, femblables à de petits Soleils. Ces affemblages font di-vifez par d'autres de couleur de cuivre, qui paroiffent unis & fans divifion à leur compofition, formant des lignes droites, & repréfentant un mélange admirable fur le corps de cette racine.

La

La tige de cette Plante a trois pieds de hauteur ; elle est épaisse près du collet d'un tiers de poûce, ronde, d'un beau verd, & terminée par un épy garni de Fleurs irregulierement semées d'un rouge cramoisi. La premiere Fleur ou la plus éloignée de la pointe de l'épy a six petales, les autres n'en ont que quatre ; les unes & les autres font longues de cinq lignes, & larges de trois ; elles ont fur leur milieu une petite tache violette, ovale, & étenduë dans leur longueur. Ces petales fortent du fond d'un calice, composé d'autant de pieces qu'il y a de petales ; le nombre des étamines égale celuy des petales ; ces étamines font jaunes, ainsi que leurs sommets ; les pedicules de ces Fleurs naissent chacun de l'aisselle d'une petite feüille ; leur longueur est environ d'une ligne & demie fur une ligne d'épaisseur, d'un beau verd, & semblable à celuy du calice.

Les feüilles du *Llaupanke* naissent en tout sens le long de la tige ; elles l'embrassent à moitié par leurs bases, & sont par consequent sans queüe. Leur longueur est environ d'un pied, étroites vers leur origine, & larges de quatre poûces à leur partie superieure, découpées en sept parties, & traversées dans leur longueur d'une côte fort large, arrondie fur le revers, & creusée en goutiere en dedans. Cette côte est chargée de chaque côté de nervures étendues fur le plan des feüilles, qui vont se terminer à la pointe de chaque partie ; elles font divisées & subdivisées, & forment un reseau fur le plan. Ces feüilles font terminées par une pointe émoussée, parsemées des deux côtez d'un petit duvet blanc ; leur dessus est d'un beau verd ; leur dessous est d'un verd clair, & leur contour est ondé & denticulé.

Le suc de cette Plante mis fur les hemoroïdes en arrête le flux immoderé, & en appaise les douleurs ; les Indiens y appliquent encore le marc en maniere de cataplame. Les Tenturiers se servent aussi de cette Plante, & elle entre dans leurs compositions noires.

Je rencontrai cette Plante dans les montagnes du Royaume de *Chily*, à 36. degrez 57. minutes de hauteur du Pole Austral.

BBBbb

PLANCHE XXXII.

Bidens Mercurialis folio , flore radiato.

AUffi-tôt que les Indiens ont quelques maux dans la bouche , ils mâchent de cette Plante , qu'ils appellent *Paica-Jullo* , affurez non feulement d'être foulagez par ce moyen , mais encore d'être entiérement guéris. La racine de ce *Bidens* eft droite , épaiffe au collet de trois lignes , longue de cinq poûces , fibrée , blanche , & terminée en pointe.

Sa tige eft droite , canelée , liffe , d'un verd gay , épaiffe à naiffance de trois lignes , & s'éleve environ à la hauteur de deux pieds. Les feüilles qui naiffent le long de la tige font difpofées deux à deux une de chaque côté ; les deux premieres font ordinairement éloignées du collet environ de trois poûces un tiers ; les fecondes le font de celles-cy de deux poûces trois quarts , &c. Les moyennes feüilles font portées fur une queüe de neuf lignes de longueur ; elles font d'un beau verd , minces , rudes , longues environ de deux poûces un tiers fur fix lignes de largeur , traverfées d'un bout à l'autre d'une côte relevée au deffous , au milieu de deux nervures qui ont leur origine près de leurs bafes , lefquelles s'étendent en arc , & vont fe terminer au deffous des fommitez des feüilles , fubdivifées en d'autres plus petites , qui s'étendent fur leur plan. Le contour des feüilles eft ondé , & leurs deux bouts font terminez en pointe. Les branches qui ont toujours leur origine aux aiffelles des feüilles , font ordinairement terminées par fix feüilles difpofées en Croix , deux defquelles font grandes , & forment deux côtez oppofez. Les quatre autres font petites , & forment les deux autres côtez. Du centre de cette Croix partent quelques pedicules de differentes longueurs , chargez à leurs fommets d'un calice , qui foûtient une Fleur radiée , ayant fur les bords de fon difque cinq demy-fleurons d'un beau blanc , découpez legerement en trois parties vers leurs sommitez. Le disque est un amas de fleurons jaunes marquez C, portez chacun sur un embrion de graine A , chargé d'une aigrete composée de dix filets D. Je dessinai ce fleuron au microscope , n'en pouvant pas distinguer, à la vuë simple , toutes ses parties à cause de leur petitesse.

Je trouvai cette Plante dans le Royaume du *Perou* , à 11. degrez 50. minutes de hauteur du Pole Austral.

PLANCHE XXXIII.

Bidens Artemisiæ folio , flore albo , radiato.

CEtte espece de *Bidens* ne differe gueres de celle qui est nommée *Bidens Americana Apii folio.* Inst. R. *Herb.* 462. si ce n'est par sa Fleur qui est blanche , d'un diametre de demy-poûce , dont les demy-fleurons sont terminez par trois découpures , & le disque est un amas de fleurons jaunes.

Cette Plante me parut assez rare ; je la trouvai dans la plaine de *Lima* ; je n'en avois pas encore vuë de semblable dans tout ce nouveau monde.

PLANCHE XXXIV.

Gratiola foliis subrotundis , nervosis , floribus luteis.

LEs racines de cette Plante sont des fibres qui naissent sur les nœuds de la tige au dessous de la queüe des feüilles.

La tige est fort longue , trassante , creusée en tuyau , épaisse de deux lignes , lisse , ronde , d'un beau verd , divisée par des nœuds éloignez differemment les uns des autres , sur chacun desquels naissent deux feüilles opposées, qui embrassent toute la tige par leurs bases. Ces feüilles ont environ un pouce & demy de longueur , & un pouce de largeur , & sont terminées en pointe de chaque côté. Il part de leurs bases sept nervures, dont six s'étendent en arc jusques vers le sommet des feüilles, & la septiéme qui passe par le milieu est droite, & va se terminer à la pointe. Ces feüilles sont lisses, d'un beau verd, & regulieres dans leur contour. Les branches qui naissent à leurs aisselles, qui ont environ un pied de longueur, & une ligne d'épaisseur, sont également chargées de feüilles, disposées de la même maniere que celles des tiges. Ces tiges se terminent par un pedicule de quinze lignes de longueur, & d'un tiers de ligne d'épaisseur, rond & d'un beau verd, soutient un calice à cinq faces, terminé par cinq pointes, du centre duquel part une Fleur jaune, en tuyau, découpée à son évasement en cinq parties inégales, ayant un trou dans son fond. Ce tuyau a un pouce un tiers de longueur, sur quatre lignes d'épaisseur, est rond & d'un beau jaune ; sa partie superieure, qui est la plus longue, a à sa sommité un angle rentrant, & elle est parsemée jusques vers son milieu de petites taches rouges, qui partent du dedans du tuyau ; les deux laterales sont un peu moindres ; les deux inferieures à celles-cy sont encore moins longues, & toutes les quatre ont à leur sommité un angle rentrant. Il naît le long des branches plusieurs autres Fleurs une à une, toujours aux aisselles des feüilles. Je ne vis pas les semences de cette Plante ; mais j'appris qu'elles étoient fort petites.

Cette Plante est rafraîchissante ; les Indiens la mangent dans leurs soupes ; elle se trouve le long des ruisseaux & dans les lieux humides. Je rencontrai celle-cy le long d'une riviere qui passe par le milieu de la Ville de la *Conception*, dans le Royaume de *Chily*.

PLANCHE XXXV.

Centaurium minus, purpureum, patulum,
vulgò *Cachen.*

C'Est icy le *Chance-Lagua* dont il est parlé dans l'Histoire de l'Académie Royale des Sciences de 1707.
Il y a quelque apparence que ceux qui en ont envoyé
les Memoires n'entendoient pas la Langue Indienne,
n'ayant fait qu'un seul mot de *Cachen-Laguen*, encore
l'ont-ils corrompu. *Cachen* est le nom ordinaire que les
Indiens donnent à cette Plante, & *Laguen* est un mot
generique, qui signifie dans la même langue la même
chose que herbe; de sorte que *Cachen-Laguen* est le même que l'herbe *Cachen.*

La racine de cette Plante n'a pas plus d'une ligne
d'épaisseur, elle est divisée en plusieurs bras qui sont
encore subdivisez, dont les longueurs n'excedent pas
deux pouces & demy; toute cette racine est blanche,
ronde & ligneuse.

La tige s'éleve environ à la hauteur d'un pied, elle st
épaisse d'une ligne à son origine, pliée en genoüil au
collet, ronde, droite, ligneuse, d'un beau verd, &
chargée dans sa longueur de feüilles à distances inégales, disposées deux à deux, une de chaque côté de la
tige. Les moyennes feüilles ont dix lignes de longueur
sur trois lignes de largeu; elles sont pointuës de chaque
côté, traversées dans leur longueur d'une seule nevûre
qui passe par leur milieu, d'un verd gay, & d'un contour regulier. Cette tige se divise en plusieurs branches
opposées, toujours deux à deux, prenant leur origine
aux aisselles des feüilles. Les branches sont chargées de
feüilles de même que leurs tiges, avec cette differen ce
néanmoins que les feüilles des branches sont plus é ig-
nées les unes des autres. Ces mêmes branches sont divisées en rameaux, dont chacun est terminé par un pe
dicule environ d'un pouce & demy de longueur, fort

menu, rond, & d'un verd gay, soutenant un calice à
cinq parties profondément découpées, long de cinq lignes, & d'un beau verd. Du fond de ce calice part un
tuyau de couleur de rose, évasé dans le haut en enton-
noir, & découpé en cinq parties, dont chacune a trois
lignes de longueur sur une ligne de largeur, d'une tres-
belle couleur de rose, & à sommet arrondi. Lorsque la
Fleur est passée, le pistile qui sort du fond de cette Fleur
devient un fruit cilindrique, long de quatre lignes &
demie, & épais de trois quarts de ligne, divisé dans sa
longueur en deux loges, remplies de petites graines,
dont la figure est si imperceptible, que l'on ne peut en
juger que par le moyen du microscope, avec lequel je
les découvris de figure longue & ovale.

Cette Plante est extrémement amere; son infusion est
un remede aperitif & sudorifique, il fortifie l'estomac,
tuë les verds, guérit assez souvent les fiévres intermittentes, & dissipe la jaunisse; on s'en sert encore avec
succès pour les rhumatismes : on la prépare de la maniere suivante. On fait boüillir de l'eau commune; &
l'ayant retirée du feu, on y met de la *Cachen*, on bouche ensuite le vaisseau; & lors qu'elle a infusé un temps
raisonnable, & que l'eau en a pris la teinture, on la donne
à boire au malade le plus chaudement qu'il peut la prendre; on le couvre bien, & peu de temps après il ressent
les effets du remede. C'est de cette maniere qu'un naturel du pays me la fit prendre à *Lima* avec succès, après
deux accez de fiévre : on mêle un peu de sucre dans
cette infusion, pour en ôter la grande amertume.

Cette Plante se trouve dans divers endroits du nouveau monde; la meilleure est celle qui croît dans les montagnes du Royaume de *Chily*, à 32. degrez de hauteur
du Pole Austral.

PLANCHE XXXVI.

Conyza folio subrotundo , utrinque acuto.
vulgò *Manga-Paki.*

LA racine de cette Plante se divise dès le collet en plusieurs fibres chargées de beaucoup de chevelu; quelques-unes de ces fibres ont un pied de longueur sur demy-ligne d'épaisseur.

Sa tige s'éleve jusques à quatre pieds; elle a trois lignes & demie d'épaisseur, elle est ronde, couverte d'un petit velu blanchâtre, parsemé sur une écorce tirant sur le violet, qui renferme une moëlle fort blanche. Elle a sur sa longueur quelques nœuds distans les uns des autres environ de trois poûces, sur lesquels naissent les queües des feüilles opposées deux à deux, qui embrassent chacune par moitié toute la circonference de la tige. Ces queües ont environ un poûce & un tiers de longueur, soûtenant une feüille d'un poûce & demy de largeur, & de deux poûces & un tiers de longueur, pointuë de chaque côté, traversée par son milieu d'un bout à l'autre d'une côte arrondie, au milieu de deux nervures arcuées, qui prennent leur origine vers la base de la feüille, & s'étendent vers sa sommité. Ces deux nervures, de même que la côte du milieu, se divisent, & se subdivisent en plusieurs nervures, formant sur le plan de la feüille un reseau qui la represente comme bosselée. Ce plan est parsemé d'un duvet blanchâtre, le dessous est d'un verd gay, le dessus d'un verd foncé, & le contour de la feüille est crenelé. Aux aisselles des feüilles naît ordinairement une branche qui a ses feüilles disposées de même que la tige, & sortent de leurs aisselles deux autres feüilles moins amples, mais de même figure & de même structure.

Les Fleurs sont portées sur un pedicule commun qui se divise vers son extrémité en plusieurs petits pedicules

chargez chacun d'une Fleur à fleurons bleux , évasez
par le haut , portez chacun sur un embrion de graine ,
& soûtenus par un calice cilindrique découpé en dix
pointes. Lorsque la Fleur est passée, chaque embrion devient une semence garnie d'une aigrette. A représente la
semence, C. l'aigrette , B. le fleuron : toutes parties qui
ont été dessinées au microscope.

Cette Plante est adoucissante , astringente & vulne-
raire ; les Indiens en boivent la décoction dans les douleurs de la colique ; ils en usent de même contre la
dissenterie , & pour arrêter le cours extraordinaire du
ventre.

Je trouvai cette Plante dans la vallée de *Lima* , capitale du *Perou*.

PLANCHE XXXVII.

*Conyza frutescens , foliis angustioribus , nervosis. Conyza
Africana humilis foliis angustioribus nervosis ,
floribus umbellatis. Inst. R. Herb. 455.*
vulgò *Chilca.*

J'Ay fait graver cette Plante avant que je me fusse ap-
perçû que Monsieur de Tournefort en avoit fait
mention ; au reste elle a une odeur assez agréable ,
& les Indiens en prennent la décoction pour fortifier
l'estomac.

PLANCHE. XXXVIII.

*Malva lutea , calyce simplici , obtuso Carpini folio , pediculis
florum prælongis.* vulgò *Ancoacha.*

CEtte Plante s'éleve environ à la hauteur d'une toise ;
sa racine est ligneuse , couverte d'une écorce grisâtre, qui renferme un corps blanc , fibreuse , ronde , &
épaisse environ de deux poûces vers le collet.

Sa tige se divise en plusieurs branches proche du collet, chargées de quelques feüilles à differentes distances, portées sur une queüe ronde, environ de cinq lignes de longueur, & d'un tiers de ligne d'épaisseur, d'un verd foncé. Les moyennes feüilles ont environ deux poûces un quart de longueur sur trois quarts de poûce de largeur, traversées d'un bout à l'autre d'une côte arrondie des deux côtez, qui donne des nervures branchuës, s'étendant sur le plan des feüilles, jusques à leur contour qui est crenelé, & elles se terminent toutes en pointe émoussée ; leur couleur est d'un beau verd, mais un peu plus clair au dessous qu'au dessus.

Des aisselles des feüilles part un pedicule environ de deux poûces & demy de longueur sur demy ligne d'épaisseur, soûtenant un calice découpé en cinq parties, d'un verd jaunâtre, qui pousse de son milieu un pistile, qui s'emboëte dans le trou du fond de la Fleur, qui est d'un beau jaune, découpée en cinq parties échancrées en cœur, & chargées vers leurs bases d'une tache violette, comme frangée. Les étamines qui entourent le pistile sont d'un jaune, semblable à celuy de la Fleur. Le fruit marqué A est icy posé dans son calice ; il est composé de huit semences rangées autour de ses parois, laissant dans leur milieu un petit cercle vuide ; ces semences B sont à trois faces, dont l'une est en arc, & les deux autres sont plates, longues d'une ligne & demie, & terminées vers leurs sommets par trois pointes.

La décoction de cette Plante est merveilleuse pour les maux d'estomac ; les Indiens, après l'avoir pilée, s'en servent encore en maniere de cataplasme, qu'ils appliquent sur les tumeurs pour les faire supurer, & en font presque un remede general. Cette Plante croît dans les lieux humides. Je trouvai celle-cy le long de la riviere qui passe au Nord de la Ville de *Lima*.

PLANCHE XXXIX.

Poinciana spinosa , vulgò Tara.

CEt arbriſſeau a ſa racine diviſée en pluſieurs bras fibreux, chargez de chevelu, obſcurs & ligneux.

Sa tige s'éleve plus de deux toiſes ; elle eſt droite ,
diviſée en pluſieurs branches , chargées ſur ſa longueur
de pluſieurs piquants rangez regulierement , qui regnent
également ſur toutes les branches juſques à la naiſſance
des rameaux, couverte d'une écorce griſâtre , ridée , &
épaiſſe environ de demy-pied. Les rameaux ſont chargez de côtes feüillées , qui naiſſent ſur des nœuds, par
paires , une de chaque côté , & tous les rameaux ſont
terminez par deux côtes qui forment un angle aigu.
Les feüilles dont les côtes ſont chargées ſont preſque
toûjours deux à deux , une de chaque côté, & naiſſent aux
aiſſelles d'un piquant ; elles ſont preſque ovales ; leur
grand diametre eſt d'un poûce trois quarts , le petit de
trois quarts de poûce , traverſées dans leur longueur par
une côte arrondie au deſſous , diviſée de chaque côté en
pluſieurs nervures qui s'étendent vers leur contour, ſubdiviſées en pluſieurs autres plus petites ; le deſſus de ces
feüilles eſt d'un beau verd luiſant , & le deſſous de même , mais un peu plus clair.

Les Fleurs ſont des bouquets qui prennent leur origine ſur les nœuds & aux aiſſelles des côtes feüillées ;
leurs pedicules ont huit lignes de longueur ſur demy-
ligne d'épaiſſeur,& portent à leurs ſommets un calice découpé en cinq parties , d'un verd jaunâtre , dont l'inferieure beaucoup plus longue que les autres , eſt pliée en
goutiere ; ſes bords ſont denticulez , & de ſon ſein ſortent cinq étamines blanches à ſommets rouges , qui prennent leur origine autour d'un piſtile. Ce calice ſoûtient
une Fleur à cinq petales , diſpoſées en roſe , dont le diametre eſt de demy-poûce. Lorſque cette Fleur eſt fanée,
le piſtile devient une ſilique voutée de chaque côté, lon-

gue de trois poûces & demy, & d'un verd grisâtre dans
sa maturité ; cette silique renferme quelques semences A
contenuës chacune dans une fosse. Ces fosses sont sepa-
rées les unes des autres par des cloisons, & les semences
qu'elles renferment ont cinq lignes de longueur, larges
de trois, & un peu applaties, semblables en couleur au
caffé brûlé.

Les Teinturiers se servent des cosses de cet arbrisseau
pour teindre en noir ; je m'en servois ordinairement
pour faire de l'encre, en mettant infuser durant une
nuit une certaine quantité de ces cosses, parmy lesquelles je mêlois un peu d'alun ; je faisois ensuite boüillir tout
cela ensemble, & j'avois un tres-beau noir & de fort
belle encre. Je trouvai cet arbrisseau dans la vallée de
Lima.

PLANCHE XL.

Polypodium radice squamosâ, vulgò *Pillabilcum.*

L A racine de ce *Polipode* est longue, elle trace sous terre
de la même maniere que le Chien-dent ordinaire,
épaisse environ de cinq lignes, couverte d'une écorce
écailleuse, blanchâtre, renfermant un corps spongieux,
douceâtre, blanc, & accompagnée de plusieurs fibres.
Cette racine pousse quelques feuilles environ d'un pied
de hauteur, dont la queuë a trois poûces de longueur
sur une ligne d'épaisseur. Ces feuilles sont divisées jusques vers la côte, tantôt en sept & tantôt en neuf parties, en y comprenant la partie superieure. Elles sont
toutes traversées dans leurs longueurs par une nervure,
qui prend son origine à la côte qui parcourt toute la
feuille d'un bout à l'autre, arrondie dessus & dessous.
Cette nervure est subdivisée en plusieurs autres, tracées
diversement sur le plan de chaque partie, ce qui les représente comme godronnées. Les parties de ces feuilles
sont inégales, leur contour est en petites dents de scie,
terminées en pointe, & d'un verd clair.

CCCcc ij

La décoction de cette Plante est aperitive, propre à dissiper les obstructions; les Indiens s'en servent singulierement lors qu'ils se sentent l'estomac chargé. Je trouvai cette Plante sur le penchant d'une montagne, au Nord de la Ville de *Pinco*, dans le Royaume de *Chily*.

PLANCHE XLI.

Momordica frnctu striato, lævi, vulgò *Caigua*.

CEtte Plante a sa racine fort longue, fibrée, trassante, d'un blanc grisâtre, & épaisse de quatre lignes.

Sa tige est épaisse de trois lignes, & monte jusques à la sommité des arbres les plus élevez, ausquels elle s'attache par ses vrilles, d'où elle descend ensuite jusques à terre. Elle est d'un beau verd, lisse, à cinq faces, dont l'une est plus grande que chacune des quatre autres. Elle a dans sa longueur plusieurs nœuds, distans les uns des autres environ de six poûces, sur lesquels les vrilles prennent leur naissance d'un côté; & de l'autre les queuës des feuilles. Ces queuës ont environ deux poûces de longueur sur une ligne d'épaisseur; elles sont arrondies d'un côté, canelées de l'autre, & d'un beau verd, portent à leurs sommets des feuilles déployées en évantail, découpées en cinq parties jusques près de leurs bases, dont la plus longue est la superieure; les deux inferieures laterales sont divisées en trois autres parties. Les cinq parties de même que celles-cy sont traversées d'un bout à l'autre par une côte qui prend son origine à l'extrémité de la queuë. Toutes ces côtes sont arrondies au dessous, & sillonnées au dessus, divisées & subdivisées en plusieurs nervures, qui s'étendent sur tout le plan des feuilles, & qui représentent comme autant de reseaux. Leur contour est en dents de scie, elles sont minces, d'un beau verd, & terminées en pointe. Les vrilles qui naissent sur les nœuds au côté opposé des feuilles, sont rondes, d'un beau verd, divisées en

deux & en trois parties , environ à trois poûces au-delà
de leur origine.

Des aisselles des feüilles naît un pedicule commun ,
long environ de deux poûces , épais d'une ligne, canelé
dans sa longueur, & divisé vers son sommet en plusieurs
autres petits pedicules, qui portent chacun à leur extrémité une fleur d'une seule piece découpée en cinq quartiers égaux , blanchâtres ; ces Fleurs sont steriles. De la
base de ce pedicule commun part une Fleur fertile de
même structure que celles que nous venons de décrire ,
l'embrion qui la soutient n'a presque pas de pedicule. Il
devient un fruit long environ de quatre poûces , épais
de deux, un peu applati, charnu , le plus souvent bof-
felé, rayé, pointu par ses deux bouts , un peu recourbé
vers son sommet , couvert à sa naissance d'une écoree
verd-blanchâtre, qui se change en beau verd vers son
extrémité, renfermant une substance blanche, spong'eufe,
d'un goût un peu aigre , creusée dans son interieur , où
l'on voit plusieurs graines attachées à leur Placenta blanc,
représentées dans le fruit A ouvert en long. La peau de
ces graines est noire dans leur maturité, & chaque graine
renferme une amande blanche du goût des nôtres.

Tous les Peruviens chez lesquels on trouve cette p'an-
te, mangent ce fruit dans leurs soupes ; il est extrémement rafraîchissant , & fort necessaire par consequent
dans le Perou où les chaleurs sont excessives.

Les deux petits animaux représentez en A & en B
font leur demeure sur les feüilles de cette plante , je les
découvris avec le microscope, examinant le plan & la
structure d'une feuille ; celuy qui est en A avoit les yeux
noirs, tout son dos étoit d'un verd blanchâtre ; ses pieds
étoient de la même couleur hors leurs extrémitez , qui
étoient noires de même que les deux cornes ou pointes
qui sont à côté du derriere. L'animal qui est en B paroissoit beaucoup plus petit que le premier ; ses yeux
étoient rouges & son corps tout blanc, excepté une ligne rouge sur le dos qvi le traversoit dans sa longueur,
de plus il n'avoit pas de pointe au derriere.

PLANCHE XLII.

Cardamindum quinquefido folio, vulgò *Malla*.

LEs naturels du Perou ont donné à cette Plante le nom de *Malla*, & les Espagnols celuy de *Paxarito*, à cause que la Fleur est composée de deux feuilles étenduës comme les aîles d'un oiseau. Sa racine est épaisse près du collet environ de deux lignes; elle est fibreuse, & ses fibres sont couvertes d'une écorce obscure.

La tige a vers le collet un peu moins de deux lignes d'épaisseur, & est fort longue; les queuës des feuilles luy servent de vrilles pour s'attacher aux arbres, sur lesquels elle s'éleve jusques à leurs sommitez. Elle est ronde, lisse, d'un beau verd, garnie dans sa longueur de nœuds distants les uns des autres environ de deux poûces. Sur chaque nœud naît une queuë longue environ de trois poûces & demy sur trois quarts de ligne d'épaisseur, torse en vrille, qui porte sur son extremité une feuille découpée en cinq parties, longue environ d'un poûce trois quarts, & large de deux & demy, laquelle feuille y est attachée non pas par son bord, comme le sont ordinairement les feuilles des autres Plantes, mais dans le champ même de la feuille à quelques lignes de son bord; ce qui forme une espece de nombril d'où partent autant de nervures principales que cette feuille a de découpures. Ces nervures sont arrondies sur le revers, & plates en dehors, & se divisent de chaque côté en plusieurs rameaux fourchus, qui s'étendent vers le contour de la feuille qui est regulier, & vont se terminer assez proche de ce contour. Les feuilles sont d'un verd gay, fort minces, & chacune de leurs parties est terminée en pointe émoussée.

Les pedicules des Fleurs partent chacun des aisselles d'une feuille, ils ont ordinairement environ deux poûces un tiers de longueur sur demy ligne d'épaisseur; ils soûtiennent un calice d'une seule piece, découpé profondément en cinq parties égales, & terminé en bas par un long capuchon, rond dans fa longueur, & émouffé à fou extrémité. De la partie inferieure du calice pendent en maniere de rabat deux grandes petales jaunes, découpées par le bas affez profondément en cinq parties ; celle du milieu eft recoupée en trois, & les laterales ont celle-cy en deux. Ces petales ont neuf lignes deux tiers de longueur fur fix lignes de largeur. De la partie fuperieure du même calice fortent trois autres petales de la même couleur, que les deux premieres, dont la longueur eft de deux lignes. Le piftile qui fort de ce calice eft entouré de huit étamines d'un jaune clair, chargées de fommets d'une même couleur. Ce piftile devient un fruit A compofé de trois capfules, dont chacune renferme une femence à trois faces, l'une defquelles eft fpherique, & les deux autres font plates, longues de cinq lignes fur quatre de large, couvertes de deux peaux, dont l'exterieure eft verte, & l'interieure blanche & fort mince. Cette graine a un goût piquant & un peu aigre.

Je trouvai cette Plante au Nord de *Malambo*, Fauxbourg qui eft au Nord de la Ville de *Lima*.

PLANCHE XLIII.

Ortiga Chilienfis urens, Acanthi folio.

LA racine de cette Plante eft épaiffe vers le collet environ d'un pouce, elle fe divife d'abord en plufieurs bras chargez de chevelu, & couverts d'une écorce obfcure.

Sa tige épaiffe d'un pouce & un tiers s'éleve à la hauteur d'une toife ; elle eft ronde, droite, creufée en dedans, divifée par quelques nœuds éloignez les uns des autres environ de fept à huit pouces, d'un beau verd, couverte de piquants déliez, extrémement aigus & longs de deux lignes. Cette tige eft chargée dans fa longueur de plufieurs branches qui ont leur origine aux aiffelles des feuilles. Ces feuilles naiffent oppofées deux à deux fur les nœuds des tiges & des branches , & la bafe de leur queuë embraſſe tout le contour de la tige. Ces queuës ont environ trois poûces de longueur, d'un verd foncé , chargez de petites pointes femblables à celles de la tige, arrondies d'un côté, & fillonnées de l'autre. Les feuilles qu'elles foûtiennent reſſemblent parfaitement à celles de l'*Argemone Mexicana*. Leur longueur eſt environ de trois quarts de pied , fur demy-pied de largeur. Tout le plan de la feuille eſt parfemé de piquants fort legers , qui luy font perpendiculaires deſſus & deſſous , & elle eſt d'un verd foncé.

Les pedicules des Fleurs naiſſent aux aiſſelles des feuilles ; les moyens ont environ trois poûces de longueur fur une ligne & demie d'épaiſſeur, d'un beau verd , ronds & couverts auſſi de piquants heriſſez , chargez à leurs fommets d'un calice découpé en cinq parties rab-battuës. Ce calice foûtient cinq petales difpofées en étoile de quatorze lignes de longueur fur huit lignes de largeur , terminées en cuilleron dont l'extrémité finit par deux petites cornes ; leur deſſous eſt d'un verd foncé, parfemé de piquants , & le deſſus eſt d'un rouge clair. Cinq étamines jaunes, ainſi que leurs fommets, font éten-duës fur chaque petale. Du centre de cette Fleur s'éleve un gros bouton compofé d'un grand nombre de feuilles , ou d'autres petales jaunes, relevées de trois côtes rouges dans leur longueur, qui eſt de cinq lignes , voûtées en dehors , & creufée du côté oppofé. Outre ces dernieres petales on remarque encore dans la compofition de ce bouton pluſieurs filets blancs , & pluſieurs étamines rou-ges à fommets blancs.

Je trouvai cette Plante dans une vallée, au Royaume de *Chily* , à la hauteur de 36. degrez du Pole Auſtral.

PLANCHE

PLANCHE XLIV.

Jacobæa Leucanthemi vulgaris folio, vu'gò *Nillgué*.

LA racine de cette *Jacobée* se divise en deux & trois bras fibreux & chevelus, couverts d'une écorce blanche & lisse, & ont à leur centre un nerf ligneux.

La tige est épaisse vers le collet de trois lignes & demy, se divise presque au même endroit en branches alternes, qui s'élevent environ à la hauteur de deux pieds. Cette tige est ronde, couverte d'une écorce verdgaye, & a à son centre une moëlle aqueuse, douceâtre & un peu aigre, qui est la même dans les branches.

Les branches sont garnies de feuilles alternes, distantes l'une de l'autre environ de deux lignes, longues environ d'un poûce trois quarts, sur trois quarts de poûce de large, embrassant par leurs bases la moitié du contour des branches, où elles ont deux oreillettes recourbées en dessous. La côte qui les traverse paroît presque plate, se perdant dans l'épaisseur des feuilles. Elle donne de chaque côté plusieurs nervures subdivisées, qui vont se terminer près du contour des feuilles, qui est découpé en dents de scie émoussées. Toutes les feuilles sont d'un beau verd, & ont leurs sommitez arrondies.

Les pedicules des Fleurs partent des aisselles des feuilles, & terminent les branches; ils portent à leurs extrémitez un calice fendu en plusieurs pieces jusques vers sa base. Ce calice soûtient une Fleur jaune radiée, dont le disque est un amas de petits fleurons, portez chacun sur un embrion de graine: cette Fleur commençant à passer, chaque embrion devient une graine aigrettée.

Je trouvai cette Plante le long des rivages escarpez sur les bords de la mer, à 36. degrez de hauteur-Sud, dans le Royaume de *Chily*.

On se sert de cette Plante pou les fiévres intermittentes, & on en donne l'infusion à boire au malade, après

DDDdd

que le tremblement l'a quitté , pour modérer l'ardeur
de la fiévre , lors qu'elle le reprend.

P L A N C H E XLV.

Periclymenum foliis acutis, floribus profundè diſſectis,
vulgò *Ytiu.*

LA racine de cet arbriſſeau eſt diviſée en pluſieurs
bras chargez de fibres, couvertes d'une écorce griſe
un peu obſcure, renfermant un corps dur & blanc.

Le tronc de celuy que je deſſinai avoit quatre poûces
d'épaiſſeur , ſe diviſoit en branches près du collet , s'é-
levant environ à la hauteur de deux toiſes. Les branches ſe diviſent en pluſieurs rameaux garnis de feuilles
oppoſées deux à deux. Ces feuilles ont leurs queuës d'une
ligne & demie de longueur , ont un poûce de largeur ; & elles ſont épaiſſes ; la côte qui les traverſe d'un
bout à l'autre eſt renfermée dans cette épaiſſeur , & on
ne la connoît ſur le plan des feuilles que parce que
l'endroit par où elle paſſe eſt plus clair que tout le reſte
de leur plan, de même que ſes ramifications arcuées qui
s'étendent ſur ſes côtez. Cette feuille eſt d'un beau verd,
liſſe , & terminée en pointe.

Chaque rameau finit par un bouquet de Fleurs dont
le nombre eſt indeterminé ; j'en ai compté depuis huit
juſques à quatorze , tantôt paires , tantôt non-paires.
Chaque Fleur eſt un tuyau rouge de ſang , rond , fer-
mé par le bas , & ouvert en haut , découpé en quatre
lobes juſques vers ſa partie moyenne , plus larges par le
haut que par le bas, & terminez en pointe. Des parois
internes de la Fleur ſortent quatre étamines jaunes ,
chargées de ſommets de même couleur. Cette Fleur eſt
enfilée par un ſtile jaune , plus long que ne ſont les étamines. Les moyennes Fleurs ont trois quarts de poûce

de longueur, & sortent d'un calice découpé en quatre
parties, porté sur un pedicule environ de trois lignes
de longueur, fort délié, & d'un beau verd. La Fleur
étant passée, ce calice devient un fruit semblable à nos
olives en grosseur & en couleur, couvert d'une peau
fort mince, qui renferme une chair douceâtre, blanche
& gommeuse, au centre de laquelle il y a un noyau
osseux de la même figure, & de la même dureté que
celuy de nos olives.

Je trouvai cet arbrisseau sur le penchant d'une montagne, à deux lieuës au Nord-Est de la Ville de la *Conception*, dans le Royaume de *Chily*.

On employe cet arbrisseau pour teindre en un beau
noir les étoffes qui ne se déchargent pas comme celles
d'Europe. Cette teinture se fait avec le bois de cette
Plante reduit en petits morceaux avec la Plante, nommée *Pangue*, & avec une terre noire appellée *Robbo*,
qu'on fait boüillir ensemble dans de l'eau commune,
jusqu'à une suffisante cuisson.

PLANCHE XLVI.

Stramonioides arboreum, oblongo & integro folio, fructu lævi.
vulgò *Floripondio*.

LE *Floripondio* est un arbre à plein vent, qui s'éleve
environ à la hauteur de deux toises; la grosseur de
son tronc est à peu près de six poûces, il est droit,
composé d'un corps blanchâtre, ayant à son centre une
assez grosse moëlle. Ce tronc est terminé par plusieurs
branches qui forment toutes ensemble une belle tête
arrondie. Elles sont chargées de feuilles, qui naissent
comme par bouquets; les moyennes ont environ sept
poûces & demy de longueur, sur trois poûces & demy
de largeur, portées à l'extrémité d'une queuë ronde,
épaisse de deux lignes, & longue de deux poûces &

demy. Ces feuilles font traverfées d'un bout à l'autre par une côte arrondie des deux côtez, qui donne plufieurs nervures, qui s'étendent vers leur contour, divifées & fubdivifées, formant fur le plan des feuilles un agréable refeau. Le deffus de leur plan eft parfemé d'un petit duvet blanchâtre ; fa couleur eft d'un verd foncé, & le deffous parfemé d'un même duvet eft d'un verd clair.

Des bafes des queuës des feuilles fort un pedicule environ de deux poûces de longueur, & épais d'une ligne & demy, rond, d'un beau verd, couvert d'un petit duvet blanc. Ce pedicule porte à fon extrémité un calice en gaine, ouvert par le haut à un poûce & demy de fa longueur, par un angle fort aigu, & découpé à fa pointe en deux parties. Du fond de cette gaine fort une Fleur en tuyau, long de fix poûces, dont la partie exterieure s'évafe, & fe découpe en cinq lobes blancs terminez en pointe, un peu recourbée en deffous. Chaque lobe eft traverfé dans fa longueur par trois lignes jaunâtres parallèles, venant du fond du tuyau, dont celle du milieu va fe terminer à la pointe, & les deux autres fur les bords. La largeur de cette Fleur A eft d'un demy pied. De l'interieur du tuyau fortent cinq étamines blanches, chargées de fommets de la même couleur, longs de demy-poûce, & épais d'une ligne & demy. Lorfque la Fleur eft paffée, le piftile qui s'emboëte dans le trou qui eft au bas de la Fleur, devient un fruit B rond, long de deux poûces & demy, & épais de deux pouces un quart, couvert d'une écorce d'un verd grifâtre, qui couvre un corps C compofé de plufieurs graines D renfermant une amande blanche E. Ce fruit partagé par fon milieu F eft divifé en dedans en deux parties, dont chacune eft fubdivifée en fix loges par des cloifons qui donnent autant de Placenta. Ces Placenta font chargez de graines telles qu'on voit en D.

Nous n'avons en Europe aucun arbre égal en beauté au *Floripondio*. Lorfque fes Fleurs font épanoüies, leur odeur furpaffe toutes celles de nos Fleurs, & un de ces arbres suffit dans un jardin pour l'enbaumer entiérement. J'ay vû plusieurs de ces arbres dans le Royaume de *Chily*.

On se sert des feuilles de *Floripondio* pour avancer la supuration des tumeurs, ainsi qu'on fait du levain; elles sont adoucissantes, tres-emollientes, & resolutives. Elles ramollissent les fibres qui sont trop tenduës, rétablissent leurs ressorts, font cesser les douleurs, & de quelque nature que soient les tumeurs, on ressent bien-tôt un bon effet de ce remede.

PLANCHE XLVII.

Pentaphylloides Alceæ minori folio, flore purpureo.

LA racine de cette Plante a une ligne & demie d'é-paisseur; elle a sur sa longueur quelques cheveux, & est divisée à un poûce & demy au dessous du collet en deux ou trois fibres cheveluës; son écorce est d'un gris-obscur, & le corps qu'elle renferme est blanc.

Sa tige s'éleve à la hauteur d'un pied; elle est ronde, épaisse d'une ligne & demie, droite, d'un verd gay, garnie de quelques feuilles, découpées à peu près comme celles de l'*Alcea*.

La Fleur est entierement semblable en grandeur & en figure à l'espece appellée *Pentaphylloides supinum*, 247. *J. B.* 2. 398. & n'en differe que par sa couleur rouge.

Je trouvai cette Plante le long de la riviere de *la Plata*, à 34. degrez 50. minutes de hauteur du Pole Austral.

PLANCHE XLVIII.

Capraria Peruviana, Agerati foliis absque pediculis.

CEt arbrisseau ne fut connu dans le Perou qu'en 709. Ses qualitez, qui sont les mêmes que celles du Thé des Indes Orientales , firent que les Peruviens abandonnerent bien-tôt celuy-cy pour ne se servir que de celuy qu'ils avoient chez eux ; & il étoit déja devenu si commun lorsque je partis de ce Royaume, qu'on ne parloit plus que du Thé de la riviere de *Lima.*

La racine de cet arbrisseau est chargée de fibres qui ont quelque chevelu ; elle est couverte, de même que ses fibres , d'une écorce grisâtre & fort mince, qui couvre un corps ligneux & blanc.

La tige s'éleve environ à la hauteur de six pieds, sur un demy-poûce d'épaisseur ; elle se divise en plusieurs branches qui se subdivisent en rameaux garnis de feuilles alternes , assez proches les unes des autres. Les moyennes ont quinze lignes de longueur, sur trois lignes de largeur , & sont traversées depuis leurs bases jusques à leur pointe d'une côte arrondie au dessous, & plate au dessus. Cette côte donne de chaque côté plusieurs nervures qui s'étendent vers le contour des feuilles, & font des angles aigus avec la côte qui les traverse vers le haut. Chaque feuille embrasse par sa base une partie de la circonference des rameaux & des branches, elles ont leur contour denticulé, sont terminées en pointe, lisses , d'un beau verd au dessus, & un peu moins foncé au dessous , & sont entierement semblables au dessein qui les représente dans cette Planche.

Des aisselles des feuilles naissent depuis un jusques à trois pedicules ronds, d'un beau verd, longs environ de trois lignes & demie, & épais de demy ligne, chargez chacun d'un calice découpé en cinq parties, du fond du-

quel part un tuyau découpé en cinq lobes à fon évafe-
ment , qui compofent une Fleur blanche dont le diametre eft de quatre lignes. Lorfque la Fleur commence
à paffer , chaque lobe de la Fleur A fe replie au déf-
fous. Par le trou du milieu de cette Fleur paffe un piftile C en figure de poire renverfée qui refte apiès que
la Fleur eft tombée; ce piftile a dans fa maturité deux
lignes & demy de longueur , porte fur fa partie fuperieure un ftile creufé en tube; il eft divifé dans fa longueur
en deux capfules BB par une cloifon d'un matiere blanchâtre, ayant chacune un rang de graines circulaire fur fes
parois. Ces graines font fort petites , ont la figure d'un
œuf de poule , & font de couleur minime dans leur maturité.

Cet arbriffeau fe trouve dans les petites Ifles de la
riviere qui paffe le long des murailles de *Lima*.

PLANCHE XLIX.

Cynogloffum foliis nervofis acutiffimis.

CEtte Plante a fa racine divifée à fon collet en deux
bras , dont chacun eft fubdivifé, & l'un & l'autre
garni de quelques fibres.

La hauteur de fa tige eft environ d'un pied & demi,
fur deux lignes d'épaiffeur ; elle eft ronde , d'un beau
verd , & chargée de feuilles alternes. Les inferieures
font les plus longues, elles naiffent affez près du collet ; leur longueur eft de cinq poûces , fur quatorze lignes de largeur ; elles embraffent la moitié de la tige
par leurs bafes, font traverfées dans leur longueur d'une
côte relevée au deffous , & fillonée au deffus , accompagnée de deux nervures de chaque côé , qui prennent leur naiffance vers la bafe. Les deux premieres laterales vont fe terminer un peu au deffous de la pointe
de la feuille , & les deux autres laterales à celles-cy ,

affez proche de fon contour , fe terminent vers les deux
tiers de fa longueur. Ces quatre nervures en donnent à
leurs côtez d'autres plus petites , de même que la côte
qui traverfe la feuille , qui forment fur fon plan un refeau à mailles inégales. Toutes les feuilles ont leur contour ondé , font terminées en pointe , d'un beau verd
au deffus , & plus clair au deffous. L'extrémité de la
tige eft divifée ordinairement en quelques petites branches , chargées de Fleurs en rofette difpofées en maniere
d'épy. Ces Fleurs ont trois lignes & demy de diametre ,
font découpées en cinq lobes , blancs vers leurs extrémitez , & bleuâtre vers leur centre ; elles fortent d'un
calice d'un beau verd , fendu en cinq pointes , porté
fur un pedicule environ de deux lignes de longueur ,
rond & d'un verd gay. Le piftile qui s'emboëte dans le
trou de la Fleur eft compofé de quatre embrions qui
deviennent quatre femences rondes , un peu applaties ,
verdâtres & raboteufes.

Je trouvai cette Plante dans la vallée d'*Ylo.*

PLANCHE L.

Bidens folio trinervi , lanceato , flore fingulari & radiato.

CEtte Plante eft un purgatif peu ufité , à caufe qu'il
eft tres-violent ; & on la regarde plûtôt comme
un poifon , parce qu'on obferve qu'elle tuë les animaux
domeftiques qu'on nomme *Cuiez* au Perou & au Chily.

La racine de cette Plante fe divife en plufieurs branches près du collet , s'étendant tous obliquement chargez de quelque chevelu ; ils font ronds , obfcurs , &
renferment un fuc gommeux.

La tige eft rampante , épaiffe au collet de deux lignes , noüeufe , ronde & brune. Il part de chacun de
fes nœuds des branches divifées auffi par nœuds , fur
lefquels les feuilles prennent leur origine ; elles font
oppofées

oppofées deux à deux, & foûtenuës par une queuë de
demy-poûce de longueur, & deux tiers de ligne d'épaiffeur. La longueur des moyennes feuilles eft de deux
poûces un tiers de longueur, fur un poûce un tiers de
largeur; elles font toutes traverfées dans leur longueur
d'une côte arrondie au deffous, & fillonée au deffus, renfermées au milieu de deux groffes nervures qui partent
de leurs bafes, & s'étendent en arc jufques affez près
de leurs fommitez. Ces nervures en fourniffent d'autres
plus petites, appuyées par leurs extrémitez les unes fur
les autres, fe diftribuant fur tout le plan des feuilles, de
même que celles de la côte qui les traverfe. Les feuilles
font d'un verd clair deffus & deffous, leur contour eft
denticulé, & elles font terminées par une pointe fort
aiguë. Des aiffelles des feuilles part un rameau tantôt
terminé par une feule feuille, tantôt par deux. Des mêmes aiffelles, & vers l'extrémité des rameaux, part auffi
un long pedicule femblable à celuy qui termine chaque
rameau, qui ont quelquefois plus de deux poûces de
longueur, fur demy-ligne d'épaiffeur, rond & d'un beau
verd. Ce pedicule foutient à fa pointe un calice profondément découpé en fix parties, du dedans duquel fort
une Fleur jaune, radiée, à fix demy-fleurons, dont le
difque n'a que deux lignes & un tiers de diametre. Chaque fleuron eft porté fur un embrion qui devient, lorfque la Fleur eft paffée, une petite femence noire &
oblongue.

Je trouvai cette Plante dans un lieu fablonneux dans
la vallée de *Lima*.

*On continuera dans un troifiéme Tome l'Hiftoire des
Plantes.*

Fin du fecond Tome.

EEEee

Fautes survenuës dans l'Impression.

Pages.	Lignes.	Fautes.	Corrigez.
525.	9.	ajoûtez	7. de la seconde.
645.	3.	31'.	41'.
654.	5.	19'	16'.

Dans l'Introduction aux Tables.

Pages.	Lignes.	Fautes.	Corrigez.
665.	1.	précedentes.	suivantes.
666.	12.	page 17.	page 696.
667.	12.	&	ou
669.	28.	ajoûtez	aux heures
672.	17.	à 52.	à 54.

Dans les Tables des Mouvemens du Soleil.

Pages.	Lignes.	Fautes.	Corrigez.
682.	32.	1736. 9. 10. 24. 57	1736. 9. 10. 24. 5
685.	18.	0. 13. 43. 50.	0. 13. 43. 20.
702.	19.	sep..	mer.

Dans l'Histoire des Plantes.

Pages.	Lignes.	Fautes.	Corrigez.
715.	au Titre Planche VIII.	fecit ; vulgò Illeu.	facie, vulgò Illeu.
717	6.	ajoûtez	qu'à celle
722	32	s'étendantes	s'étendant

Planche I. 
Gramen
Bromoides
catharticum.
Vulgo Guilno.
P.L. Feuillée Botan. Reg. delin.
P. Giffart scu.

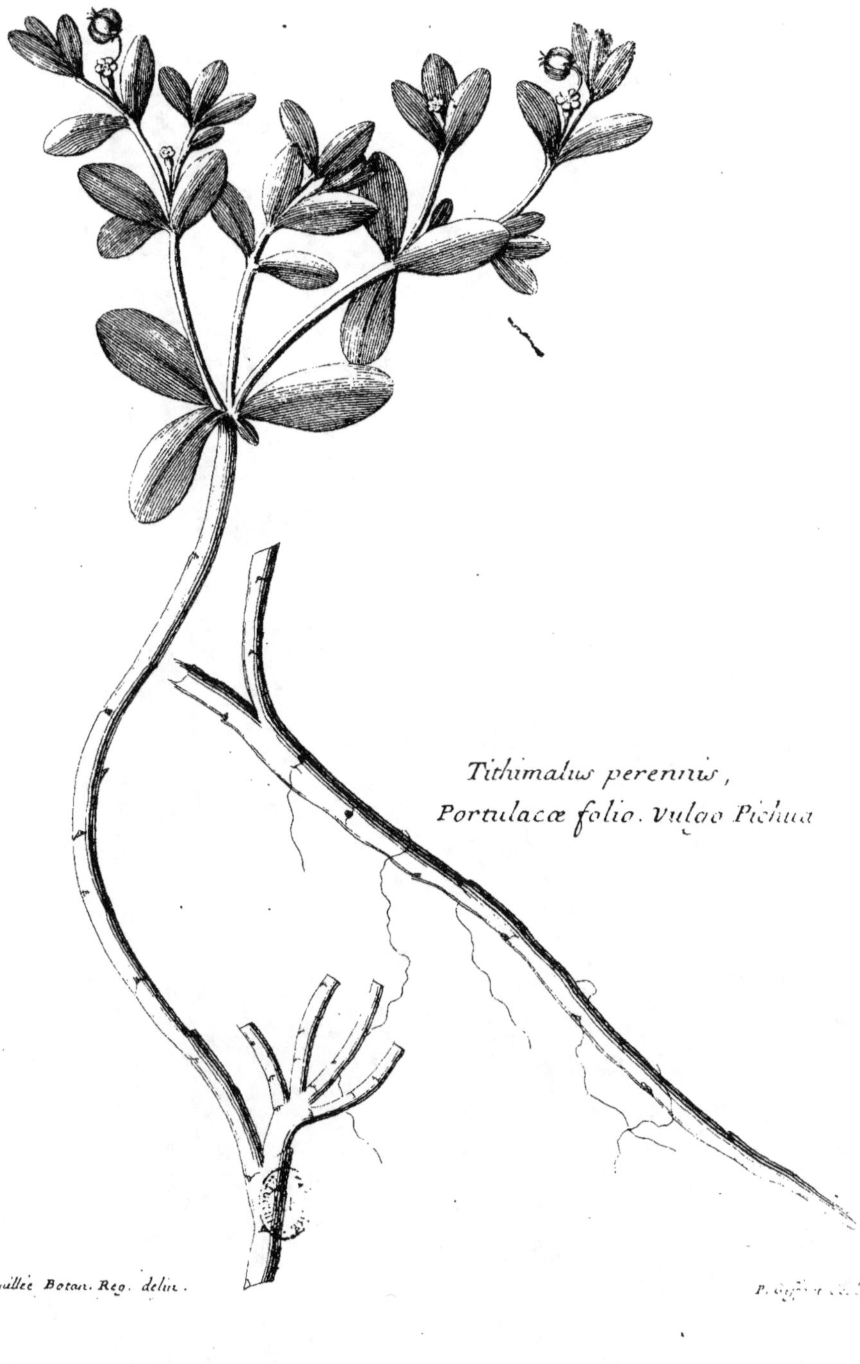

Tithimalus perennis,
Portulacæ folio. Vulgo Pichua

L. Feuillée Bot. Reg. delin.   P. Giffart Sculp.

Hemerocallis floribus
purpura centibus, striatis.
vulgo Ligtu.
P.L. Feuillée Botan. Reg. delin.
P. Giffart Sculp.

. Feuillée Botan. Reg. delin .

P. Jssart Sculp

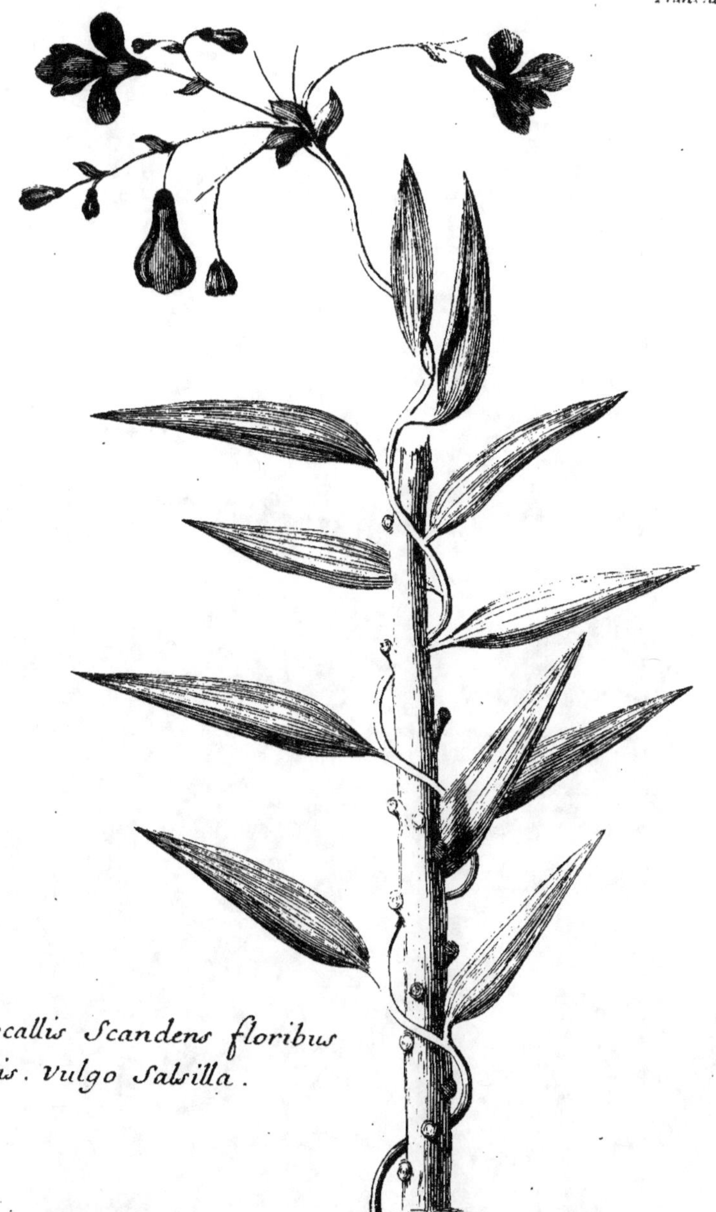

Hemerocallis Scandens floribus purpureis. Vulgo Salsilla.

P. L. Feuillée Botan Reg. delin
P. Giffart Sculp.

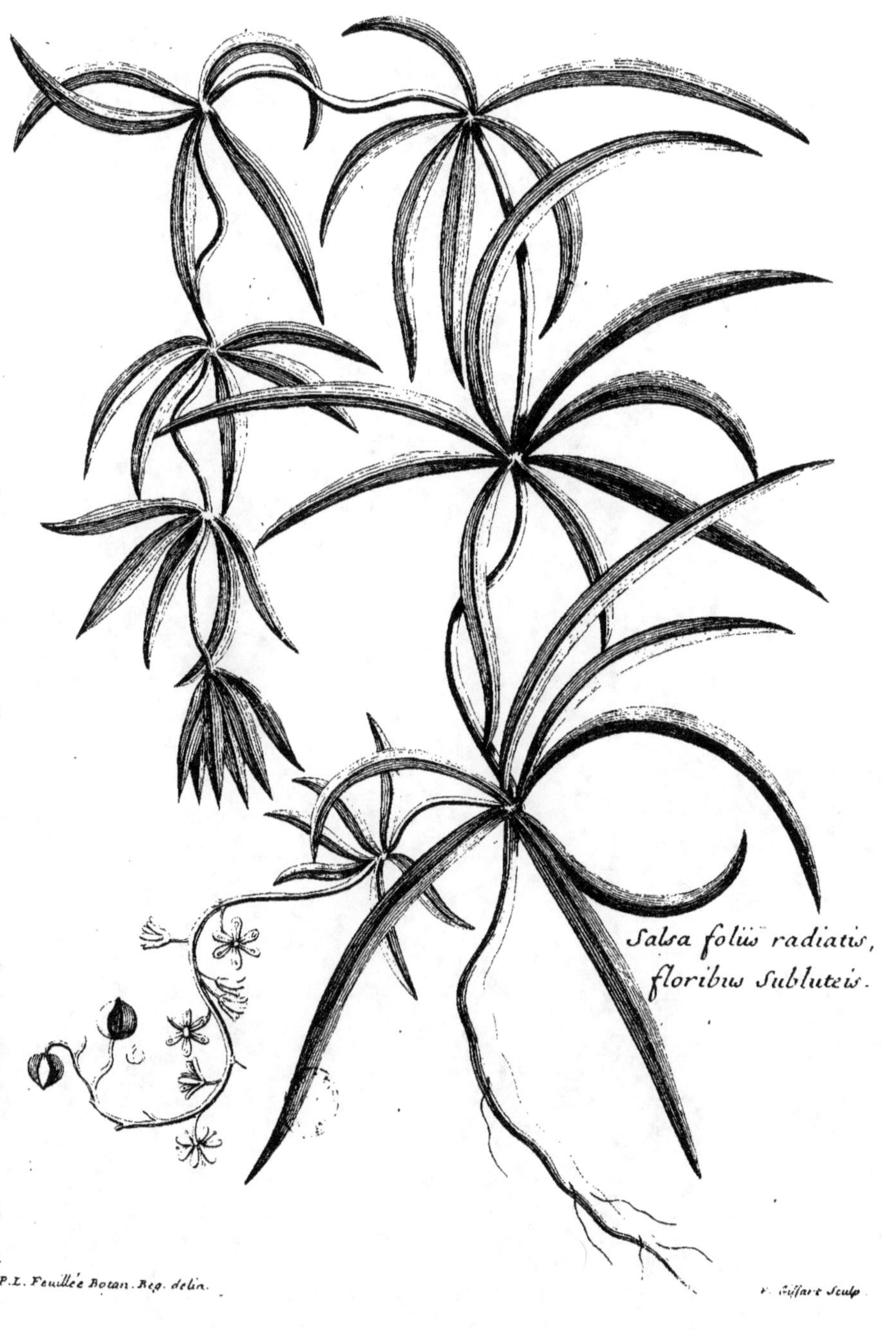

P.L. Feuillée Botan. Reg. delin.   F. Guffart Sculp.

P.L. Feuillée Botan. Reg. delin.   P. Giffart Sculp.

Onagra Laurifolia, flore
amplo, pentapetalo.

L. Feuillée Botan. Reg. delin.

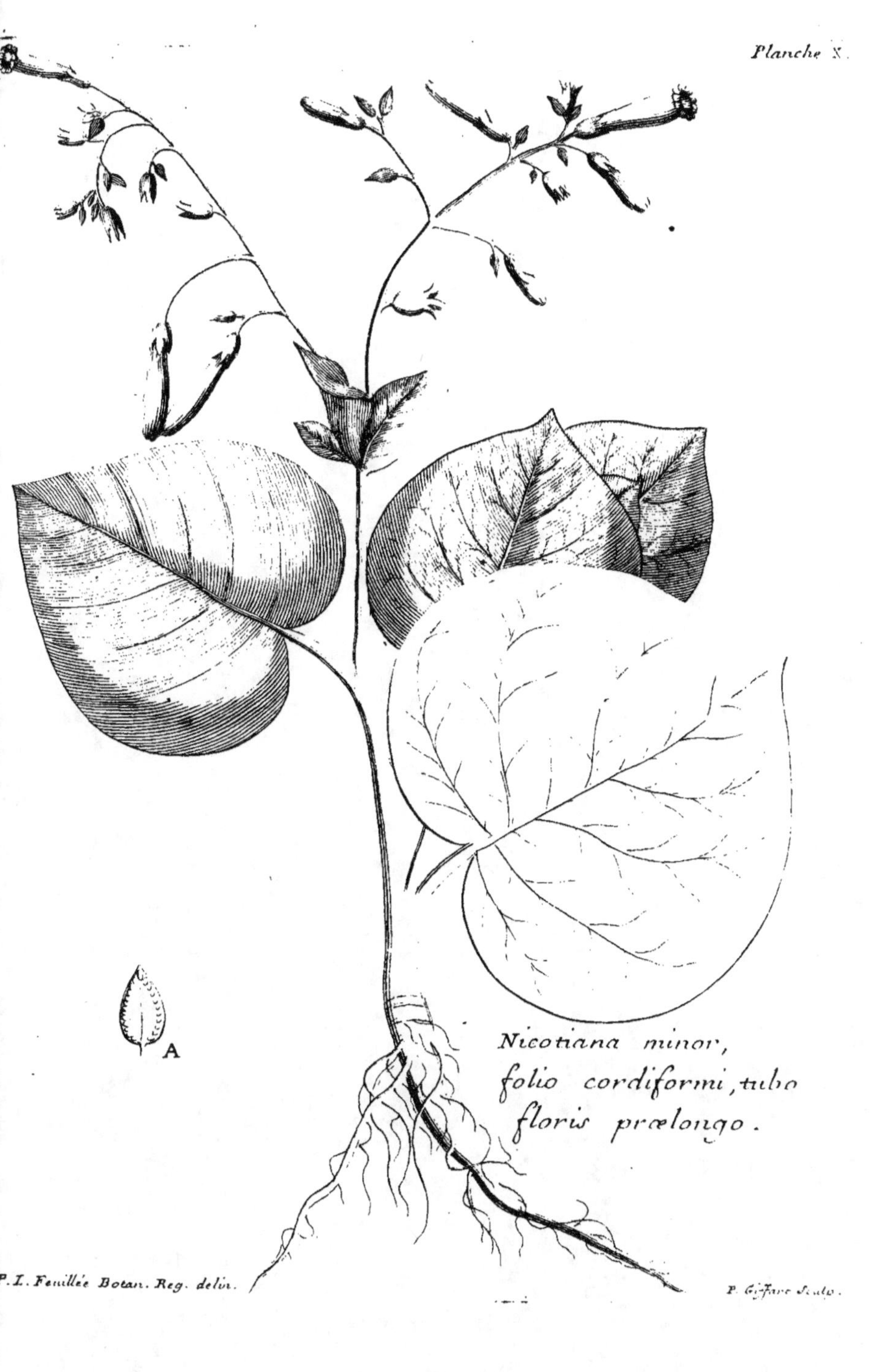
A
Nicotiana minor,
folio cordiformi, tubo
floris prælongo.
P. L. Feuillée Botan. Reg. delin.
P. Giffart Sculp.

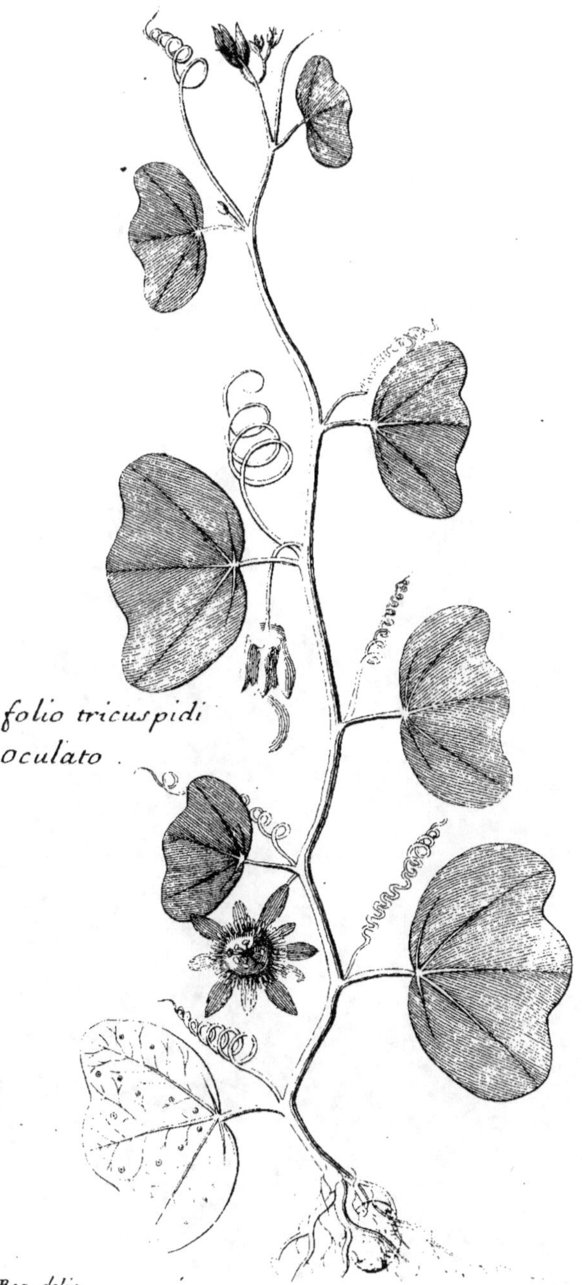

Planche XI.
ranadilla folio tricuspidi
btuso et oculato.
L. Feuillée Botan. Reg. delin.
P. Giffart sculp.

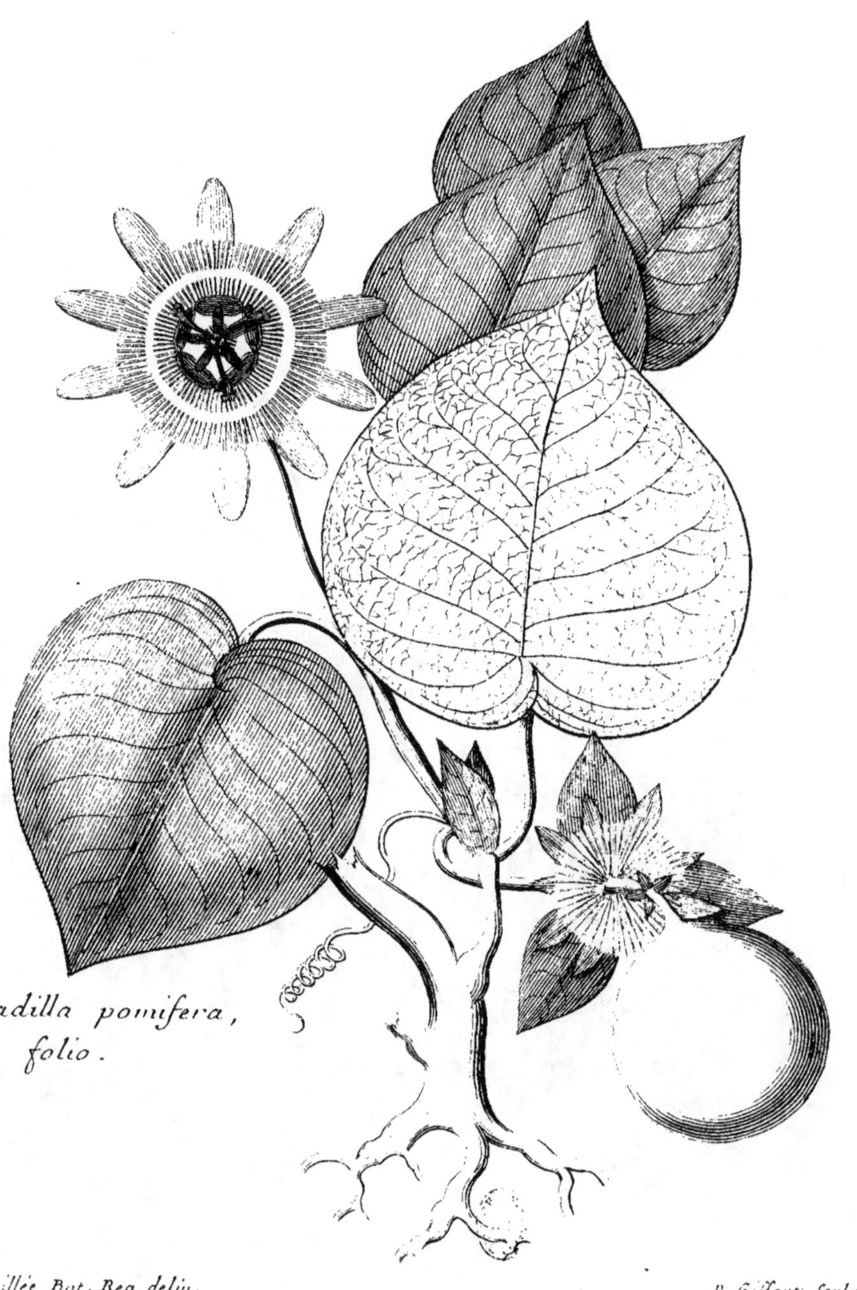

Granadilla pomifera,
Tiliæ folio.

Poligala Cærulea, angustis et
densioribus foliis.
vulgò Clin-Clin.
A
I. Feuillée Bot. Reg. delin.
P. Giffart Sculp.

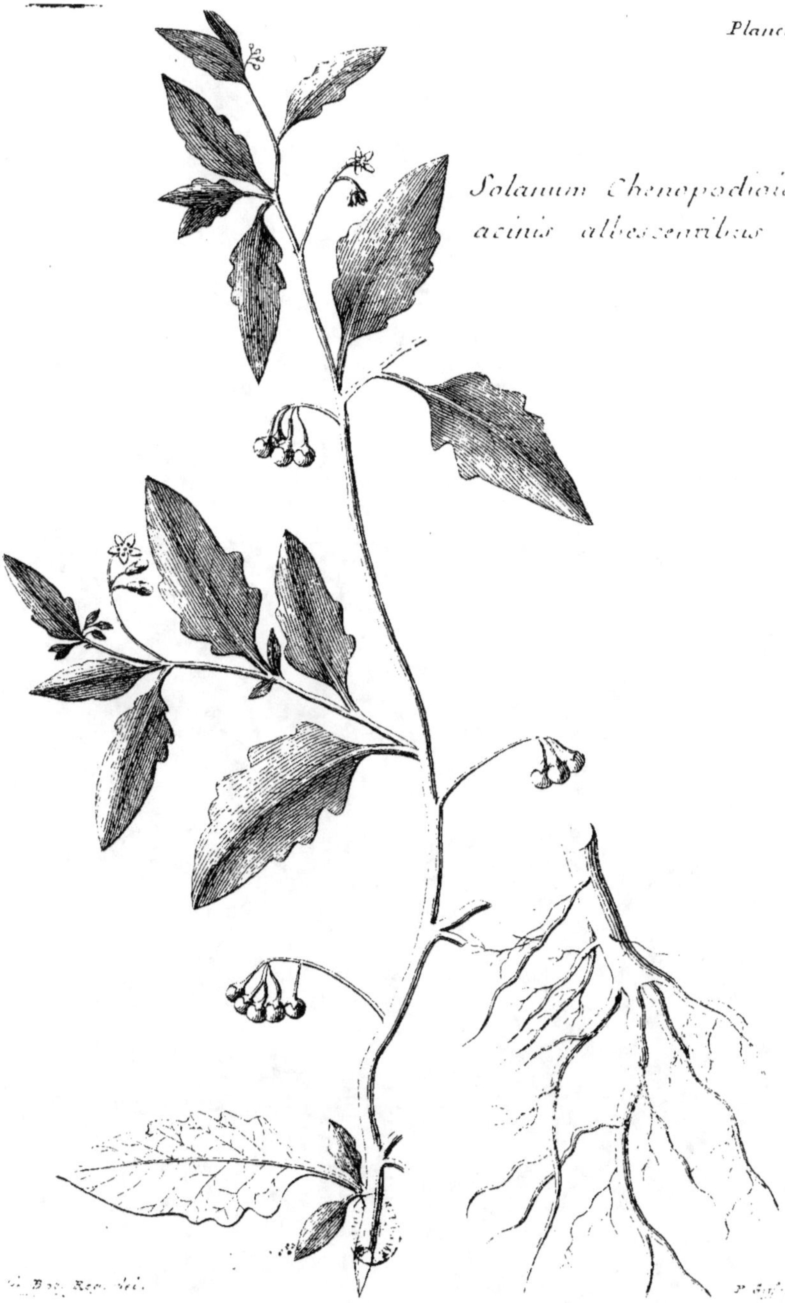

Solanum Chenopodioides,
acinis albescentibus

Planche XV.
Solanum foliis
quernis.

Planche XVI. 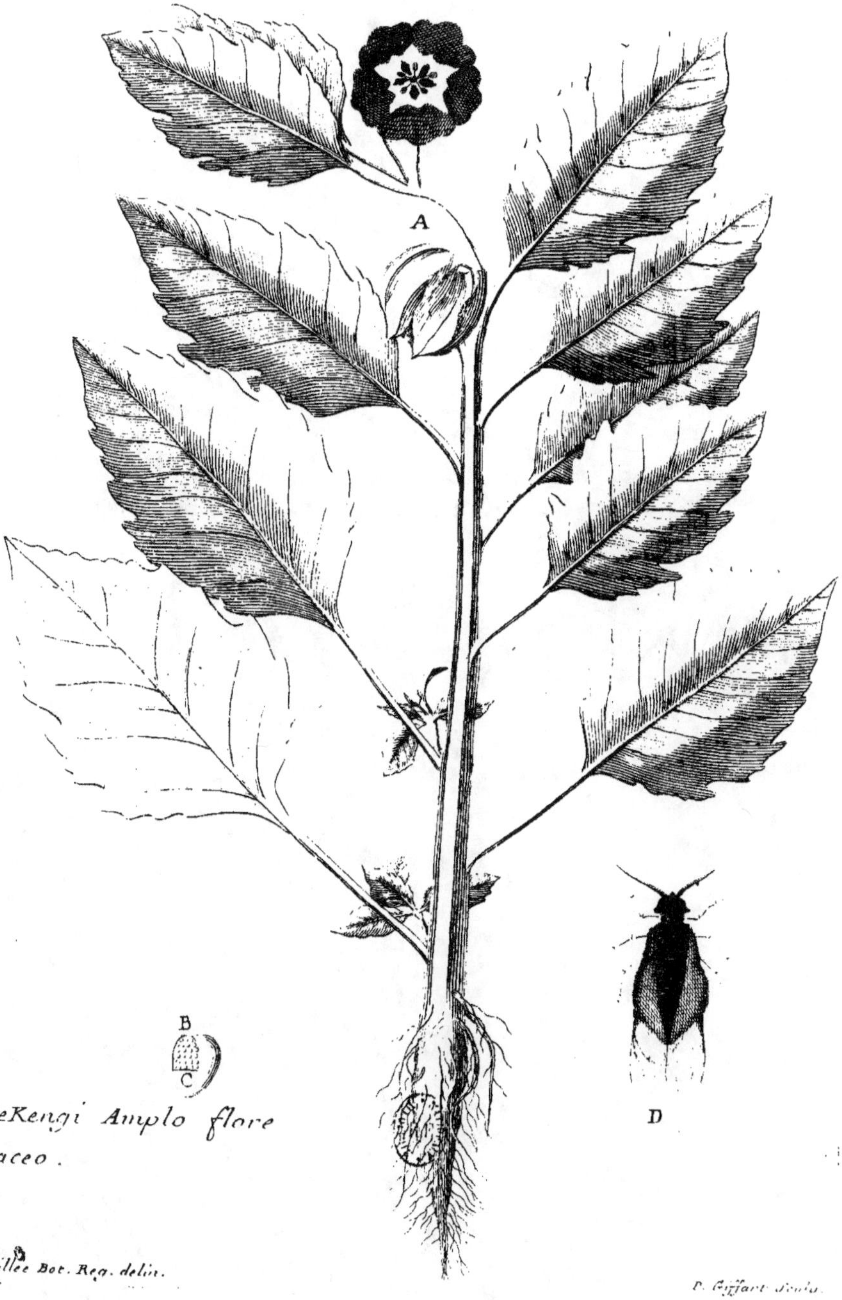
A
B
C
D
Al Kekengi Amplo flore
Violaceo.
L. Feuillée Bot. Reg. delin.
Giffart sculp.

Planche XVII.
A
Epipactis froribus
uno versu dispositis
vulgò Nuil.
P.L. Feuillée Bot. Reg. delin.
P. Giffart Sculp.

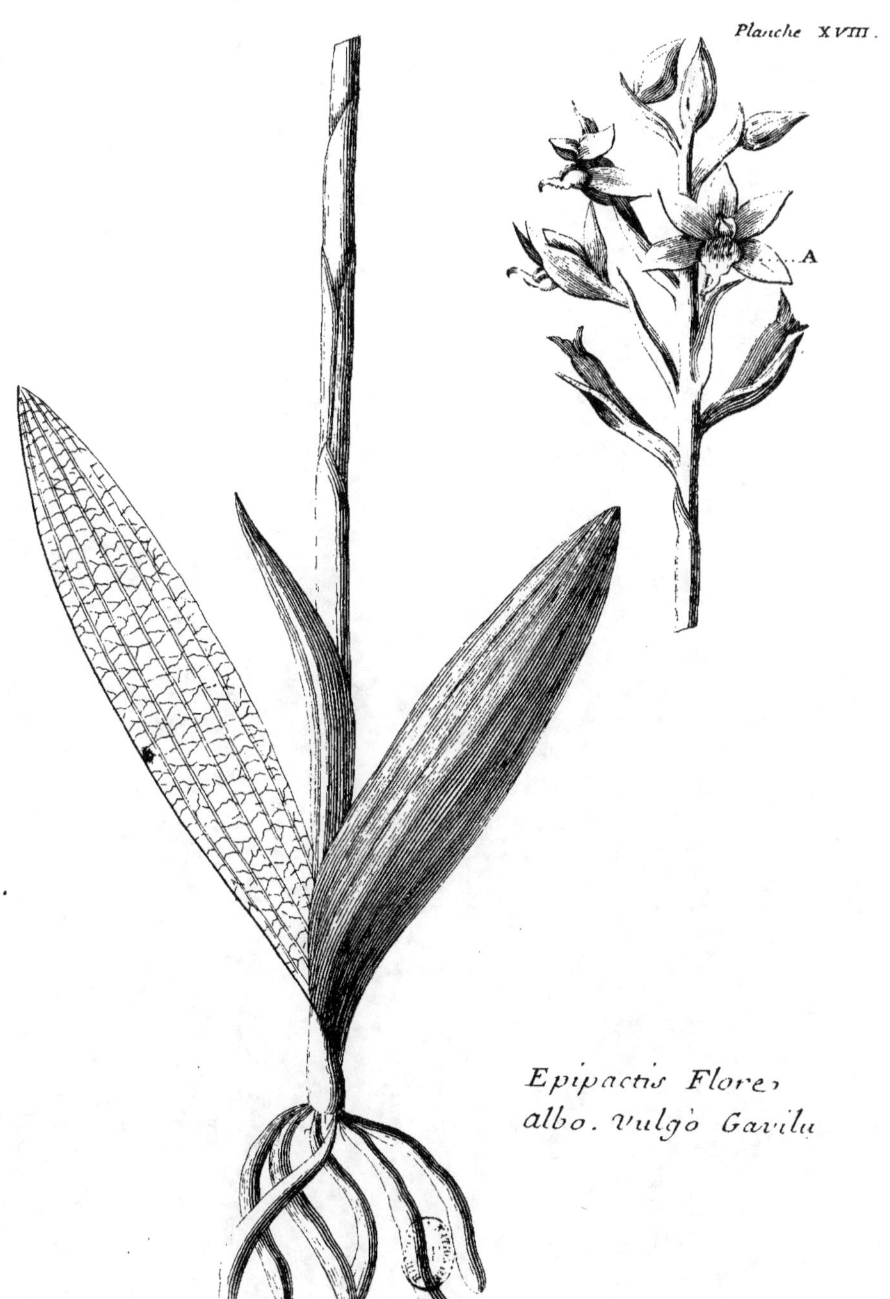

Planche XVIII.
A
Epipactis Flore
albo. vulgo Gavilu
P. L. Feuillée Botan. Reg. delin.
P. Giffart Sculp.

Planche XIX. 
Epipactis flore Virescente,
et variegato vulgo Piquichen.
L. Feuillée Bot. Reg. del.
P. Giffart Sculp.

Planche XX. 
Epipactis amplo
flore Luteo.
vulgò Gavilu.
P. L. Feuillée Botan. Reg. delin.
P. Giffart Sculp

Rapuntii facie, foliis Sinuatis,
flore amplissimo, Sanguineo, et
Striato.

P.L. Feuillée Bot. Reg. del.

P. Giffart Sculp.

Bignonia
flore Luteo, foliis radiatis
et elegantissime dissectis.
P. Feuillée Bot. Reg. del
P. Giffart Sculp.

Feuillée Bot. Reg. delin.

P. Giffart Sculp.

P. L. Feuillée Botan. Reg. delin.

P. Giffart Sculp.

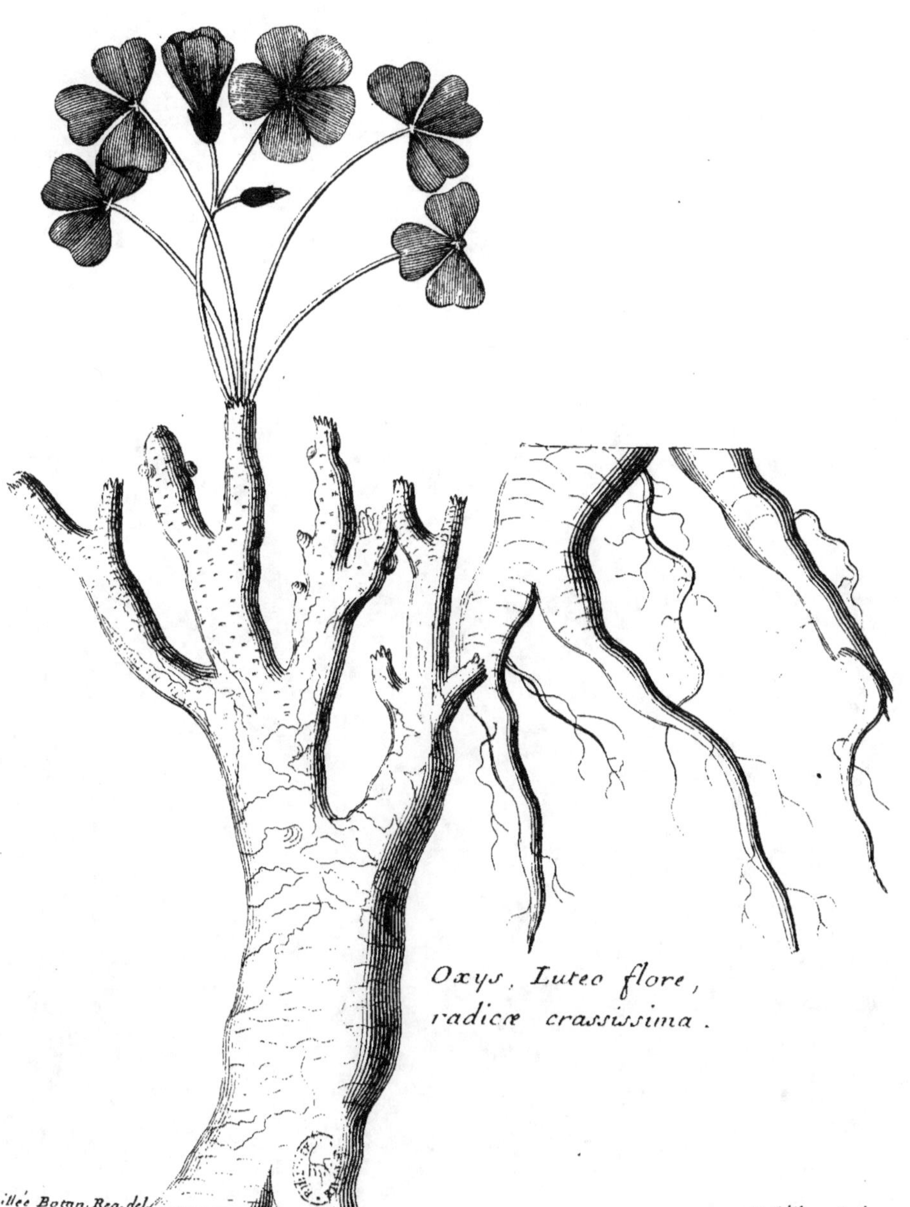

P. L. Feuillée Botan. Reg. del.

P. Giffart Sculp.

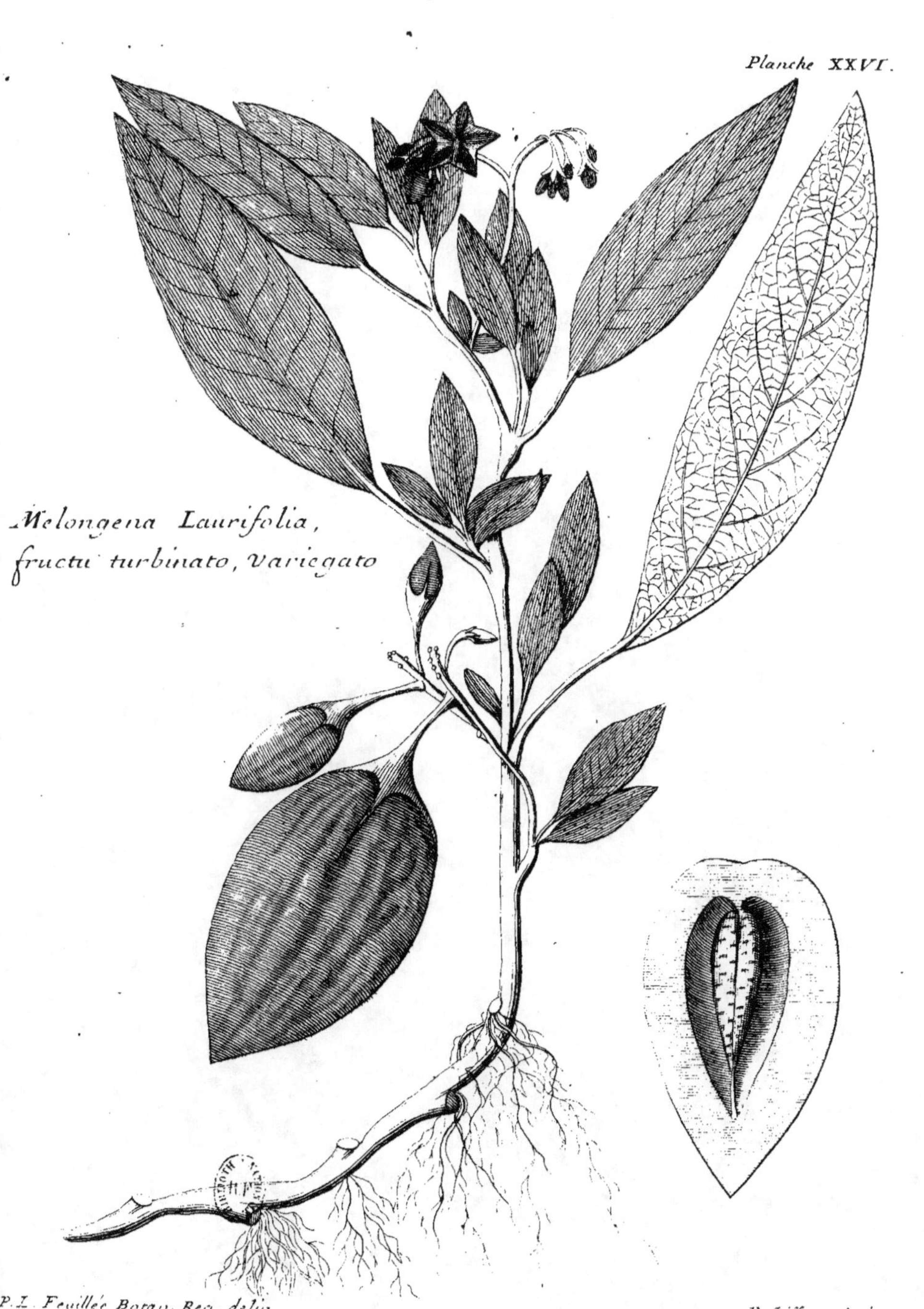
Melongena Laurifolia,
fructu turbinato, Variegato
P.L. Feuillée Botan. Reg. delin.
P. Giffart Sculp.

P.L. Feuillée Bot. Reg. del.

P. Giffart Sculp.

P. L. Feuillée Bot. Reg. del.

r G Fant Sculp.

A

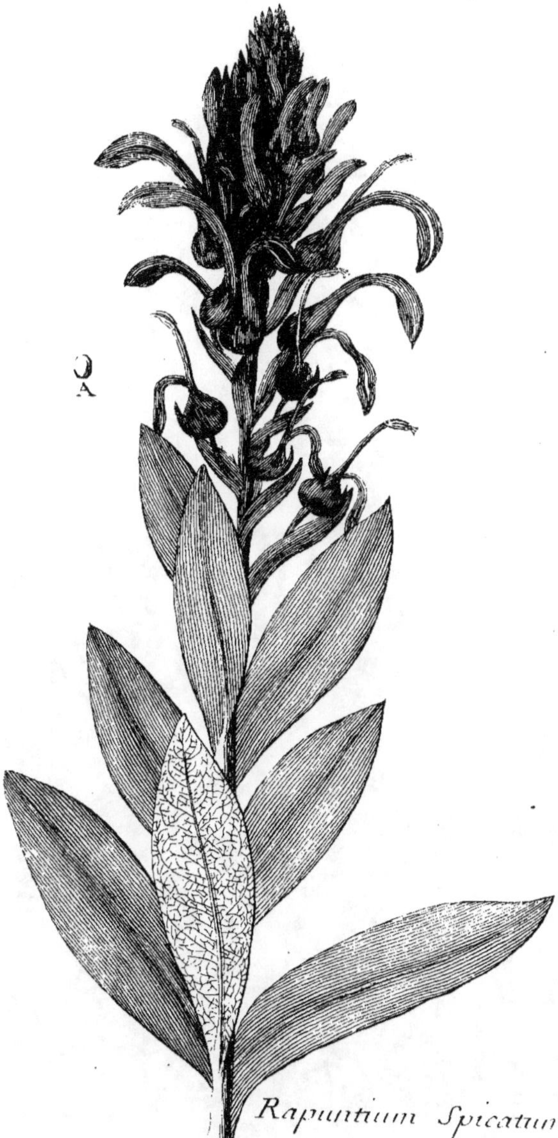

Rapuntium Spicatum, foliis acutis. vulgo Tupa.

P.L. Feuillée Bot. Reg. del.

P. Giffart Sculp.

Planche XXX.
Panke
Anapodophylli folio.
P. L. Feuillée Bot. Reg. del.
P. Giffart Sculp.

P. J. Feuillée Bot. Reg. del.

P. Giffart Sculp.

P. L. Feuillée Bot. Reg. del.

P. Giffart Sculp.

Bidens Artemisiæ folio, flore albo, radiato.

F. L. Feuillée Bot. Rég. del.

P. Giffart Sculp.

Gratiola foliis Subrotundis
nervosis, floribus Luteis.
P.L. Feuillée Bot. Reg. del.
P. Giffart sculp.

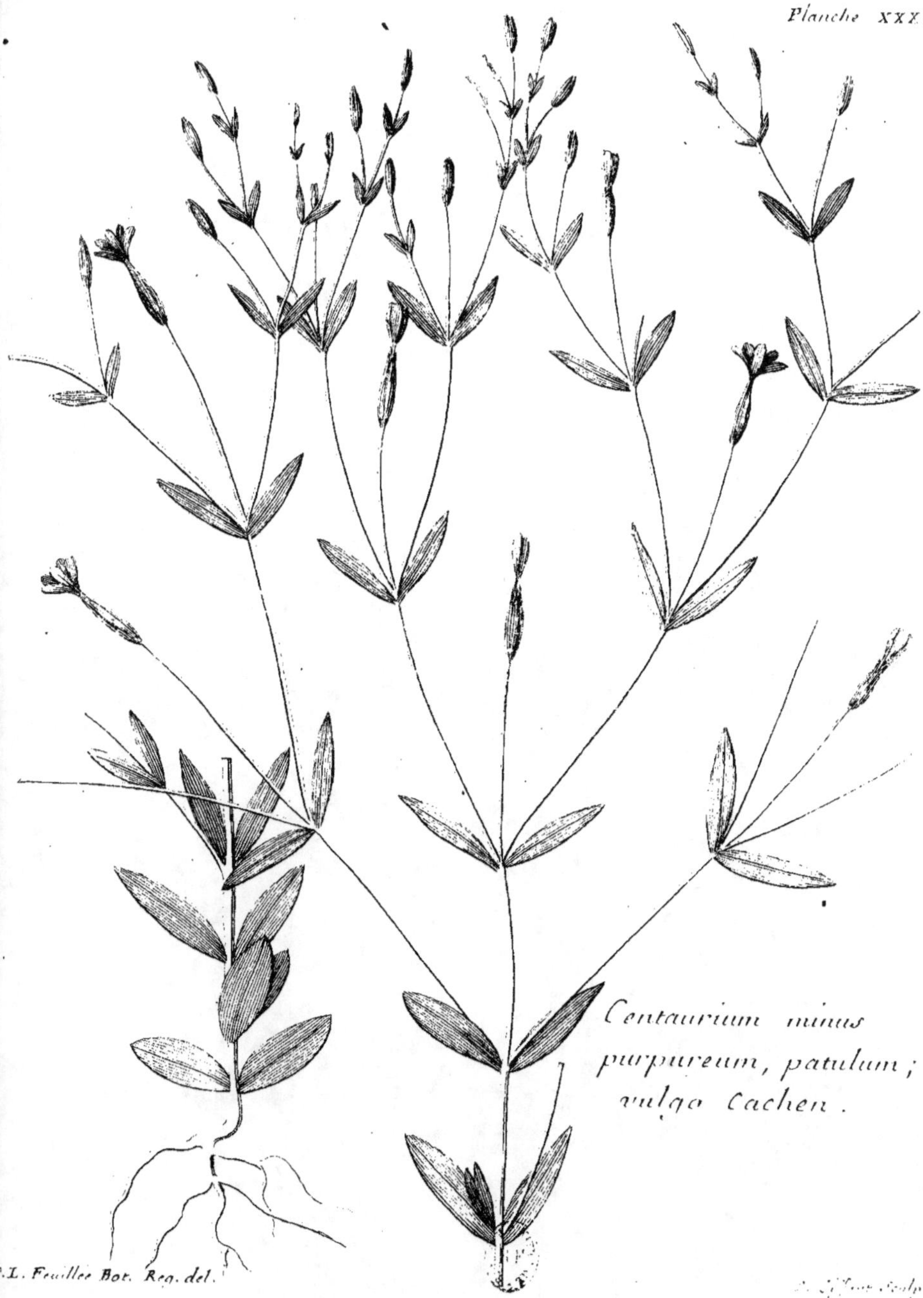

Centaurium minus
purpureum, patulum;
vulgo Cachen.

L. Feuillee Bot. Reg. del.

Planche XXXVI.
B
C
A
Conyza folio Subrotundo,
vtrinque acuto.
vulgo Manga - Paki.
L. Feuillée Bot. Reg. del.
P. Giffart Sculp.

Planche XXXVII.

Conyza frutescens, foliis
angustioribus, nervosis.
Conyza africana humilis foliis
angustioribus, nervosis floribus umbellatis.
Inst. R. Herb. 455. vulgo Chilco

P. L. Feuillée Bot. Reg. del.

P. Giffart sculp.

B
A
Malva Lutea, calice
simplici, obtuso Carpini
folio, pediculis florum
praelongis. vulgo Ancoacha
L. Feuillée Bot. Reg. del.
P. Giffart Sculp.

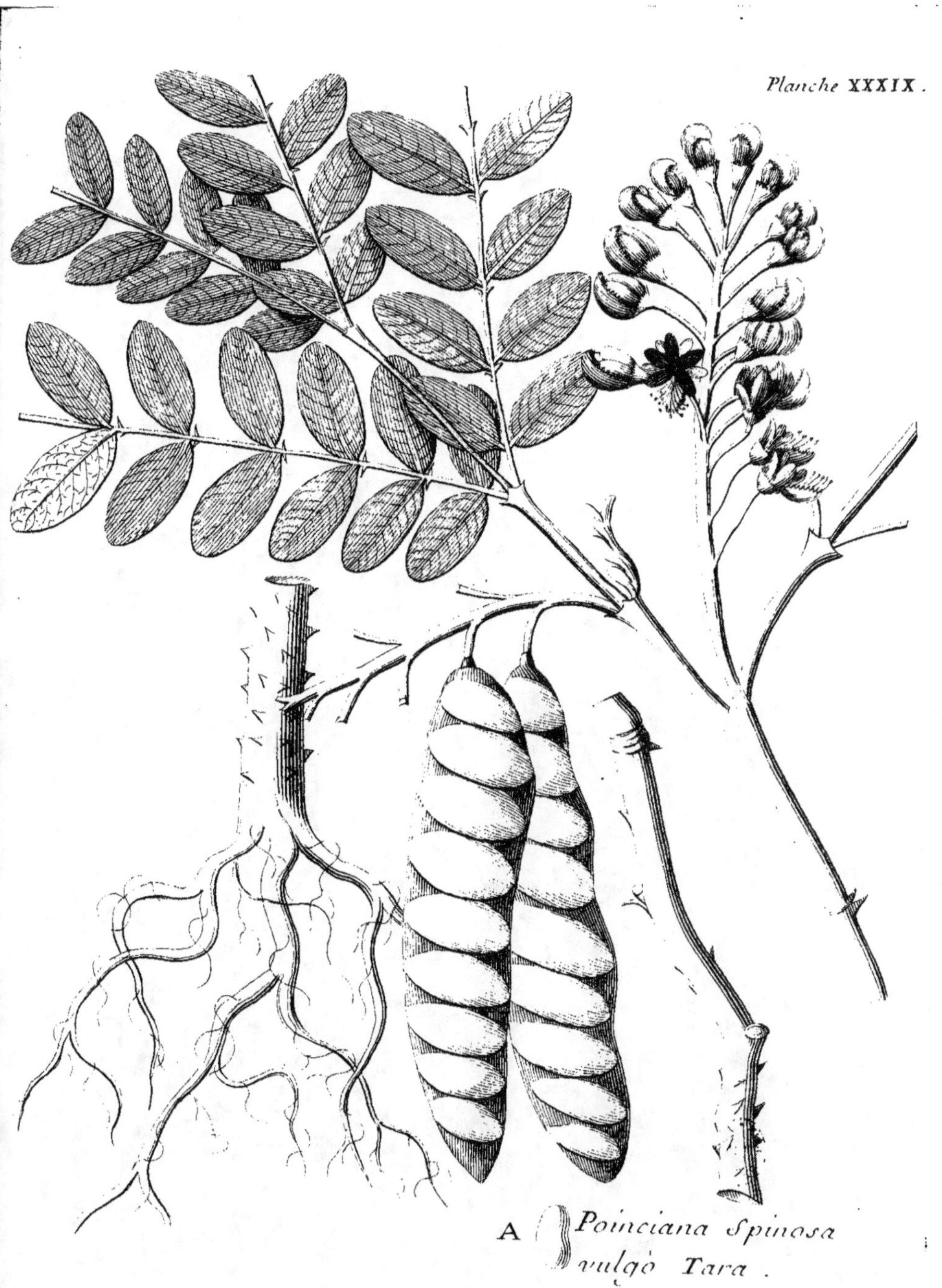

P.L. Feuilleé Bot. Reg. del .

P. Giffart Sculp

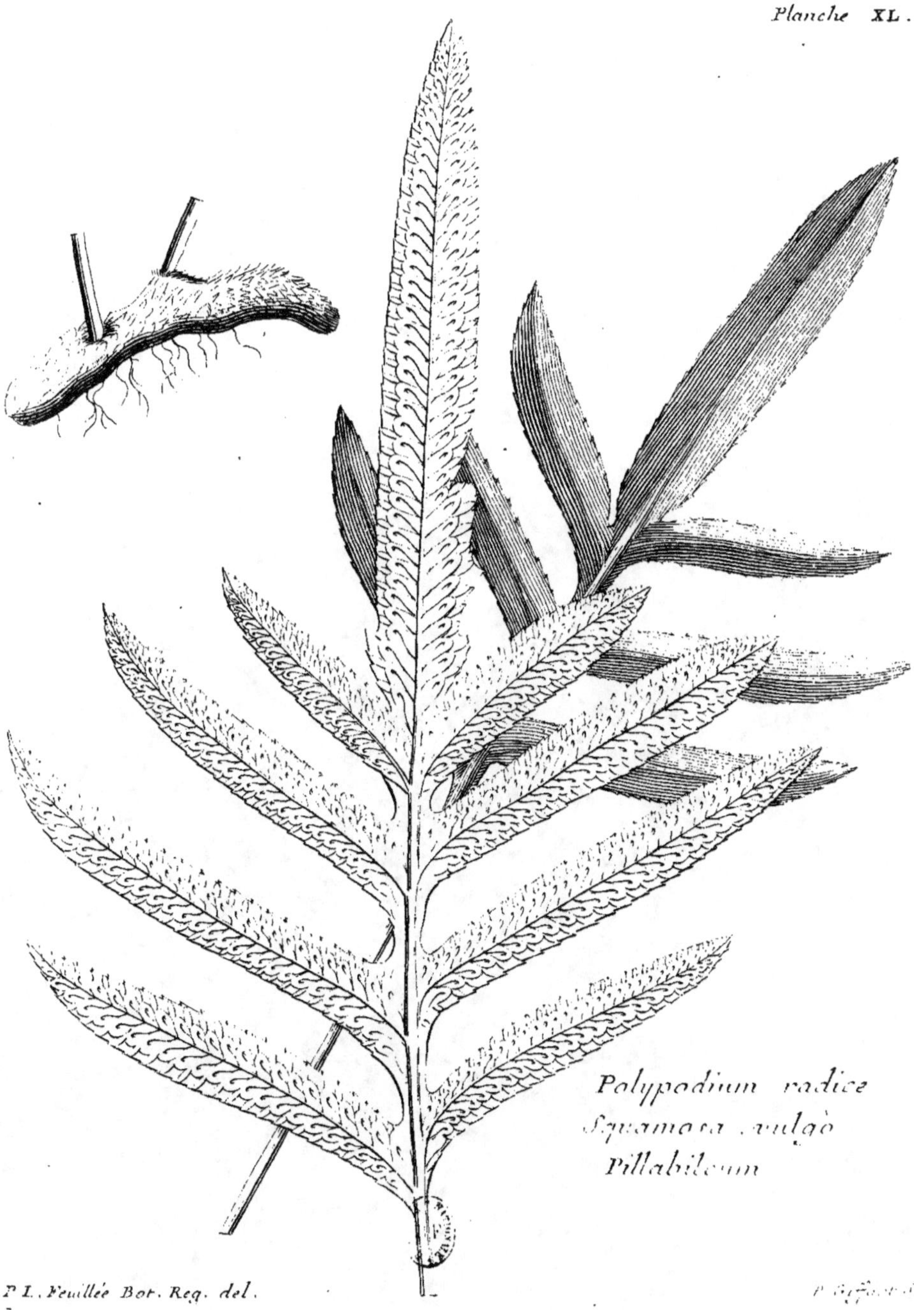

Planche XL.
Polypodium radice
Squamosa vulgò
Pillabileum
P. L. Feuillée Bot. Reg. del.

Momordica fructu Striato, Lævi. vulgò Caigua.

L. Feuillée Bot. Reg. del.

P. Giffart Sculp.

P. L. Feuillée Bot. Reg. del.

P. Giffart sculp.

Ortiga Chiliensis vrens,
Acanthi folio.

F. L. Feuillée Bot. Reg. del.

P. Giffart Sculp.

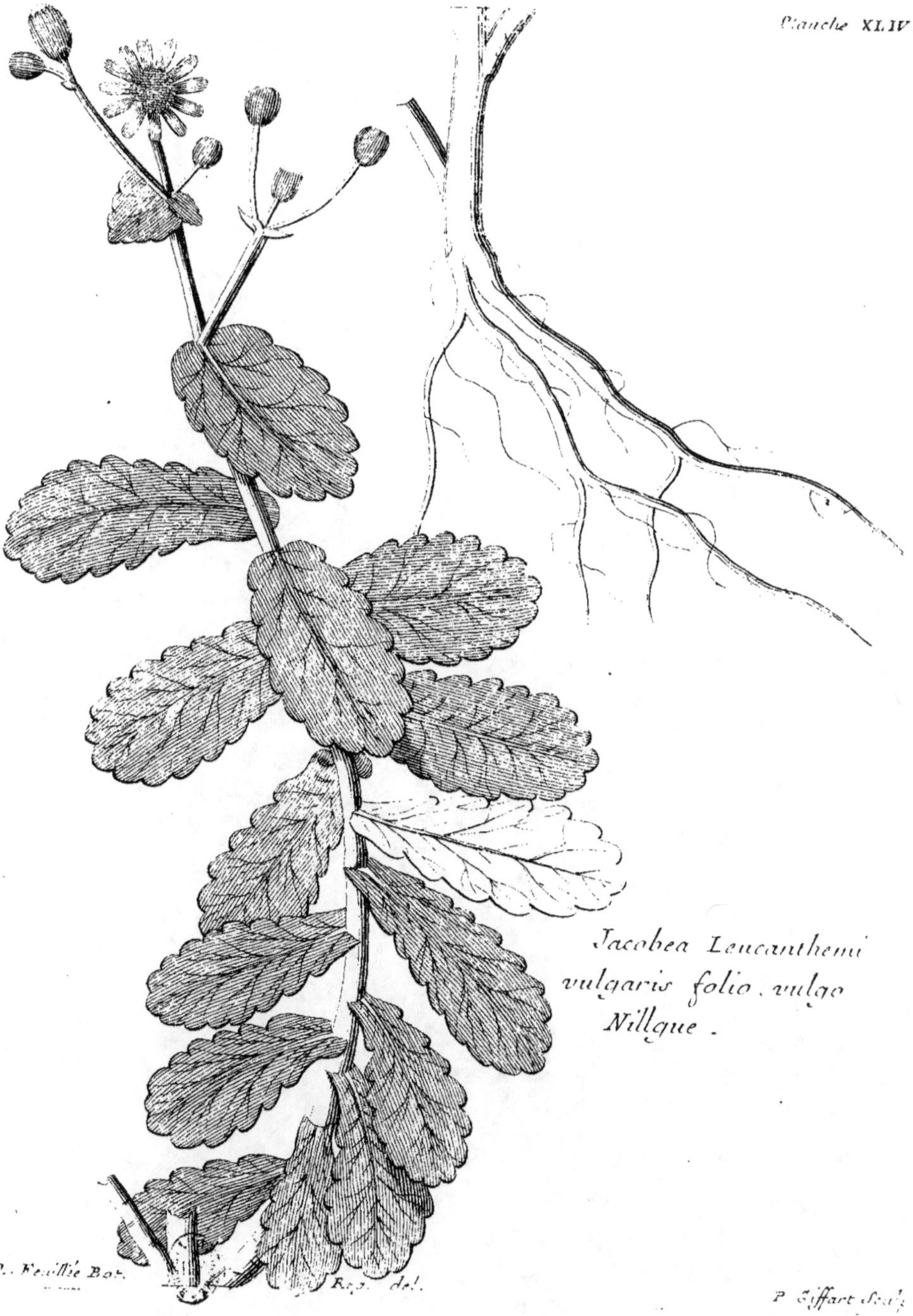

Planche XLIV.
Jacobea Leucanthemi
vulgaris folio. vulgo
Nillque.
P.L. Feuillie Bot.
Rej. del.
P. Giffart Scul:

P.L. Feuillée Bot. Reg. del.

P. Giffart Sculp.

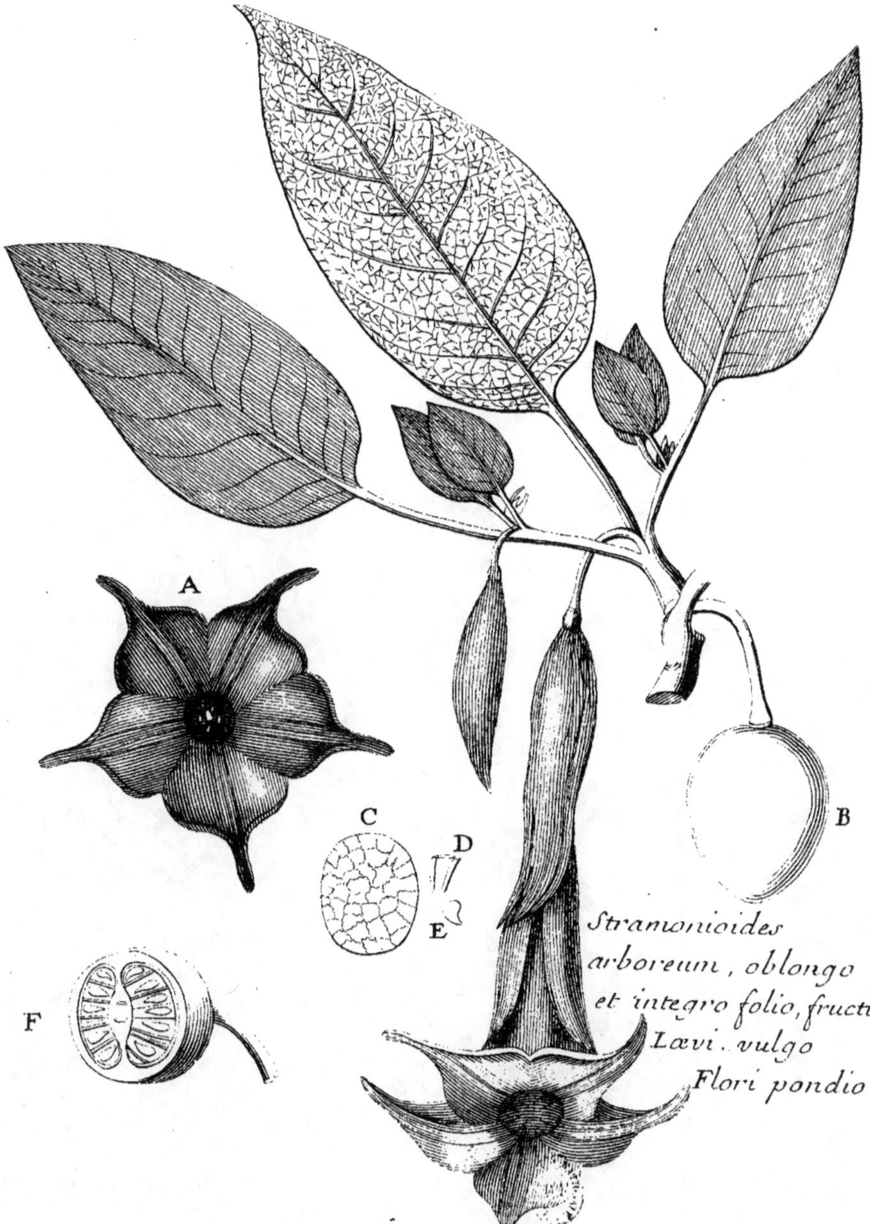
A
B
C
D
E
F
Stramonioides
arboreum, oblongo
et integro folio, fructu
Lævi. vulgo
Flori pondio

P.L. Feuillée Bot. Reg. del.

P. Giffart Sculp

Pentaphylloides Alceæ
minori folio, flore purpureo.

P. L. Feuillée Bot. Reg. del.

P. Giffart Sculp.

Capraria Peruviana,
Agerati foliis absque
pediculis.

L. Feuillée Bot. Reg. del.

P. Giffart Sculp.

P.L. Feuillée Bot. Reg. del.

P. Giffart Sculp.

Planche L.
Bidens folio trinervi, lanceato, flore Sigulari et radiato.
P. Feuillée Bot. Reg. del.
C. Giffart Sculp.